Novo Órganon

[*Instauratio Magna*]

Francis Bacon

O livro é a porta que se abre para a realização do homem.

Jair Lot Vieira

Novo Órganon

[*Instauratio Magna*]

Francis Bacon

edipro

NOVO ÓRGANON
[INSTAURATIO MAGNA]
FRANCIS BACON
TRADUÇÃO E NOTAS: DANIEL M. MIRANDA

1ª Edição 2014

© desta tradução: *Edipro Edições Profissionais Ltda.* – *CNPJ nº 47.640.982/0001-40*

Todos os direitos reservados. Nenhuma parte deste livro poderá ser reproduzida ou transmitida de qualquer forma ou por quaisquer meios, eletrônicos ou mecânicos, incluindo fotocópia, gravação ou qualquer sistema de armazenamento e recuperação de informações, sem permissão por escrito do Editor.

Editores: Jair Lot Vieira e Maíra Lot Vieira Micales
Coordenação editorial: Fernanda Godoy Tarcinalli
Revisão: Tatiana Yumi Tanaka
Diagramação e Arte: Heloise Gomes Basso

Dados Internacionais de Catalogação na Publicação (CIP)
(Câmara Brasileira do Livro, SP, Brasil)

Bacon, Francis, 1561-1626.
    Novo órganon [Instauratio Magna] / Francis Bacon ; tradução e notas de Daniel M. Miranda. – São Paulo : EDIPRO, 2014.

Título original: The new organon.
Bibliografia
ISBN 978-85-7283-784-2

1. Bacon, Francis, 1561-1626   2. Ciência – Metodologia   3. Filosofia inglesa   I. Miranda, Daniel. II. Título.

13-11335   CDD-192

Índices para catálogo sistemático:
1. Filosofia inglesa : 192

EDITORA AFILIADA

edições profissionais ltda.
São Paulo: Fone (11) 3107-4788 – Fax (11) 3107-0061
Bauru: Fone (14) 3234-4121 – Fax (14) 3234-4122
www.edipro.com.br

DEDICATÓRIA

Ao nosso serreníssimo
e poderosíssimo
Príncipe e Lorde,
James,
pela graça de Deus,
Rei da Grã-Bretanha, França e Irlanda,
Defensor da Fé etc.*

Serreníssimo e poderosíssimo Rei,

Vossa Majestade talvez me acuse de furto por apropriar-me do tempo de vossos negócios para poder concluir esta obra. Eu não tenho nenhuma resposta. Não se pode restaurar o tempo, a não ser que, talvez, o tempo em que me ausentei de seus assuntos possam contribuir para a memória de vosso nome e para a honra de vossa época, caso a presente obra venha a ter qualquer valor. Ela certamente é algo muito recente, um gênero totalmente novo, muito embora tenha sido extraído de um modelo antiquíssimo, ou seja, do próprio mundo, da natureza das coisas e da mente. Seguramente, eu mesmo (confesso com franqueza) familiarizei-me a considerar esta obra mais como filha do tempo que da inteligência. O único assombro é que o início da noção e tal desconfiança poderosa em relação às antigas opiniões preponderantes poderiam ter ocorrido na mente de qualquer pessoa. Todo o restante segue sem restrições. Mas, sem dúvida, o acaso (como o chamamos) e certo elemento acidental desempenham seus papéis tanto no que os homens pensam quanto naquilo que fazem ou dizem. Quando digo acaso, quero dizer que, se houver algo de bom

---

*   James I - rei da Inglaterra entre 1603 e 1625.

nessas coisas que eu trago, será imputado à imensa misericórdia e bondade de Deus e à ventura de vossa época: da mesma forma que venho vos servindo em vida com a mais sincera devoção, espero, depois de minha morte, poder talvez assegurar que vossa era seja um fulgor para a posteridade pela luz dessa nova tocha, brilhando nos dias escuros da filosofia. E a Regeneração e a Renovação das ciências devem-se, com justiça, à era do mais sábio e mais erudito de todos os reis. Eu gostaria de acrescentar uma petição, não indigna de vossa Majestade e estreitamente relacionada ao nosso presente assunto. Em muitos aspectos, vós sois igual a Salomão:[**] na gravidade do julgamento, na paz de vosso reino, na grandeza de vosso coração e, finalmente, na notável variedade de livros já escritos por vós. Emularíeis o mesmo rei de outra maneira, caso tomásseis medidas para garantir que uma história natural e experimental fosse construída e terminada: a verdadeira e rigorosa história (sem questões filológicas), que é o caminho para a fundação da filosofia e a qual, em seu devido lugar, será descrita. Assim, por fim, depois de tantas eras do mundo, a filosofia e as ciências não precisam mais pairar no ar e podem apoiar-se sobre as bases sólidas de todo tipo de experimentos devidamente considerados. Eu forneço o instrumento;[***] mas o material deve ser procurado nas próprias coisas. Que o Grande e Bom Deus preserve vossa Majestade por muito tempo.

Do servo mais fiel e dedicado
de Vossa sereníssima Majestade

FRANCIS VERULAM,
CHANCELER

[**]   Rei dos antigos hebreus (c. 937-932 a.C.)

[***]   "Instrumento": tradução de *Organum* (do grego "Organon"). *Novum Organum* significa "O Novo Instrumento".

SUMÁRIO

Apresentação: Francis Bacon e o Novum Organum   9

A Grande Renovação   17

Proêmio   17

Prefácio   19

Plano da Obra   27

Novo Órganon   39

Prefácio   41

Livro I   47

Livro II   111

Preparação para uma História Natural e Experimental   227

Catálogo de Histórias Particulares por Títulos   239

Índice remissivo   245

APRESENTAÇÃO
FRANCIS BACON E O *NOVUM ORGANUM*

FRANCIS BACON E A *INSTAURATIO MAGNA*

Francis Bacon é um dos pensadores sobre o qual mais se escreveu na história da filosofia da ciência e da metodologia. Dificilmente um texto de teoria da ciência ou, inclusive, de filosofia geral, ou de qualquer área que discorra sobre o século XVII e sua marca na cultura e na sociedade, não traz algum comentário sobre a obra ou sobre o impacto do pensamento desse autor. Como dado curioso relacionado à influência de Bacon, podemos mencionar que, na área de Inteligência Artificial, foram desenvolvidas uma série de programas computacionais de descoberta denominados "BACON" em homenagem ao *sir* Francis.

Os "temas baconianos" são muitos e dos mais diversos: vão de assuntos clássicos de história e direito, até mitologia e religião; de tópicos de filosofia e política, até curiosas acusações de machismo – como as formuladas por Susan Hardig e Evelyn Keller relativas às metáforas baconianas tais como "forçar a Natureza"; de problemáticas contemporâneas levantadas por sua "Teoria dos ídolos" nas áreas de psicologia, educação e sociologia, até surpreendentes debates sobre a identidade de Bacon, tais como os apresentados, entre outros, por Edwin Durning-Lawrence e Edwin Reed a partir de alguns paralelismos entre as obras de Bacon e de Shakespeare. Inclusive Bento XVI, na Encíclica "*Spe Salvi*", amplia o leque dos estudos baconianos afirmando que Bacon faz "uma correlação entre experiência e método", "entre ciência e práxis", que leva à substituição da "fé em Jesus Cristo" pela "fé no progresso". Como bem observou Lalande em seu *Les théories de l'induction et de l'expérimentation*, "[Bacon] é o pensador cujas doutrinas têm sido mais diversamente interpretadas" (1929, p. 51).

As questões que mais têm atraído os pesquisadores da obra de Bacon têm a ver com a história da filosofia e, principalmente, com a filosofia, a história e a lógica da ciência: como se deu a passagem da magia para a ciência no pensamento de Bacon? Qual foi seu papel na Revolução científica? Qual foi sua influência na conformação da comunidade de pesquisadores? Qual sua importância para a articulação da ideia de progresso? Quão profunda foi sua ruptura com a lógica aristotélica? Qual foi seu impacto sobre o programa empirista, principalmente sobre o pensamento de Locke e de Hume? Mas os questionamentos se propagam para outras áreas da filosofia e da cultura: é possível afirmar, como fazem alguns críticos contemporâneos, que Bacon "extingue a analogia", "mecaniza a mente" e "elimina as paixões"? Ou, como faz outro grupo de críticos, que ele é o responsável pela onipresença "da técnica opressora"? Há evidência suficiente para sustentar que, com sua filosofia de "caráter a-histórico", Bacon "dissolve os mitos" e "apaga o passado"? Possui algum apoio textual a opinião de que a filosofia de Bacon em particular, e a dos filósofos modernos em geral, leva a um "esquecimento da tradição"? Bacon, de fato, "promove o relativismo moral" e "fomenta a irreligiosidade"? Suas ideias são o germe do suposto niilismo e desencantamento do mundo contemporâneo? Bacon realmente tinha o objetivo de "torturar" a Natureza? Sua crítica aos "ídolos" da mente foi especificamente formulada para eliminar os preconceitos e as ideologias, as crenças *falsas*, ou também para eliminar as hipóteses e as teorias? A defesa de Bacon de uma ciência autônoma implica a existência de um pesquisador sem ética e uma pesquisa baseada na dominação e na destruição da Natureza? A lista até aqui pode parecer extensa, entretanto as questões levantadas nos estudos sobre Bacon poderiam continuar várias páginas mais...

Entre os livros mais conhecidos de Bacon estão a *Nova Atlântida, A sabedoria dos antigos, O progresso do conhecimento* e, é claro, o *Novum Organum*. Além dessas obras, Bacon escreveu uma considerável quantidade de opúsculos, ensaios e textos breves. Um livro que ajuda a selecionar e pôr ordem nos escritos baconianos – pelo menos, naqueles de interesse do ponto de vista epistemológico e metodológico – é a *Instauratio Magna*.

A *Instauratio Magna – Grande Instauração ou Grande Renovação –* foi publicada por Bacon em 1620. Em sentido estrito, a *Instauratio* é um livro muito breve, constituído por um "Proêmio", uma "Epístola dedicatória", um "Prefácio" e um "Plano do Trabalho" (todas estas partes estão traduzidas no livro que o leitor tem em suas mãos). O *Novum Organum* – texto que hoje conhecemos como um livro independente – foi publicado junto ao breve *Esboço de uma história natural e experimental*, conformando a Segunda Parte da *Instauratio*. No "Plano do Trabalho" da *Instauratio*, Bacon remete a outros textos – alguns publicados, outros nunca escritos – que, segundo entende, conformam e devem ser considerados como parte da *Instauratio*.

Uma rápida apresentação dos usos que Bacon faz do termo em latim "*instauratio*" pode ajudar a compreender melhor o sentido que tinha para ele a

Instauratio Magna. Em seus textos em inglês (ou em suas próprias traduções para o inglês) Bacon substitui esse termo, segundo o contexto, por "restabelecer" (*restore*), "reconstruir" (*reconstruct*), "estabelecer" (*establish*), "renovação" (*renovation*), "fundamento" (*foundation*), "instauração" (*instauration*). Inclusive, traduz a expressão *"instauratione scientiarum"* por *"instauration of the sciences"*. Essa família de termos possibilita a interpretação-padrão do objetivo que Bacon atribuía àquela que considerava sua obra principal: *estabelecer fundamentos totalmente novos para as ciências e as artes, prover a humanidade de um método que lhe possibilite renovar o conhecimento e restaurar seu domínio sobre a Natureza.*

O NOVUM ORGANUM DE BACON E O MÉTODO CIENTÍFICO

O *Novum Organum* é o livro pelo qual Bacon é identificado. E é, de fato, o texto que apresenta de maneira mais orgânica a concepção baconiana sobre a teoria e o método da ciência, além de ser o mais pesquisado pelos especialistas em estudos baconianos.

O *Novum Organum*, como indicamos, foi publicado em 1620 como parte da *Instauratio Magna*. Está conformado por um Prefácio – que pode ser lido como uma biografia intelectual – e dois Livros. Estes Livros foram redigidos por Bacon na forma de aforismos – "isto é, na forma de breves sentenças separadas, não vinculadas por nenhum recurso expositivo".[1] Bacon considerava o aforismo o modo ideal de exposição, e o opunha ao modo "sistemático" dos sistemas filosóficos que ele questionava. Entre as vantagens dos aforismos, ele destacou que estes, diferentemente do modo "sistemático" de exposição, são adequados "para guiar a ação" e, "por apresentar um conhecimento inacabado, convidam a continuar pesquisando" (1605, p. 405).

Bacon intitulou *Organum* seu livro em clara alusão ao *Organon* de Aristóteles, e *Novum* para destacar que o apresenta em oposição aos velhos tratados lógicos daquele. Diante da leitura do texto, torna-se evidente que todos os seus tópicos giram em torno das regras e orientações para a "descoberta e a justificação das artes e das ciências", de um método para a construção de conhecimento. Por esse motivo podemos concluir que seu título, *Novum Organum, Novo Órganon* – ou seja, "novo instrumento do conhecimento" –, é mais do que adequado.

O núcleo, o eixo central do *Novum Organum* é o "instrumento" para descobrir e justificar conhecimento – isto é, o que hoje chamamos de "método

---

1   Cf. (I: 86). Daqui em diante, as referências da forma (N: n) entre parênteses remetem, respectivamente, ao Livro (N) e Aforismo (n) do *Novum Organum*.

NOVO ÓRGANON

científico".[2] Bacon deu a seu *Organum* outras denominações, tais como *"Filum Labyrinthi"*, *"Formula"*, *"Clavis"*, *"Ars inveniendi"*, *"Lumen"*, *"Indicia de interpretatione naturae"* e *"Inductio legitima"*. Estes nomes são muito expressivos. Conceber o método como o fio do labirinto que é a Natureza evoca a "selva das selvas" cognitiva, da qual ele entendia que era preciso escapar. Denominar o método como "fórmula" ou "chave" impõe uma imagem mecânica que se opõe à qualificação de "arte" que o próprio Bacon lhe dá – fomentando, desse modo, a existência de leituras contrapostas. Nomeá-lo "luz" faz referência às "trevas da tradição", das quais sua época procurava sair. Chamá-lo "tocha" ou "lâmpada" é um recurso retórico de Bacon para conferir ao método uma improvável característica de elemento salvador e para ele próprio apresentar-se como um novo Prometeu. Bacon também indica, no subtítulo do *Novum Organum*, que outro nome para o *organum* seria "indicações para a interpretação da Natureza" – querendo significar, com o termo "interpretação", explicações baseadas na realidade.[3] Com isso, Bacon nos dá orientações sobre qual é o objetivo de seu método e qual é o horizonte epistêmico de seu projeto. Finalmente, com a expressão "legítima indução", Bacon pretende realçar que seu procedimento é ampliativo – em oposição ao conservativo silogismo aristotélico –, e que é superior à errônea e "pueril" "indução vulgar" utilizada até o momento. O aspecto a destacar aqui é que a multiplicidade de nomes e a variedade das imagens que esses nomes sugerem possibilitam, inevitavelmente, interpretações *muito divergentes* do método baconiano.

---

2   Existe um marcado consenso sobre o fato de que o século XVII foi "o século do método" (cf., p. ex., BELAVAL, 1973, p. 4). Mas é importante observar que Bacon, em seus textos em latim, e nas versões em latim de seus textos em inglês, emprega pouco o termo *"methodus"* (no *Novum Organum*, somente cinco vezes). E, nessas poucas ocasiões, sempre o utiliza para indicar uma forma de transmissão do conhecimento ligada à tradição, interessada na conservação do (para ele, "escasso" e "parco") conhecimento já alcançado mais do que na descoberta e avaliação de conhecimento *novo* (cf., p. ex., DEAR, 1998, p. 156). Para essa finalidade, ele reservou os termos *"via"* e *"ratio"*. De fato, a estrutura que prioriza nas passagens em que expõe as características gerativas e inferenciais do *organum* é: *"Verum via nostra et ratio* (nosso caminho e método)..." (cf., p. ex., I: 117). Entretanto, ainda que Bacon em seus textos não empregue o termo *"methodus"* para designar as regras ou "auxiliares" de descoberta e avaliação, indubitavelmente o conceito sobre o qual ele está dissertando remete claramente àquilo que ao longo da história se concebeu como "método científico". Por esse motivo, há um consenso entre os analistas em traduzir os termos baconianos *"via"*, *"ratio"* e *"organum"* pela palavra "método".

3   O fato de Bacon caracterizar o conceito de "interpretação" em oposição ao de "antecipação" – ou seja, ao de uma opinião enviesada pela especulação ou pelas preferências pessoais – dá fundamento a esta leitura. Em seu *Novum Organum* Bacon emprega a expressão "antecipação *da mente*" (*anticipatio mentis*) (1620, p. 42) e a expressão "antecipação *da natureza*" (*anticipatio naturae*) (I: 26), mas tudo indica que com o mesmo significado: a ideia subjacente é que a mente faz seu juízo sobre a Natureza ao se antecipar aos ditados dessa. Essa mudança de termos por parte de Bacon não é infrequente em seus textos, resultando em outro fator que potencializa a proliferação de opiniões desencontradas por parte de inúmeros comentaristas.

O LEITOR DE BACON E AS INTERPRETAÇÕES DE SUA OBRA

O leitor que se aproximar pela primeira vez de um texto de Bacon notará rapidamente que se trata de um autor diante do qual não se pode ficar indiferente, seja pelo seu estilo – metafórico, sutil, mordaz –, seja pelas suas ideias – à sua época novas e originais –, seja pelas consequências de suas ideias revolucionárias ou – para alguns autores – simplesmente subversivas.

Ao mesmo tempo, o leitor que se aproximar dos textos *dos intérpretes* de Bacon constatará imediatamente um aspecto já indicado nas seções predecentes: a maioria das ideias de Bacon é objeto de variadas interpretações rivais. Cada época, e cada escola dentro de cada época, constrói, poderíamos dizer, seu próprio Bacon. É claro que a obra de todo autor se abre, inevitavelmente, a múltiplas leituras. Mas, se considerarmos as inúmeras observações a esse respeito formuladas nos estudos baconianos das três últimas décadas, podemos julgar que esse fato estatístico indica que tal problema é maior para os especialistas em Bacon do que para os estudiosos de outros pensadores.

Cada uma das muitas originais ideias de Bacon é objeto de várias interpretações. Vamos ilustrar isso com um exemplo, destacando que se trata apenas de mais um entre os muitos possíveis. No Prefácio de seu *Novum Organum* Bacon afirma que "A mente [...] deve ser guiada passo a passo, *como se todo o processo fosse feito como por uma máquina (ac res veluti per machinas conficiatur; the business done as if by machinery)*" (1620, p. 40; grifo nosso). Entretanto, no Livro II do *Novum Organum*, onde os auxiliares do método devem ser aplicados a casos concretos para buscar afirmações e causas *distanciadas do sensível*, as aspirações epistêmicas do Prefácio parecem se tornar demasiado ideais. Ao enfrentar a complexa realidade da "selva" da experiência, Bacon concede "liberdade" ou "permissão ao intelecto" (*permissio intellectus*) para construir hipóteses (cf., p. ex., II: 20). Assim temos, em um mesmo texto, duas afirmações aparentemente contraditórias: "o processo de construção de conhecimento é dirigido por regras mecânicas" *versus* "o processo de construção de conhecimento é realizado *sem* regras – só com o voo livre da mente humana"...

Estamos, evidentemente, diante de um conflito interpretativo. É verdade que o Prefácio de uma obra costuma ser entendido por seus autores como um lugar retórico em que se pode prometer mais do que depois será possível oferecer; é verdade também que o Prefácio do *Novum Organum* é o lugar das considerações metodológicas e das prescrições ideais, e o Livro II o lugar da prática e das decisões reais, mas a oposição entre as duas afirmações parece tão radical que merece ser qualificada de "contraditória". E esse tipo de contradição se repete com as interpretações vinculadas aos conceitos de infalibilidade, verdade, certeza, ceticismo etc. presentes no *Novum Organum*.

Para resolver ou compreender tais contradições, é possível postular que Bacon mudou de ideia à medida que redigia seu livro, e também que escreveu e publicou primeiro o Prefácio e o Livro I do *Novum Organum* – explicitando nessas páginas suas regras mecânicas –, além de ter redigido e publicado o Livro II do mesmo – onde concede liberdade provisória ao gênio criativo – *só depois de tentar aplicar o método e se defrontar com alguns problemas práticos*. Acaso não seria o *Novum Organum* um livro *incompleto*, que se encerra de modo abrupto e sem desenvolver a maioria das regras que promete oferecer? Mas esse atalho nos está vedado: Rawley, seu secretário pessoal, relatou que Bacon revisou muito detidamente o rascunho de sua grande obra. "Eu vi pelo menos doze versões da *Instauratio* [obra que inclui o *Novum Organum*], revisada ano após ano, e sempre modificada em sua totalidade", disse Rawley (1657, p. 11). Em síntese: sua incompletude *é premeditada*. Um atalho ainda mais óbvio – e que como tal não nos daria compreensão alguma – seria, simplesmente, admitir como tais as contradições existentes nos textos baconianos, tornando-os obra de um autor contraditório e irracional. Mas essa suposição é desmentida por uma inúmera quantidade de passagens bem consistentes...

Há, entretanto, outro caminho possível, transitado por muitos especialistas em Bacon nas últimas décadas: "não deter o caminho da pesquisa", isto é, aprofundar a análise dos textos de Bacon e o exame do contexto epistêmico da época em que ele viveu. Não esqueçamos que Bacon, na redação dos "Aforismos sobre a interpretação da Natureza" que constituem o *Novum Organum*, escolheu o estilo aforístico precisamente porque, "por apresentar um conhecimento inacabado, [os aforismos] *convidam a continuar pesquisando*" (1605, p. 405) [*Grifos nossos*]. De fato, com o exemplo que nos ocupa, nem sequer é preciso continuar pesquisando demasiado. Nas páginas seguintes da citação do Prefácio que apresenta a metáfora do método como uma máquina, outras passagens ajudam a esclarecer a questão: uma "máquina", para Bacon, é um "auxiliar" (1620, p. 41; I: 2); isto é, a frase da citação pretende indicar que a mente é ajudada por orientações metodológicas que são externas a ela, mas não se manifesta sobre a natureza (mecânica) dessas orientações. Pode-se dizer algo análogo da citação que faz referência à "permissão ao intelecto". Aqui, uma nova e detida leitura encontra em algumas passagens próximas a ela indícios de que Bacon, na realidade, não pretende dar licença a um arbitrário "fazer hipóteses", mas fornecer orientações sobre como usar a inteligência para encontrar uma solução adequada ao problema pesquisado. Bacon dizia, talvez pensando em situações como essas, que "se a primeira leitura [de seus textos] levantar uma objeção, a segunda trará uma resposta" (1605, p. 490-1). Faz-se, novamente, um convite a prosseguir com a investigação. A pesquisa permanente e sem fim, a "arte da invenção que se desenvolve e progride com as próprias descobertas", é a força motora do projeto baconiano (cf. I: 30).

Existem, em resumo, várias leituras possíveis dos diversos assuntos sobre os quais o *Novum Organum* discorre. Mas nas páginas dessa obra também há indicações úteis para eliminar as interpretações implausíveis e indícios favoráveis a fim de nos orientar na direção das interpretações mais plausíveis. Podemos então dizer, seguindo o estilo baconiano, que destacamos a existência dessas múltiplas interpretações com o propósito de motivar e alentar a leitura deste livro, e não outra coisa; que sabemos que a pesquisa pode sempre progredir, devendo, portanto, estarmos dispostos a ir mais além do que foram outros e, ao mesmo tempo, animados a que outros, por sua vez, possam ir mais além do que nós; que deixamos nas mãos, na mente e na vontade do leitor a tarefa de construir, com a maior veracidade e a maior fidelidade possíveis, a melhor das interpretações, para assim fazer surgir sentido das aparentes contradições de uma obra-chave da cultura moderna.

SERGIO HUGO MENNA[*]

Referências

BACON, Francis. Novum Organum. In: SPEDDING, J.; ELLIS, R.; HEATH, D. (Eds.). *The Works of Francis Bacon*. v. IV. London: [s.n.], [1857-1874]. p. 39-248.

_____. On the Dignity and Advancement of Learning. In: SPEDDING, J.; ELLIS, R.; HEATH, D. (Eds.). *The Works of Francis Bacon*. v. III. London: [s.n.], [1857-1874]. p. 253-492.

_____. The Great Instauration. In: SPEDDING, J.; ELLIS, R.; HEATH, D. (Eds.). *The Works of Francis Bacon*. v. IV. London: [s.n.], [1857-1874]. p. 7-33.

BELAVAL, Yvon. Introducción: la época clásica. In: _____(Ed.). *Historia de la filosofía*: racionalismo, empirismo, ilustración. v. VI. México: Siglo XXI, 1984. p. 1-6.

DEAR, Peter. Method and the Study of Nature. In: GARBER, Daniel; AYERS, Michael (Eds.). *The Cambridge History of Seventeenth-Century Philosophy*. v. I. Cambridge: Cambridge University Press, 1988. p. 147-77.

---

[*] Doutor em Filosofia pela Universidad Nacional de Córdoba, com tese recomendada para publicação. Mestre e doutor em Filosofia pela Universidade Estadual de Campinas, com tese premiada pela Capes (Prêmio Capes 2012 de Tese em Filosofia). Estudos de pós-doutorado na Espanha e na Argentina. Professor adjunto IV da Universidade Federal de Sergipe. Professor do quadro permanente do mestrado em Filosofia da UFS. Membro-fundador do GE2C − Grupo de Estudos Sobre o Conhecimento e a Ciência). Pesquisador da Fundação de Amparo à Pesquisa de Sergipe (FAPITEC/SE). Desenvolve trabalhos em Filosofia da Ciência, História e Metodologia da Ciência, e Filosofia Moderna e Contemporânea. E-mail: sermenn@hotmail.com.

LALANDE, André. *Las teorías de la inducción y de la experimentación.* Losada: Bs.As., 1944.

RAWLEY, William. The Life of The Right Honourable Francis Bacon, Baron of Verulam, Viscount St. Alban. In: SPEDDING, J.; ELLIS, R.; HEATH, D. (Eds.). *The Works of Francis Bacon.* v. I. London: [s.n.], [1857-1874]. p. 1-18.

SPEDDING, J.; ELLIS, R.; HEATH, D. (Eds.). *The Works of Francis Bacon.* v. 7. London: [s.n.], [1857-1874]; Stuttgart: Gunther Holzboog, 1963.

A Grande Renovação

Proêmio

Estes são
os pensamentos de
Francis Verulam,
e este é o
método que ele projetou para si mesmo:
ele acreditava
que as gerações presentes e futuras
estariam melhor
se ele os tornasse conhecidos.

Ele percebeu que o intelecto humano é a fonte de seus próprios problemas e não faz uso racional e adequado dos auxílios muito reais que estão em poder do homem; a consequência é a ignorância profunda e em várias camadas a respeito da natureza e, como resultado dessa ignorância, inúmeras privações. Ele, portanto, julgou que deveria empreender todos os esforços para encontrar uma maneira pela qual a relação entre a mente e a natureza pudesse ser totalmente restaurada ou, pelo menos, melhorada de forma considerável. Mas, simplesmente, não havia esperança de que os erros que se tornaram poderosos com o tempo – e que são suscetíveis de permanecerem poderosos para sempre (se deixássemos a mente seguir seu próprio curso) – iriam se corrigir, um a um, por vontade própria a partir da força nativa do entendimento ou com a ajuda e assistência da lógica. O motivo é que as noções primárias sobre as coisas que a mente aceita, mantém e acumula (e que são a fonte de tudo o mais) são defeituosas, confusas e, sem nenhum cuidado, abstraídas das coisas; e não há menos paixão e inconsistência em suas noções secundárias e seguintes. Como consequência, a razão humana em geral, que utilizamos para a investigação sobre a natureza, não está bem fundamentada e corretamente construída; ela é como um magnífico palácio sem alicerces. Os homens admiram e celebram os falsos poderes da mente, mas não tomam conhecimento e perdem os poderes reais que poderiam ter (se a assistência adequada fosse utilizada e se a própria mente fosse mais obediente à natureza e não a insultasse de forma tão imprudente). O único curso remanescente é tentar tudo de novo desde o início com melhores meios e promover uma Renovação geral das ciências, das artes e de todo o conhecimento humano, a partir de fundamentos corretos. Isso pode parecer, em sua abordagem, algo ilimitadamente vasto e além da força mortal, mas, ao tratarmos do assunto, descobriremos ser uma empreitada muito mais sã e sensata do que aquela que foi empregada no passado. Pois é possível perceber um objetivo. Ao considerar o que é feito atualmente nas ciências, há uma espécie de vertigem, uma agitação perpétua e caminhadas em círculo. Ele também está muito consciente da solidão com que tal experiência se move, como é árduo e incrivelmente difícil fazer as pessoas acreditarem nela. No entanto, ele sentiu que não deveria desapontar-se ou abandonar seu assunto sem tentar percorrer o único caminho aberto à mente humana. Pois é melhor iniciar algo que tenha uma chance de chegar ao fim que envolver-se em lutas e empenhos perpétuos com coisas infindáveis. Essas formas de pensamento são análogas, de alguma forma, aos dois caminhos lendários de ação: um é íngreme e difícil no começo, mas termina em campo aberto; o outro, à primeira vista, é fácil e em declive, mas leva a lugares intransitáveis e íngremes.[1] Ele não tinha certeza de quando essas ideias ocorreriam novamente a alguém no futuro; sentiu-se particularmente comovido com o argumento de que ele não havia, até agora, encontrado alguém que houvesse aplicado sua mente em pensamentos semelhantes e, portanto, decidiu oferecer ao público as primeiras partes que ele conseguiu completar. Sua pressa não era indício de ambição, mas de ansiedade, por medo de que, na forma humana de ser das coisas, se algo acontecesse a ele, o plano daquilo que ele havia concebido em sua mente permaneceria vivo em um esboço; também permaneceria viva alguma indicação de sua verdadeira preocupação com o bem da raça humana. Certamente ele considerou cada ambição como inferior ao trabalho que tinha em suas mãos. Pois, ou o assunto em questão não tinha valor algum, ou era tão importante que estaria satisfeito pelo mérito próprio do trabalho e não buscaria nenhuma recompensa externa.

---

1   Referência à "Escolha de Hércules", ver Xenofontes, *Memorabilia*, II, 21.

PREFÁCIO

Francis
Verulam

A Grande Renovação

Sobre o estado das ciências, que não é nem próspero nem muito
avançado; e que outra via muito diferente da conhecida pelo
passado dos homens deve ser aberta para o intelecto
humano, e novos auxílios inventados para que a mente possa
exercer seu direito sobre a natureza.

A mim, parece que os homens não têm bom senso nem de seus recursos nem de
seu poder, mas costumam exagerar o primeiro e subestimar o último. Desse
modo, ou eles colocam um valor insano sobre as artes que já conhecem e não
procuram por mais nada ou, desvalorizando-se, eles gastam seu poder com ninharias e deixam de experimentá-lo em coisas que vão ao cerne da questão.
E assim, são como as colunas fatais de Hércules[1] para as ciências, pois eles não
são afetados pelo desejo ou pela esperança de ir além. A crença em abundância
está entre as maiores causas da pobreza; por causa da confiança no presente, os

---

1   *Columanae* (Pilares, colunas) parece aludir aos Pilares de Hércules, além dos quais nenhum homem
     ousou navegar.

auxílios reais para o futuro são negligenciados. Portanto, não é apenas útil, mas absolutamente essencial que, já no início de nosso trabalho (sem hesitação ou pretensão) nos livremos desse excesso de veneração e respeito, com uma importante advertência: os homens não devem exagerar ou comemorar sua fartura e sua utilidade. Porque, ao olhar de perto a grande variedade de livros que são o orgulho das artes e das ciências, há frequentemente repetições incontáveis da mesma coisa, diferentes na forma de tratamento, mas previsíveis em relação ao conteúdo e, assim, as coisas que à primeira vista parecem ser numerosas são, em exame mais detalhado, poucas. É preciso também falarmos claramente sobre a utilidade e dizer que a sabedoria que retiramos, em especial dos gregos, parece ser uma espécie de estágio infantil da ciência e ter a característica infantil de estar extremamente disposta a falar, mas muito fraca e imatura para produzir algo. Pois ela é fértil em controvérsias, mas fraca em resultados. A história de Cila[2] parece adequar-se exatamente ao atual estado das letras: ela mostrava o rosto e o semblante de uma virgem, mas monstros ladradores cobriam-na e se agarravam em seus quadris. Da mesma forma, as ciências com as quais estamos acostumados têm certas generalidades brandas e plausíveis, mas quando nos voltamos para os particulares (que são como partes geradoras), desejando que eles possam dar frutos e obras por si mesmos, as disputas e controvérsias fragmentárias iniciam-se e, nesse ponto, chegamos ao fim, e esses são todos os frutos que eles têm para nos oferecer. Além disso, se tais ciências não fossem algo completamente morto, parece muito improvável que ainda estaríamos na situação em que nos encontramos já há muitos séculos: as ciências estão quase paradas em seus trilhos e não mostram desenvolvimentos dignos da raça humana. Muitas vezes, de fato, não só uma afirmação continua a ser uma mera afirmação, mas uma questão permanece uma mera questão, não resolvida pela discussão, mas apenas mantida e alargada, e toda a tradição das disciplinas nos apresenta uma série de mestres e alunos, não uma sucessão de descobridores e discípulos que fazem melhorias notáveis aos descobrimentos. Nas artes mecânicas, vemos a situação oposta. Elas crescem e se aprimoram a cada dia como se respirassem alguma brisa vital. Seus primeiros autores geralmente parecem imaturos, quase desajeitados e ineptos, mas depois as artes adquirem novas competências e elegância, a ponto de os desejos e as ambições dos homens sofrerem mudanças e decaírem bem antes de tais artes atingirem o mais alto ponto de perfeição. Em contraste, a filosofia e as ciências intelectuais são, assim como as estátuas, admiradas e veneradas, mas não aprimoradas. Além disso, por vezes estão em seu ponto mais alto com seus primeiros autores, mas declinam logo depois. Pois, quando os homens ingressam em uma facção e se comprometem (tal como cortesões subser-

---

2   Essa imagem de Cila pode ser encontrada em Ovídio, *Metamorphoses*, XIII, p. 732-3.

vientes) à opinião de um homem, eles deixam de acrescentam qualquer distinção às ciências em si, mas agem como servos que apenas se prestam a cortejar e adornar seus autores. Que ninguém afirme que as ciências cresceram pouco a pouco e agora chegaram a uma determinada situação; e agora, finalmente (como atletas que terminaram a corrida) encontraram suas moradas finais nas obras de alguns poucos autores; e não havendo nada melhor para ser descoberto, só resta enfeitar e cultivar o que já o foi. Poderíamos desejar que assim fosse. Mas uma análise mais correta e verdadeira da questão sugere que tais apropriações das ciências são simplesmente um resultado da confiança de alguns homens e da ociosidade e inércia do restante. Pois, após as ciências terem sido possivelmente cultivadas com cuidado e desenvolvidas em algumas áreas, por acaso surge uma pessoa de personalidade ousada, que é aceita e seguida por possuir uma espécie de resumo do método, que na aparência dá à arte uma forma, mas na realidade corrompe o trabalho dos investigadores mais antigos. Mesmo assim, isso agrada a posteridade, pela utilidade prática do trabalho e pela repulsa e impaciência com novas investigações. Mas, ao sentir-se atraído pelo consenso antigo e pelo julgamento do tempo (por assim dizer), é preciso perceber que se está contando com um método muito enganador e ineficaz. Isso porque somos ignorantes em relação a grande parte do que se tornou conhecido e publicado nas ciências e nas artes em diferentes séculos e lugares, e muito mais ignorantes sobre os experimentos efetuados por indivíduos e discutidos em grupos fechados. Assim, nem todos os nascimentos e nem todos os abortos do tempo estão registrados publicamente. Não devemos também nos prender em demasia ao valor do consenso em si e em sua longevidade. Existem muitos tipos de Estados políticos, mas há apenas um estado das ciências que é e sempre será o estado popular. E entre as pessoas, os tipos de conhecimentos mais populares são aqueles que ou são polêmicos e combativos, ou atraentes e vazios, isto é, aqueles que iludem e aqueles que seduzem o consentimento. Certamente, este é o motivo pelo qual os maiores gênios de todos os tempos foram injuriados; os homens de intelecto e entendimento incomum, simplesmente para preservar sua reputação, apresentaram-se ao julgamento do tempo e das multidões. Por essa razão, mesmo que tenham surgido ocasionalmente algumas ideias profundas, elas foram logo sopradas pelos ventos da opinião comum e apagadas. O resultado é que o Tempo, como um rio, nos devolveu as coisas leves que flutuam na superfície e afundou o que é pesado e sólido. Mesmo os autores que adotam uma espécie de ditadura das ciências e fazem pronunciamentos sobre as coisas com confiança inabalável costumam reclamar quando, ao longo do tempo, recobram seus sentidos sobre a sutileza da natureza, a profundidade da verdade, a obscuridade das coisas, a complexidade das causas e a fraqueza do conhecimento humano; mas, uma vez que preferem culpar a condição comum do homem e a natureza, em vez de admitir a própria incapacidade, eles não conseguem ser mais humildes em relação a isso. Na verdade, quando alguma das artes fracassa ao resolver algo, o hábito costumeiro deles é, tomando a mesma arte como base, declarar a coisa como impossível. Uma arte não pode ser condenada quando ela própria é, ao mesmo tempo, advogado e juiz, e por isso a questão é salvar a ignorância da desonra. Essa é então, mais ou menos, a situação em que se encontra o conhecimento tradicional e o recebido: estéril em seus resultados, cheio de perguntas; lento e fraco em seu aprimoramento; alega perfeição no todo, mas é muito imperfeito nas partes; popular na escolha, mas suspeito para os próprios autores e, portanto, embrulhado e apresentado por uma variedade de meios. Mesmo aqueles que se propuseram a aprender por si mesmos, a comprometer-se com as ciências e ampliar seus limites, não se atreveram a abandonar completamente as ciências recebidas ou a buscar as fontes das coisas. Eles acreditam fazer algo importante sempre que inserem ou acrescentam algo de próprio, imaginando de forma prudente que preservam sua modéstia ao concordar e sua liberdade ao adicionar. Mas, ao respeitarem as opiniões e os hábitos, esses meios do caminho, que são tão elogiados pelas pessoas, resultam em grandes prejuízos para as ciências, uma vez que é muito difícil admirar um autor e, ao mesmo tempo, superá-lo. É como a água que não supera a altura de seu ponto de partida. E assim, tais homens fazem algumas emendas mas pouco progresso, melhoram o conhecimento existente, mas não chegam a nada novo. Houve também homens que, com maior ousadia, imaginaram que tudo era novo para eles, contaram com a força de seu gênio para aplainar e destruir tudo o que havia acontecido antes deles e, assim, abriram espaço para eles mesmos e suas opiniões. Mesmo com tanto barulho, eles não conseguiram muita coisa, pois o que eles tentaram fazer não objetivava o progresso da filosofia e das artes de fato e efetivamente, mas sim a mudança de crença e a transferência da liderança das opiniões para eles mesmos, com muito pouco lucro: uma vez que entre erros opostos, as causas dos erros são quase as mesmas. Aqueles que tiveram suficiente grandeza de espírito para desejar que outros homens se juntassem às suas investigações, pois não estavam escravizados por seus próprios dogmas, ou pelo de outras pessoas, mas defendiam a liberdade foram, sem dúvida, honestos em intenção, mas ineficazes na prática. Pois parecem ter seguido apenas o raciocínio provável e, por isso, caminham em círculos em um redemoinho de argumentos e gastam todo o poder de sua investigação com sua licença indisciplinada em levantar questões. Não houve um que tenha passado tempo suficiente entre as coisas em si e com os experimentos. Outros, ainda, que comprometeram-se com as ondas de experimentos, quase tornando-se mecânicos, ainda praticam um tipo de investigação sem rumo em relação ao experimento em si, pois, já que nem mesmo eles funcionam por regras fixas. Na verdade, a maioria deles manteve-se em tarefas triviais, imaginando que fazer uma descoberta única pudesse ser uma grande conquista; um projeto tão inepto quanto a sua modéstia. É impossível fazer uma investigação completa e bem-sucedida da natureza de uma coisa na coisa em si; e, depois de uma série de experimentos tediosos, não é encontrado um fim, mas apenas outras linhas de investigação. Novamente, devemos perceber, em particular, que, desde o início, todo o esforço despendido em experimentos tem visado à obtenção de certos resultados específicos de forma rápida e direta, tem visado (repito) à busca de experimentos rentáveis e não esclarecedores; desse modo, deixamos de imitar a ordem de Deus, que, tendo criado somente a luz no primeiro dia, dedicou um dia inteiro a ela sem produzir nenhum efeito material, o qual apenas foi efetuado nos dias subsequentes. Mas aqueles que atribuíram as mais altas funções à lógica e acreditaram ter criado os mais poderosos auxílios para as ciências por meio da lógica perceberam verdadeiramente que devemos desconfiar do conhecimento humano desassistido. No entanto, o remédio é muito pior do que a doença e possui seus próprios problemas. Pois a lógica hoje em uso, embora muito apropriadamente aplicada às questões civis e às artes que consistem em discussão e opinião, ainda está muito aquém da sutileza da natureza. Assim, ao tentar compreender aquilo que ela não consegue fixar, a lógica pode estabelecer e corrigir erros em vez de abrir o caminho para a verdade.

E assim, para resumir, até o momento nas ciências, nem os esforços próprios de um homem nem sua confiança nos outros parecem ter funcionado para os homens, especialmente porque não há muito auxílio advindo das demonstrações e experiências até agora conhecidas. O tecido do universo, sua estrutura, para a mente que o observa, é como um labirinto, onde o caminho para qualquer lado é muitas vezes incerto, a imagem de uma coisa ou um sinal é enganoso e as voltas e reviravoltas da natureza são bastante oblíquas e intrincadas. É preciso sempre viajar através das florestas dos experimentos e das coisas particulares, sob a luz incerta dos sentidos, que brilha por vezes e se esconde em outros momentos. Além disso, aqueles que se oferecem para nos guiar também estão perdidos no labirinto e simplesmente somam-se ao número dos que se desviaram. Nessas circunstâncias tão difíceis, não se pode contar com a força desassistida do julgamento humano, não se pode contar com o sucesso casual. Mesmo a suprema inteligência ou os lances ilimitados dos dados não podem superar as dificuldades. Precisamos de uma linha para guiar os nossos passos; e todo o caminho, desde as primeiras percepções do sentido, deve ser feito com certo método. Não devemos entender isso como se nada tivesse sido alcançado ao longo de tantos séculos e com tanto esforço. Nem reclamamos das descobertas que foram feitas. Certamente, dentre tudo aquilo que estava ao alcance da sua inteligência e do pensamento abstrato, os antigos estão admiravelmente perdoados. Mas, assim como nos séculos anteriores, quando os homens resolveram navegar por meio da observação das estrelas, eles certamente estavam capacitados a seguir as margens do velho continente e a atravessar alguns mares interiores não muito pequenos, mas antes de cruzar o oceano e ver os territórios do novo mundo, seria necessário o conhecimento da bússola náutica como um guia mais fiável e seguro. Exatamente pelo mesmo raciocínio, as descobertas já feitas nas artes e ciências são do tipo que poderiam ser descobertas pelo uso, pensamento, observação e argumento, na medida em que elas estão intimamente ligadas aos sentidos e às noções comuns; mas antes que alguém possa navegar para os lugares mais remotos e secretos da natureza, é absolutamente essencial introduzirmos um uso e uma aplicação melhores e mais perfeitos da mente e do conhecimento.

Pois, seduzidos pelo eterno amor à verdade, nós nos comprometemos com meios incertos, difíceis e solitários, e confiando e aceitando a ajuda de Deus, temos fortalecido nossa mente contra os ataques violentos das forças armadas da opinião e, contra as nossas próprias hesitações internas e escrúpulos, as névoas escuras, nuvens e fantasias de coisas voando ao redor de nós, de modo que, no final, podemos ser capazes de fornecer indicações mais confiáveis e seguras para as gerações presentes e futuras. Se conseguimos obter sucesso com o presente trabalho, o método que nos abriu o caminho foi, certamente, o rebaixamento verdadeiro e correto do espírito humano. Pois, todos aqueles que, antes de nós, dedicaram-se à descoberta das artes, apenas lançaram um breve olhar sobre as coisas, os exemplos e os experimentos e, após, invocaram seus próprios espíritos para dar-lhes os oráculos, como se a descoberta não fosse mais do que a evocação de uma nova ideia. Mas nós nos mantemos fiéis e constantes às coisas e não abstraímos nossas mentes mais que o necessário para que as imagens e os raios das coisas permaneçam em foco (como no caso da vista) e, portanto, pouco resta ao poder e à excelência da inteligência. E, da mesma forma que usamos a humildade nas descobertas, a usamos também para o ensino. E não tentamos invocar ou impor uma dignidade espúria em nossas descobertas, quer por triunfos na refutação, quer por apelo à antiguidade, quer por qualquer usurpação de autoridade e nem mesmo, nos refugiando no anonimato; não seria difícil fazer esse tipo de coisa se alguém estivesse tentando glorificar seu próprio nome, em vez de iluminar as mentes dos outros. Não planejamos (digo eu) ou fizemos qualquer ataque ou emboscada aos juízos dos homens; Nós os trazemos para a presença das próprias coisas e de suas conexões para que possam ver o que possuem, o que podem questionar e o que podem acrescentar e contribuir para as ações ordinárias. Caso tenhamos acreditado muito facilmente em algo, se adormecemos ou não prestamos suficiente atenção, ou desistimos no meio do caminho e cessamos a investigação muito cedo, ainda assim apresentamos as coisas de forma clara e simples. Dessa forma, nossos erros podem ser notados e removidos antes que eles infectem o corpo da ciência de maneira muito profunda. Por tal método qualquer outra

PREFÁCIO | 25

pessoa pode fácil e rapidamente assumir nosso trabalho. Assim, acreditamos ter celebrado o casamento eterno, verdadeiro e legítimo entre as faculdades empíricas e as racionais (cujo triste e infeliz divórcio e separação têm causado muitos problemas para a família humana).

E, portanto, uma vez que essas coisas não estão sob nosso controle, já no início de nosso trabalho oferecemos as orações mais humildes e fervorosas ao Deus Pai, Palavra e Espírito, que ciente dos poucos e terríveis dias das aflições da humanidade e da peregrinação da vida pela qual passamos possa oferecer à família humana, através de nossas mãos, novas misericórdias. Nós também oramos humildemente para que o ser humano não ofusque o divino e que, a partir da revelação por meio dos sentidos e das chamas mais brilhantes da luz natural, a escuridão da descrença em face dos mistérios de Deus não surja em nossos corações. Ao contrário, nós oramos para que, a partir de uma compreensão clara, livre de fantasias e vaidade, mas sujeita aos oráculos de Deus e inteiramente comprometida a eles, possamos dar à fé tudo o que pertence à fé. E, por fim, oramos para que, quando tivermos extraído do conhecimento o veneno infundido pela serpente que incha e infla a mente humana, não nos tornemos sábios com uma sabedoria muito profunda ou assoberbada, mas possamos cultivar a verdade com caridade.

Feitas nossas orações, nos voltamos para os homens, oferecemos alguns conselhos salutares e fazemos alguns pedidos razoáveis. Em primeiro lugar, aconselhamos (assim como oramos) que, naquilo que se refere às coisas de Deus, os homens limitem seus sentidos a seus deveres. Pois a razão (como o sol) abre a face do globo terrestre, mas fecha e obscurece o globo celeste. E, então, avisamos aos homens para que não vagueiem na direção oposta ao evitar esse mal, o que certamente acontecerá caso eles acreditem que qualquer parte da investigação sobre a natureza está proibida por uma interdição. O conhecimento natural, puro e imaculado pelo qual Adão atribuiu nomes apropriados para as coisas não está relacionado com a oportunidade ou ocasião da Queda. O método e o modo da tentação, de fato, foi o desejo ambicioso e exigente por conhecimento moral, pelo qual pudesse discriminar o bem do mal, com o objetivo de o homem poder afastar-se de Deus e fazer suas próprias leis. Sobre as ciências que observam a natureza, o filósofo sagrado declara que "a glória de Deus está em encobrir as coisas, mas a glória de um rei está em descobrir",[3] como se a natureza divina se alegrasse com o prazer inocente e divertido dos jogos infantis, no qual as crianças se escondem propositadamente para que nós possamos encontrá-las e, para tanto, como se cooptasse a mente humana para aderir ao jogo em sua gentileza e bondade para com os homens. Por fim,

---

3   Pr 25,2 – a frase é novamente citada no *Novo Órganon*, I.129.

desejamos que todos sejam aconselhados a refletir sobre os verdadeiros fins do conhecimento,[4] a fim de que não o busquem para diversão, disputa ou para menosprezar os outros, ou para o lucro, ou por fama, ou poder ou quaisquer desses fins inferiores, mas para os usos e benefícios da vida, para melhorá-la e conduzi-la em caridade. Pois os anjos caíram por causa do apetite pelo poder, e os homens caíram por causa de seu apetite pelo conhecimento, mas a caridade não conhece limites e nunca pôs anjo ou homem em perigo.

Os pedidos que fazemos são os seguintes: nada para nós mesmos pessoalmente, mas a respeito do que estamos fazendo, pedimos que os homens pensem nisso não como uma opinião mas como uma obra, e tenha certeza de que estamos lançando as bases não de uma seita ou de um dogma, mas do progresso e empoderamento humano. E então que os homens deem uma chance aos seus próprios e reais interesses, deixem de lado o zelo e o preconceito das crenças e pensem no bem comum; então, livres de obstáculos e noções equivocadas do caminho e equipados com nossos auxílios e assistências, gostaríamos de pedir-lhes que façam suas partes no restante da obra. E pedimos que eles tenham boa esperança e não imaginem ou concebam nossa Renovação como algo infinito e sobre-humano, quando na verdade ela é o fim dos inesgotáveis erros, o objetivo correto que aceita as limitações da mortalidade e da humanidade, uma vez que ela não espera ser terminada por completo no curso de apenas uma vida, mas prevê sucessores e, enfim, busca o conhecimento não (de forma arrogante) nas minúsculas células da inteligência humana, mas humildemente na imensidão do mundo. Em sua maioria, as coisas vazias são muito grandes, as coisas sólidas são muito densas e ocupam pouco espaço. Finalmente, ao que parece, também devemos pedir (apenas no caso de alguém ser injusto conosco, o que colocaria o projeto em perigo) que os homens determinem em que medida, com base naquilo que devemos dizer (se quisermos ser consistentes), é possível acreditar que temos o direito de ter ou de expressar uma opinião a respeito de nossos ensinamentos; pois rejeitamos (em uma investigação sobre a natureza) todo o raciocínio humano apressado, baseado em preconceitos[5] e que faz abstrações das coisas descuidada e mais rapidamente do que deveria, como um procedimento vago, instável e mal concebido. E, não posso ser chamado ao processo para ser julgado em um procedimento que, em si mesmo, está em julgamento.

---

4   *Scientia veros fines.*

5   *Anticipantem*: veja I.26 em "antecipações da natureza".

Plano da Obra

É composta por seis partes:

Primeira, *As Divisões das Ciências*.

Segunda, *O Novo Órganon*, ou *Indicações para a Interpretação da Natureza*.

Terceira, *Fenômenos do Universo*, ou *A História Natural e Experimental para a Fundação da Filosofia*.

Quarta, *A Escadaria do Intelecto*.

Quinta, *Precursores*, ou *Antecipações da Filosofia Segunda*.

Sexta, *A Filosofia Segunda*, ou *Ciência Prática*.

Os resumos de cada parte

Trata-se de parte de nosso plano deixar tudo da forma mais aberta e clara possível. Pois uma mente nua é companheira da inocência e da simplicidade, como já foi uma vez o corpo nu. E, portanto, é preciso primeiro estabelecer a ordem e o plano de nossa obra. Ela é composta por seis partes:

A primeira parte apresenta uma descrição sumária ou geral da ciência, ou do conhecimento, que a raça humana possui atualmente. Pareceu-nos bom gastar certo tempo com o que é aceito atualmente, pensando que isso ajudará no aperfeiçoamento do velho e na abordagem do novo. Estamos da mesma forma praticamente ansiosos para desenvolver o velho e adquirir o novo. Isso também nos dá credibilidade, de acordo com o ditado: "um homem ignorante não acreditará nas palavras do conhecimento até que você diga a ele o que se passa em seu coração". Por isso não devemos negligenciar a navegação ao longo das margens das ciências e das artes aceitas, importando alguns itens úteis para elas, em nossa passagem.

No entanto, as divisões das ciências que empregamos incluem não apenas coisas que foram percebidas e descobertas, mas também as que até agora foram deixadas de lado, mas que deveriam estar aí. Pois tanto no mundo intelectual como no físico, existem desertos e locais cultivados. E, por isso, vez ou outra podemos nos distanciar das divisões habituais. Uma adição não só muda o todo, mas necessariamente também altera as partes e seções; e as divisões aceitas refletem apenas o esboço hoje aceito das ciências.

Em assuntos que considerarmos faltantes, faremos mais do que simplesmente sugerir um título vazio e um relato resumido daquilo que for necessário. Pois ao fazermos um relato sobre coisas que contenham peças faltantes (de algum valor), cujo método parece tão obscuro que nos justifica suspeitar que os homens não entenderão facilmente o que queremos dizer, ou qual é a tarefa imaginada e concebida por nossa mente; em tais casos, sempre nos daremos ao trabalho de adicionar instruções para a realização da tarefa ou um relatório de nosso próprio desempenho a respeito de parte dela, como um exemplo do todo; de modo que possamos dar alguma ajuda em cada caso, seja por conselhos, seja pela prática. Sentimos que a nossa própria reputação, bem como o interesse alheio, exige que ninguém suponha que algumas noções superficiais sobre esses assuntos simplesmente entraram em nossas cabeças e que as coisas que ambicionamos e tentamos entender são meros desejos. Elas possuem tal natureza a ponto de claramente fazerem parte da competência dos homens (a menos que os homens fracassem por si próprios), e eu tenho uma concepção firme e explícita a respeito delas. Minha tarefa não é o mero levantamento dessas regiões em minha mente, como um presságio que recebe os auspícios, mas invadi-las como um general, com uma forte disposição de reivindicar sua posse. *E esta é a primeira parte da obra.*

Depois de costear pelas artes antigas, vamos, em seguida, equipar o entendimento humano a fim de partir para o oceano. Planejamos, portanto, em nossa segunda parte, relatar o melhor e mais perfeito uso da razão na investigação das coisas e dos verdadeiros auxiliares do intelecto, de modo que (apesar da nossa humanidade e sujeição à morte), o entendimento possa ser elevado e ampliado em sua capacidade de superar as coisas difíceis e obscuras da natureza. E a arte que aplicamos (que escolhemos chamar de *Interpretação da Natureza*) é a arte da lógica, embora com uma grande diferença, de fato uma diferença gigantesca. É verdade que a lógica comum também reivindica a concepção e o preparo dos assistentes e suportes do intelecto, e nisto elas são iguais. Mas ela difere completamente da lógica comum de três formas específicas: a saber, em seu objetivo, em sua ordem de demonstração e nos pontos iniciais da investigação.

Pois o objetivo que propomos para a nossa ciência é a descoberta das artes, não de argumentos, de princípios e não de inferências a partir de princípios, de sinais e indicações de obras e não de raciocínios não prováveis. Resultados diferentes decorrem de nosso projeto diferenciado. Os outros derrotam e vencem seu adversário por meio de debates; nós conquistamos a natureza a partir do trabalho.

A natureza e ordem de nossas demonstrações concordam com tal objetivo. Pois, na lógica comum, quase todo esforço está concentrado no silogismo. Os lógicos mal parecem ter pensado sobre a *indução*. Eles passam por ela com apenas uma menção e se apressam a fim de chegar a suas fórmulas para os debates. Mas nós rejeitamos a prova por silogismos, porque ela opera em confusão e permite que a natureza escape de nossas mãos. Pois, embora ninguém possa duvidar que as coisas que concordam com um meio-termo concordam também com o outro (que é uma espécie de certeza matemática), há, no entanto, um tipo de fraude subjacente aqui, pois um silogismo consiste de proposições e essas consistem em palavras, que são indícios e sinais das noções. E, portanto, tudo se desfaz quando as próprias noções da mente (que são como a alma das palavras e a base de cada uma dessas tais estruturas e tecidos) são mal ou descuidadamente abstraídas das coisas, são vagas e não definidas com contornos suficientemente claros e, assim, deficientes em muitos aspectos. E, portanto, nós rejeitamos o silogismo não apenas em relação aos princípios (que também não são utilizados para isso), mas também para as proposições intermediárias, as quais o silogismo reconhecidamente deduz e gera de certa maneira, mas sem efeitos, bastante divorciado da prática e completamente irrelevante para a parte ativa das ciências. Pois, mesmo que deixemos para o silogismo e para as demonstrações similarmente renomadas, mas de má fama, a jurisdição sobre as artes populares, que são baseadas na opinião (pois não temos ambições nesta área), ainda assim, em relação à natureza das coisas utilizamos a indução para todo o restante, tanto para as proposições menores como para as maiores. Pois consideramos a *indução* como forma de demonstração que respeita os sentidos, que está próxima da natureza, que promove resultados e que está praticamente envolvida nela em si.

E, assim, a ordem da demonstração fica também invertida por completo. Pois a forma como tudo foi normalmente feito até o momento segue-se a partir do salto imediato dos sentidos e dos dados particulares para as proposições mais gerais, como se fossem postes fixos em torno dos quais giram as disputas; em seguida, tudo é obtido a partir delas por meio de proposições intermediárias, o que é com certeza uma rota curta, mas perigosamente íngreme, inacessível à natureza e intrinsecamente propensa a disputas. Por outro lado, por nosso método, os axiomas são extraídos de forma gradual, passo a passo, para que se obtenha os mais gerais apenas no final; e os axiomas surgem não como algo fictício, mas bem definido, e conforme validado pela natureza como algo verdadeiramente conhecido por ela, algo que vive no cerne das coisas.

De longe, a maior questão que levantamos é quanto à atual forma de indução e ao julgamento feito com base na indução. Pois a forma de indução que os lógicos falam, a qual procede por simples enumeração, é algo infantil, que se precipita às conclusões, está exposto ao perigo da contradição imediata, observa apenas as coisas familiares e não chega a qualquer resultado.

As ciências precisam de uma forma de indução que faça experimentos e os analise, chegando a conclusões necessárias com base em exclusões e rejeições apropriadas. E, ao notar que a forma usual de julgamento dos lógicos tem sido árdua e tem requerido muito esforço intelectual, resta saber quanto mais esforço deveríamos despender com esse outro julgamento, que é projetado não apenas a partir das profundezas da mente, mas também das entranhas da natureza.

E isso não é tudo. Aprofundamos os fundamentos das ciências e os tornamos mais sólidos, fixamos nossos pontos de partida em locais mais distantes daqueles já definidos pelos homens e sujeitamos tais pontos a exame, enquanto a lógica comum aceita-os com base na crença dos outros. Pois os lógicos tomam emprestado (se é que posso colocar dessa forma) os princípios das ciências a partir das próprias ciências particulares, então eles prestam homenagens às primeiras noções da mente e, finalmente, dão-se por satisfeitos com as percepções imediatas dos sentidos saudáveis. Mas a nossa posição é a de que a verdadeira lógica deve entrar nas províncias das ciências individuais com mais autoridade do que em seus próprios princípios e obrigar que esses supostos princípios nos relatem a extensão em que estão firmemente estabelecidos. Em relação às primeiras noções do intelecto: nada daquilo que o intelecto acumulou por si só escapa à nossa suspeita e não os confirmamos sem submetê-los a um novo julgamento e a um veredicto dado de acordo com o primeiro. Além disso, temos muitas maneiras de examinar as informações dos próprios sentidos. Pois os sentidos, muitas vezes, nos enganam, mas eles também evidenciam seus próprios erros; embora os erros estejam próximos, a prova é difícil de ser obtida.

Os sentidos são defeituosos de duas maneiras: eles podem nos abandonar completamente, ou podem nos enganar. Primeiro, há muitas coisas que escapam aos sentidos, mesmo quando eles estão saudáveis e sem restrições, tanto por causa da raridade de todo o corpo em análise, ou pelo tamanho extremamente pequeno de suas partes, ou pela distância, ou por sua lentidão, ou velocidade, ou porque o objeto é muito familiar ou por outras razões. E mesmo quando os sentidos entendem um objeto, suas apreensões dele nem sempre são confiáveis. Pois as provas e informações dadas pelos sentidos são sempre baseadas em uma analogia feita ao homem, não ao universo; é um grande erro afirmar que os sentidos são a medida das coisas.

Assim, para atender a esses defeitos, temos procurado e recolhido por todos os lados, com grande devoção e fidelidade, auxiliares dos sentidos que permitam a substituição desses em caso de falha total e a correção em caso de distorção. Nós testamos isso mais por meio de experimentos que por meio de instrumentos. Pois a sutileza dos experimentos é muito maior do que a dos próprios sentidos, mesmo quando auxiliados por instrumentos cuidadosamente concebidos; falamos de experimentos criados e aplicados de forma específica para a questão sob investigação com habilidade e boa técnica. E, portanto, não dependem muito da percepção imediata e adequada dos sentidos, mas levamos a questão ao ponto em que os sentidos julgam apenas o experimento e o experimento julga a coisa sob investigação. Por isso, acreditamos ter transformado os sentidos (a partir do qual, caso não prefiramos ser insanos, devemos derivar tudo de coisas naturais) em sacerdotes sagrados da natureza e intérpretes qualificados de seus oráculos; enquanto os outros simplesmente parecem respeitar e honrar os sentidos, nós realmente fazemos isso. Tais são os preparativos que fazemos em relação à luz da natureza quanto ao seu atiçamento e uso. Eles seriam suficientes se o entendimento dos homens fosse imparcial, uma lousa em branco. Mas conforme as mentes dos homens permanecem ocupadas por tantas formas estranhas a ponto de ficarem sem nenhuma superfície plana e polida disponível para receber os verdadeiros raios das coisas, é essencial percebermos que precisamos encontrar uma solução para isso também.

Os *Ídolos*[1] que ocupam a mente podem ser artificiais ou inatos. Os *ídolos* artificiais entraram nas mentes dos homens a partir de doutrinas e seitas dos filósofos ou de regras perversas de demonstração. Os *ídolos* inatos são inerentes à natureza do intelecto em si que, conforme reconhecido, está muito mais propenso a erros do que os sentidos. Pois, independentemente de quanto os homens vangloriem-se e mergulhem na admiração e quase veneração da mente humana, é quase certo que, assim como um espelho irregular altera os raios das coisas em sua boa forma e imagem, a mente também o faz quando é afetada por coisas por meio dos sentidos, ela não as preserva fielmente, mas insere e mistura a sua própria natureza com a natureza das coisas à medida que ela forma e elabora suas próprias noções.

Os dois primeiros tipos de *ídolos* podem ser eliminados, com alguma dificuldade, mas o último de forma alguma. A única estratégia que resta é, por

---

1 Ídolos: tradução normal dos *idola* de Bacon. Em algumas passagens, no entanto, a palavra também foi traduzida por "ilusões". Veja também 1.39n.

um lado, indiciá-los, bem como expor e condenar a força insidiosa da mente, pois, caso após a destruição dos antigos, novos brotos de erro cresçam e se multipliquem a partir da pobre estrutura da mente em si, o resultado não será a anulação dos erros, mas a simples alteração deles; e, por outro lado, fixar e estabelecer para sempre a verdade de que o intelecto não consegue fazer qualquer julgamento, exceto pela indução em sua forma legítima. Por isso, o ensino que limpa a mente para torná-la receptiva à verdade consiste de três refutações: uma refutação das filosofias; uma refutação das provas; e uma refutação da razão humana natural. Quando já tivermos lidado com elas e esclarecido o papel desempenhado pela natureza das coisas e o papel desempenhado pela natureza da mente, acreditamos que, com a ajuda da bondade de Deus, teremos mobiliado e decorado o quarto de núpcias do casamento da mente e do universo. No hino de casamento devemos orar para que os homens possam ver nascer dessa união os assistentes que eles precisam e uma linhagem de descobertas que pode, em algumas partes, conquistar e subjugar a miséria e a pobreza dos homens. *E esta é a segunda parte da obra.*

Mas não planejamos apenas mostrar o caminho e construir estradas, mas também adentrá-las. A terceira parte é uma compilação abrangente dos *fenômenos do universo*, ou seja, toda forma de experiência, combinada com o tipo de história natural com potencial para estabelecer as bases da filosofia. Um método superior de prova ou forma de interpretar a natureza pode defender e proteger a mente do erro e do engano, mas ele não consegue suprir ou fornecer o material para o conhecimento. Mas aqueles que estão determinados a não adivinhar e aceitar presságios, mas a descobrir e saber, e não inventar contos de fadas e histórias sobre mundos, mas inspecionar e analisar a natureza desse mundo real, devem buscar tudo a partir das próprias coisas. Nenhum substituto ou alternativa na forma de pensamento, inteligência ou argumento pode tomar o lugar do trabalho árduo, da investigação e da visitação ao mundo, nem mesmo se todos os gênios de todo o mundo trabalhassem juntos. Isso tem de ser feito sem falta, ou então deve-se abandonar a empreitada para sempre. Mas até hoje os homens têm agido de forma tão tola que não é estranho a natureza não dar-lhes acesso a ela.

Porque, em primeiro lugar, as informações dos sentidos são em si imperfeitas e enganadoras; a observação é preguiçosa, desigual e casual; o conhecimento é vazio e baseado em boatos; a prática está servilmente empenhada com os resultados; a iniciativa experimental é cega, desinteligente, precipitada e irregular; e a história natural é rasa e superficial. Foi acumulado entre eles um material muito pobre para o intelecto construir a filosofia e as ciências.

PLANO DA OBRA | 33

E a tendência de introduzir prematuramente debates sutis e intrincados chega tarde demais para remediar uma situação que já é totalmente desesperadora e não faz nada para progredir o empreendimento ou remover o erro. Assim, não há esperança de um grande desenvolvimento ou progresso, exceto por meio de uma renovação das ciências.

Tal empreitada deve ser iniciada por uma história natural, e uma história natural de um novo tipo, com uma nova organização. Seria inútil polir os espelhos se não existissem imagens e, claramente, devemos obter o material adequado para o intelecto, bem como para a confecção de instrumentos confiáveis. E a nossa história (como a nossa lógica) difere daquela hoje conhecida em muitos aspectos: em seu propósito ou tarefa, em seu alcance real e composição, em sua sutileza e também na seleção e disposição dela mesma em relação à fase seguinte.

Primeiramente, propomos uma história natural que, em vez de entreter-se com a variedade de seus conteúdos ou dar lucros imediatos por meio de seus experimentos, lança luz sobre a descoberta das causas e proporciona um primeiro seio para alimentar a filosofia. Pois embora o nosso objetivo final sejam as obras e a parte ativa da ciência, ainda aguardamos a época da colheita e não tentamos retirar o musgo ou colher a plantação enquanto ainda está verde. Sabemos muito bem que os axiomas descobertos corretamente arrastarão um batalhão de obras com eles, revelando-os não de forma individual, mas em quantidade. Mas nós condenamos e rejeitamos por completo o desejo infantil de fazermos compromissos prematuramente, na forma de novas obras, como a maçã de Atalanta que retarda a corrida.[2] Tal é a tarefa da nossa História Natural.

E quanto a sua composição, estamos construindo uma história não apenas da natureza livre e desimpedida (quando a natureza segue seu próprio curso e faz o seu próprio trabalho), tal como a história dos corpos celestes e do céu, da terra e do mar, dos minerais, plantas e animais, mas muito mais da natureza confinada e domada, quando ela é forçada a partir de sua própria condição pela arte e pela ação humana e, assim, é pressionada e moldada. E, dessa maneira, oferecemos uma descrição completa de todos os experimentos das artes mecânicas, todos os experimentos da parte aplicada das artes liberais e todos os experimentos de várias artes práticas que ainda não formaram uma arte específica (contanto que tenhamos oportunidade de investigar e que sejam relevantes para o nosso propósito). Além disso, (para ser claro) depositamos um maior esforço e muito mais recursos nessa parte que na outra, e não demos atenção aos desgostos dos homens ou ao que eles acham atraente, já que a natureza revela-se mais pelo assédio da arte que por sua própria liberdade.

---

2   Melanion (ou Hipomenes) lança para Atalanta maçãs de ouro para que ela se desviasse de seu caminho. Assim ele venceria a corrida e se casaria com ela.

E não oferecemos uma história apenas dos corpos; percebemos que deveríamos também dar-nos ao trabalho de fazer uma história separada dos próprios poderes (daqueles que podem ser considerados como potências centrais na natureza e que claramente constituem seus originais, uma vez que são o material para as primeiras paixões e desejos, ou seja, *Denso, Rarefeito, Quente, Frio, Sólido, Líquido, Pesado, Leve* e muitos outros).

Quanto à sutileza, estamos certamente à procura de um tipo de experimento que seja muito mais sutil e simples do que aqueles que simplesmente acontecem. Pois nós trazemos e tiramos da obscuridade muitas coisas que ninguém jamais havia pensado em investigar, caso não estivesse seguindo o caminho certo e constante para a descoberta das causas. Pois, em si mesmas, elas não têm muito valor e por isso não foram pesquisadas. Mas, ao contrário disso, elas estão para as coisas exatamente como as letras do alfabeto estão para a fala e para as palavras: embora inúteis em si mesmas, elas ainda são os elementos de todo o discurso.

E na escolha de narrativas e experiências, acreditamos ter oferecido melhor ajuda aos homens que aqueles que lidaram com a história natural no passado. Isso porque, em tudo, utilizamos a evidência de nossos próprios olhos, ou pelo menos de nossa própria percepção, e aplicamos os mais rigorosos critérios para a aceitação das coisas, de modo que em nada exageramos em nossos relatórios para o bem das sensações; e nossas narrativas estão livres e intocadas de fábulas e tolices. Nós também, especificamente, proscrevemos e condenamos muitas falsidades amplamente aceitas (que prevaleceram por muitos séculos por uma espécie de negligência e estão profundamente enraizadas), de modo que elas não são mais capazes de incomodar as ciências. Porque, como dito de forma sábia, as histórias, superstições e ninharias que os cuidadores instilam nas crianças também pervertem seriamente suas mentes, pelo mesmo raciocínio percebemos que devemos ter cuidado, e até mesmo ficarmos inquietos, para que, no início, a filosofia não assuma nenhum tipo de hábito tolo, enquanto promovemos e estimulamos sua infância na forma de história natural. Em todo experimento novo e ainda não muito sutil, mesmo que (conforme visto por nós) seja certo e comprovado, fazemos um relato franco do método do experimento utilizado, de modo que, depois de termos revelado cada movimento feito, os homens possam encontrar algum tipo de erro escondido ligado a ele e possam dispor-se a descobrir provas mais confiáveis e meticulosas (caso existam); e, finalmente, salpicamos advertências, reservas e cuidados em todas as direções, com o escrúpulo religioso de um exorcista, que expulsa e bane todo tipo de fantasia.

Finalmente, tendo visto o quanto a experiência e a história distorcem a visão da mente humana e como é difícil (especialmente para mentes delicadas ou preconceituosas) acostumar-se prontamente com a natureza, muitas vezes adicionamos nossas próprias observações, as quais podem ser vistas como o primeiro giro ou passo da história em direção à filosofia (talvez se possa dizer que seja a primeira mirada). Elas se destinam a ser como uma promessa de que os homens não ficarão para sempre se debatendo nas ondas da história e que, quando chegarmos ao trabalho do entendimento, tudo estará mais pronto para a ação. Por tal história natural (como já descrevemos), acreditamos que os homens podem fazer uma abordagem segura, conveniente para a natureza e fornecer um material bom e preparado para o entendimento.

Depois[3] de acercarmos o intelecto com os assessores e guarda-costas mais confiáveis e usarmos a seleção mais rigorosa para construir um belo exército de obras divinas, pode parecer que nada mais resta a ser feito, exceto nos aproximar da própria filosofia. Mas, em uma tarefa tão difícil e duvidosa, parece necessário introduzirmos, em primeiro lugar, alguns pontos, em parte para nos instruirmos e, em parte, por sua utilidade imediata.

O primeiro ponto é a exemplificação da investigação e da descoberta por nosso modo e método, conforme exibidas em certas disciplinas. Dentre as coisas sob investigação, escolhemos, particularmente, os assuntos mais notáveis e os mais diferentes uns dos outros, de modo que em cada gênero possamos ter um exemplo. Não estamos falando de exemplos adicionados a preceitos individuais e regras para ilustração (daqueles que oferecemos em abundância em nossa segunda parte); queremos dizer simplesmente tipos e variações, que podem trazer diante de nossos olhos todo o procedimento da mente, bem como o tecido inteiriço e a ordem da descoberta de coisas em determinados assuntos, que serão diversos e surpreendentes. A analogia que se sugere é que a demonstração matemática é fácil e clara quando se utiliza uma máquina, enquanto que, sem essa conveniência, tudo parece complicado e mais sutil do que realmente é. E, assim, dedicamos a *quarta parte* de nossa obra para esses exemplos e, portanto, ela é verdadeira e simplesmente uma aplicação específica e detalhada da segunda parte.

A *quinta parte* será útil apenas por um tempo, até que o restante seja concluído, e é dada como um tipo de juros até que possamos obter o capital. Nós não estamos seguindo cegamente em direção ao nosso objetivo nem ignorando as coisas úteis que surgem no caminho. Por essa razão, a quinta parte de nosso trabalho consiste de coisas que descobrimos ou demonstramos ou adicionamos não com base em nossos métodos e instruções para a interpretação, mas a partir dos mesmos hábitos intelectuais que outras pessoas geralmente utilizam nas investigações e descobertas. Pois a partir de nossa conversa constante com

---

3 Início da quarta parte.

a natureza, enquanto esperamos, é possível surgir de nossas reflexões coisas maiores que nossa capacidade intelectual seria capaz de sugerir; esses resultados temporários podem servir, entretanto, como abrigos construídos ao longo da estrada para a mente descansar por um tempo conforme ela se esforça no sentido de conseguir coisas mais certas. No entanto, ao mesmo tempo insistimos que não queremos nos fixar nesses resultados em si, porque não foram descobertos ou demonstrados pela verdadeira forma de interpretação. Não se deve ter medo de tal suspensão do julgamento em uma doutrina que não afirma simplesmente que nada pode ser conhecido, mas que nada pode ser conhecido exceto a partir de uma determinada ordem e por um determinado método e, nesse ínterim, ficam estabelecidos alguns graus de certeza para o uso e estimulo até que a mente atinja seu objetivo de explicação das causas. Nem eram inferiores as escolas filosóficas que simplesmente aceitavam a *falta de convicção*[4] em comparação àquelas que reivindicavam liberdade para fazer pronunciamentos. No entanto, a primeira não presta assistência à razão e à compreensão, como o fizemos, mas mina totalmente a crença e a autoridade, o que é algo muito diferente e quase o oposto.

Finalmente, a *sexta parte* de nosso trabalho (que apoia e serve ao restante da obra) revela, finalmente, e expõe a filosofia derivada e formada a partir do tipo de investigação correta, pura e rigorosa que já delineamos e explicamos. Está além de nossa capacidade e de nossa expectativa alcançar essa parte final e concluí-la. Iniciamos a tarefa, um começo que esperamos não ser desprezível; o fim virá da sorte da humanidade, tal fim não pode ser compreendido ou adivinhado facilmente pelo atual estado das coisas e pelo estado atual do pensamento dos homens. Não é apenas o sucesso especulativo que está em questão, mas a situação humana, a fortuna humana e todo o potencial de obras. Pois o homem é agente e intérprete da natureza; ele faz e entende somente aquilo que observa no desenrolar da ordem natural ou por inferência; ele não sabe e não pode fazer mais.[5] Não há força que possa interromper ou destruir a cadeia de causas; a natureza é conquistada apenas pela obediência. Por conseguinte, os dois objetivos do homem, *conhecimento* e *poder*, os gêmeos, desembocam realmente na mesma coisa e as obras são frustradas em especial pela ignorância das causas.

O segredo é nunca deixar os olhos da mente se desviarem das coisas em si e entender as imagens exatamente como elas são. Que Deus nunca nos permita publicar um sonho de nossa imaginação como se fosse um modelo do mundo,

---

4   *Acatalepsia*. Veja I.37.

5   Cf. I.1.

PLANO DA OBRA | 37

mas graciosamente nos conceda o poder de descrever as aparências e revelações verdadeiras das impressões e traços do Criador em suas criaturas.

E, portanto, Pai, você que nos deu a luz visível como um dos primeiros frutos da criação e, no ponto mais alto de suas obras, soprou a luz intelectual na face do homem, proteja e governe esta obra, que começou com sua bondade e retribui a sua glória. Depois que o Senhor se virou para ver as obras que suas mãos haviam feito, viu que todas as coisas eram muito boas e descansou. Mas o homem, ao se virar para ver as obras que suas mãos haviam feito, viu que todas as coisas eram vaidades e vergonhas do espírito[6] e não teve mais descanso. Portanto, se trabalharmos em suas obras, você fará que compartilhemos de sua visão e de seu *sabbath*. Nós, humildemente, pedimos que esta mente possa em nós permanecer e que você abençoe a família humana com novas misericórdias, por meio de nossas mãos e das mãos daqueles outros a quem você dará a mesma mente.

---

6   Ecl I,14.

NOVO ÓRGANON

PREFÁCIO

Aqueles que tomaram a liberdade de fazer declarações sobre a natureza como se fosse um assunto encerrado, mesmo falando a partir de uma certeza elementar, ou por motivos de ambição e hábitos acadêmicos, causaram enormes danos à filosofia e às ciências. Eles tiveram êxito ao se fazerem acreditar e foram eficazes em descontinuar e extinguir as investigações. Nada do que possam ter feito graças a suas próprias habilidades se compara ao mal que causaram, corrompendo e desperdiçando as habilidades dos outros. Já aqueles que seguiram o caminho oposto e afirmaram que nada pode ser conhecido – chegando a essa opinião por antipatia aos antigos sofistas, pelo hábito da hesitação ou por uma espécie de excesso de conhecimento – certamente trouxeram bons argumentos para apoiar esse posicionamento. No entanto, suas concepções não derivam de pontos de partida verdadeiros, mas são o resultado de uma espécie de entusiasmo e paixão artificial que os arrasta para além de qualquer medida. Por outro lado, os mais antigos dentre os gregos (cujos escritos se perderam) assumiram uma postura mais judiciosa entre a ostentação das declarações dogmáticas e o desespero da *falta de convicção (acatalepsia)*;[1] e, mesmo queixando-se com frequência e lamentando-se com raiva sobre a dificuldade da investigação e a obscuridade das coisas, como cavalos que mastigam seu freio, eles continuaram perseguindo seu projeto e se envolvendo com a natureza; e imaginaram ser apropriado (ao que parece) não discutir o assunto (sobre as coisas poderem ser conhecidas), mas julgá-lo por experimentos. E ainda assim, eles também, ao contar apenas com o impulso do intelecto, não conseguiram adotar regras e apostaram tudo na atividade sem fim e sem propósito da mente.

---

1   Veja I.37.

Nosso método, embora seja difícil de praticar, é fácil de ser formulado. O objetivo é estabelecer graus de certeza, proteger os sentidos, submetendo-os a um certo tipo de restrição, mas rejeitando, em sua maioria, o trabalho da mente que ocorre logo após as sensações e, em vez disso, abrir e construir uma estrada nova e segura que se inicia com as percepções reais dos sentidos. Isso foi, certamente, também divisado por aqueles que deram grande importância à lógica. Claramente, eles buscavam assistência para a compreensão e desconfiavam dos movimentos naturais e espontâneos da mente. Mas tal remédio foi aplicado tarde demais, quando a situação já era um caso perdido, quando os hábitos diários da vida já haviam apreendido a mente em rumores e doutrinas degradadas, ocupando-a com *ilusões*[2] completamente vazias. E assim, a arte da lógica tomou suas precauções tarde demais e fracassou totalmente em conseguir restabelecer a situação, servindo apenas para corrigir erros em vez de revelar a verdade. Resta uma esperança de salvação, um caminho para a boa saúde: que todo o trabalho da mente seja reiniciado e, desde o início, a mente não deve ser deixada por si mesma, mas sim constantemente controlada, e o serviço feito (se é que posso dizer assim) por máquinas. Se os homens tivessem abordado as tarefas mecânicas com as mãos nuas e sem a ajuda e o poder das ferramentas – da mesma forma como não hesitaram em lidar com as tarefas intelectuais com pouquíssima ajuda, a não ser com a força nua do intelecto – haveria, certamente, pouquíssimas coisas que, de fato, eles conseguiriam mover e vencer, não importando o quão árduos e unidos fossem seus esforços. E se pudéssemos parar por um momento e olhar o seguinte exemplo, como se estivéssemos olhando para um espelho, poderíamos (se você quiser) perguntar o seguinte: se um obelisco excepcionalmente pesado precisasse ser transferido para decorar um triunfo[3] ou algo tão magnífico e os homens resolvessem abordar o problema com as próprias mãos, isso não seria considerado como um ato de loucura total por um espectador sensível? E tanto mais, se aumentassem o número de trabalhadores pensando que isso seria suficiente? Será que não diríamos que eles estavam ainda mais dementes se passassem a fazer escolhas, separassem os homens mais fracos e levassem apenas os jovens e os fortes para, assim, alcançarem sua ambição de tal maneira? E se, ainda não satisfeitos, eles decidissem recorrer à arte do atletismo e dessem ordens para que todos mantivessem as mãos, os braços e os músculos corretamente untados e massageados, de acordo com as regras da arte, não protestaríamos dizendo que tais ações são simplesmente um ato metódico e sistemático de insa-

---

2   *Idola*, veja a tradução do termo em "Plano da Obra".

3   Festa romana em que se homenageava um comandante por uma campanha militar bem-sucedida.

nidade? E mesmo assim, no que tange às tarefas intelectuais, os homens são motivados por um impulso insano semelhante e por uma empresa igualmente ineficaz quando esperam muito da cooperação de muitas mentes, ou do simples brilhantismo e da alta inteligência, ou mesmo quando eles otimizam a força de suas mentes com a lógica (que pode ser imaginada como um tipo de arte atlética) e todo o tempo, independentemente da quantidade de esforço e energia utilizados (se olharmos a partir de uma perspectiva adequada), eles não estão usando nada além do intelecto nu. No entanto, é completamente evidente que, em qualquer obra importante empreendida pela mão humana, sem o auxílio de ferramentas e máquinas, nem a força dos indivíduos pode ser aumentada, nem as forças de todos unidos.

A partir das premissas dadas, é possível concluir que há duas coisas que gostaríamos de chamar a atenção dos homens, para que eles não as deixem escapar e elas não passem despercebidas. A primeira é a seguinte: ocorre que, por um acaso feliz (supomos) que tende a desviar e extinguir a vaidade e o espírito de contradição, podemos realizar nosso projeto, sem tocar ou diminuir a honra e a reverência devida aos antigos e ainda colher os frutos de nossa modéstia. Porque, se sustentarmos que, seguindo o mesmo caminho dos antigos, conseguiremos melhores resultados do que eles, então não poderemos evitar, por qualquer habilidade com as palavras, a criação de uma comparação ou competição em relação à capacidade intelectual ou à excelência. Isso, por si só, não é algo errado ou sem precedentes, pois por que não poderíamos – em nosso próprio direito (que é o mesmo direito que todos têm) – criticar ou condenar qualquer coisa que eles observaram ou assumiram erroneamente? Mas, mesmo justificado ou legítimo, a competição em si ainda teria sido desigual por causa das limitações de nossos recursos. Mas já que a nossa preocupação é abrir um caminho totalmente diferente para o intelecto, desconhecido e não experimentado pelos antigos, a situação é bem diferente; as partes e o partidarismo estão fora de questão; assim, nosso papel é apenas o de um guia, que certamente carrega pouca autoridade e depende da sorte, não da capacidade e da excelência. Essa observação aplica-se às pessoas, a próxima se aplica às próprias coisas.

Não temos intenção de destronar a filosofia predominante, ou qualquer outra, presente ou futura que pode estar mais correta ou completa. Também não queremos impedir a filosofia aceita e as outras do mesmo tipo de alimentar disputas, adornar discursos e ser empregadas com sucesso para a instrução acadêmica e como manuais da vida civil. Na verdade, admitimos e declaramos francamente que a nossa filosofia será inútil por completo para tais fins. Ela não é fácil de ser compreendida, não pode ser simplesmente colhida de passagem, não bajula os preconceitos intelectuais e não se adaptará ao entendimento comum, exceto em sua utilidade e efeitos.

Que haja duas fontes de conhecimento, portanto, e dois meios de divulgação (e que isso possa ser bom e favorável para ambas). Que, também, existam dois clãs ou famílias de pensadores ou filósofos, e não deixemos que eles sejam, uns com os outros, hostis ou alienados, mas aliados ligados por laços de assistência mútua. E acima de tudo, que haja um método para cultivar as ciências e um diferente para descobri-las. Àqueles a quem o primeiro método é preferível e mais aceitável, seja por causa de sua pressa, seja por razões da vida civil, ou porque lhes falta a capacidade intelectual para entender e dominar o outro método, nós oramos para que suas atividades se adaptem a eles e seja da forma como desejam e que eles consigam o que buscam. Mas qualquer homem cujo cuidado e cuja preocupação não sejam apenas contentar-se com o que foi descoberto e fazer uso dele, mas sim aprofundar-se ainda mais, não derrotar um adversário com argumentos, mas conquistar a natureza pela ação; não ter opiniões agradáveis e plausíveis sobre as coisas, mas o conhecimento correto e demonstrável; que esses homens (se quiserem), como verdadeiros filhos das ciências, juntem-se a mim, para que passemos à antecâmara da natureza, já trilhada por inúmeros outros, e, finalmente, ganhemos acesso às salas interiores. Para melhor compreensão e para tornar nosso empreendimento mais familiar por meio da atribuição de nomes, optamos por chamar a primeira forma ou método de *Antecipação da Mente*[4] e a outra de *Interpretação da Natureza*.

Há também outro pedido que parece que devemos fazer. Tomamos precauções por meio de nosso árduo trabalho para que as nossas propostas não sejam apenas verdadeiras, mas para que elas entrem nas mentes dos homens com facilidade e sem problemas (já que elas estão ocupadas e bloqueadas de diferentes maneiras). Mas é razoável para nós solicitar (especialmente em tal renovação do conhecimento e das ciências) que ninguém que queria julgar ou refletir sobre nossos pensamentos – seja por si próprio, seja com um grupo de autoridades, seja pelas formas de demonstração (que, no presente, têm a autoridade de regras jurídicas) – espere ser capaz de fazer isso casualmente, ou enquanto estiver pensando em outra coisa. Esperamos que ele conheça o assunto de forma adequada; tente percorrer um pouco do caminho que estamos projetando e construindo; acostume-se com a sutileza das coisas que a experiência sugere e, finalmente, corrija dentro de um prazo justo e razoável seus maus hábitos mentais que estão tão profundamente enraizados; e então, e só então (se assim o desejar), após crescer e tornar-se seu próprio mestre, use seu próprio julgamento.

---

4   "Antecipação da Natureza": I.26 e ss.

EM SEGUIDA,
O RESUMO DA SEGUNDA PARTE,
COMPILADO EM AFORISMOS

RESUMO
DA SEGUNDA PARTE
COMPILADO EM
AFORISMOS

Livro I

AFORISMOS
SOBRE A INTERPRETAÇÃO DA NATUREZA
E O REINO DO HOMEM

Aforismo I

O homem é agente e intérprete da natureza; ele faz e entende somente aquilo que observa da ordem da natureza na prática ou por inferência; ele não sabe e não pode fazer mais.

II

Nem as mãos nuas nem o intelecto[1] desassistido têm muito poder; o trabalho é efetuado com ferramentas e assistência, e o intelecto precisa deles tanto quanto as mãos. Assim como as ferramentas da mão produzem ou guiam seus movimentos, as ferramentas da mente impelem ou advertem o intelecto.

III

O conhecimento humano e o poder humano coincidem, pois o desconhecimento da causa frustra o efeito. A Natureza é conquistada apenas pela obediência; e aquilo que para o pensamento é uma causa, para a prática é como uma regra.

---

[1] *Intellectus*: Spedding, Ellis, e Heath (1858) normalmente traduzem para *understanding*, isto é, entendimento; exceto nas passagens I.46, 47, 56, 80 e 102 ou quando a utilizam em sentido adjetivo (intelectual). De I.1 até I.39, Jardine e Siverthorne (2000) apenas fazem uso da tradução "intelecto" (*intellect*). Mais adiante, de I.41 até I.60, utilizam apenas "entendimento" (*understanding*). De I.61 até I.130, adotam uma ou outra. É utilizado o vocábulo "mente" (*mind*) em I.69, 77 e 86.

IV

Tudo que o homem pode fazer para alcançar resultados[2] é unir os corpos naturais ou separá-los; a natureza faz o restante internamente.

V

O mecânico, o matemático, o médico, o alquimista e o mago intrometem-se na natureza (buscando resultados), mas o fazem, no atual estado de coisas, com esforço mínimo e sucesso tênue.

VI

Há algo de insano e contraditório na suposição de que as coisas que nunca foram feitas só podem ser feitas por meios nunca antes tentados.

VII

As criações da mente e das mãos parecem bastante prolíficas nos livros e nas manufaturas. Mas toda essa produção variada consiste em sutilezas excessivas e em deduções de algumas coisas que se tornaram conhecidas, e não no número de Axiomas.

VIII

Mesmo os resultados daquilo que já foi descoberto devem-se mais ao acaso e à experiência que às ciências, pois as ciências atualmente existentes não são mais do que arranjos elegantes de coisas previamente descobertas, em vez de métodos de descoberta ou sugestões para novos resultados.

IX

A causa e a raiz de quase todas as deficiências das ciências é apenas esta: enquanto admiramos e elogiamos equivocadamente os poderes da mente humana, não buscamos os seus verdadeiros auxílios.

X

A sutileza da natureza ultrapassa de longe a sutileza dos sentidos e do intelecto, de modo que as belas[3] mediações, especulações e discussões intermináveis dos homens são bastante insanas, mas ninguém se apercebe disso.

---

2   *Opus, opera*, palavra utilizada por todo o *Novo Órganon* com múltiplos sentidos. De acordo com o contexto pode ser "resultado", "efeito" ou "obra".

3   *Pulcher, -chra, -chrum*: adjetivo latino: bonito, belo, nobre. Utilizado ironicamente.

XI

Assim como as ciências em seu estado atual são inúteis para a descoberta de obras, a lógica, em seu estado atual, é inútil para a descoberta das ciências.

XII

A lógica atual é boa para o estabelecimento e a correção de erros (os quais são, eles próprios, baseados em noções comuns[4]) e não para a investigação da verdade. Desse modo é inútil e, certamente, prejudicial.

XIII

O silogismo não é aplicado aos princípios das ciências – mas é aplicado, em vão, aos axiomas intermediários – pois não está, de forma alguma, à altura das sutilezas da natureza. E, portanto, obriga o assentimento sem referência às coisas.[5]

XIV

O silogismo é constituído de proposições, as proposições consistem em palavras e as palavras são substitutas[6] das noções. Portanto, se as próprias noções (que são a base da matéria) são confusas e abstraídas das coisas sem nenhum cuidado, nada do que é construído sobre elas está seguro. A única esperança está na verdadeira *indução*.

XV

Não há nada sólido nas noções da lógica e da física: nem a *substância*, nem a *qualidade*, nem a *ação* ou a *paixão*, nem o *ser* em si são boas noções; muito menos as noções de *pesado, leve, denso, rarefeito, úmido, seco, geração, corrupção, atração, repulsão, elemento, matéria, forma* e assim por diante; são todas fantasiosas e mal definidas.

XVI

As noções de espécies mínimas:[7] *homem, cão, pomba*, assim como as de percepções imediatas dos sentidos: *quente, frio, branco, preto*, não são

---

4   *In notionibus vulgaribus*. BACON, F. *Novum Organum*. Trad. e notas de José Aluysio Reis de Andrade. São Paulo: Nova Cultural, 1973. (Referido como Andrade [1973] no restante das notas). "Em noções vulgares"; Jardine e Silverthorne (2000), *on common notions*, isto é, "noções comuns".

5   Cf. I.29.

6   *Tesserea*, do latim: dado, *ticket*, alojamento, símbolo.

7   *Infimae species*.

muito enganadoras, porém, por causa do fluxo da matéria e do conflito entre as coisas, às vezes são confundidas; todas as outras (utilizadas pelos homens até agora) são aberrações, pois não foram colhidas e abstraídas das coisas por meios adequados.

XVII

A paixão e a aberração ocorrem tanto na formação de axiomas quanto na abstração de noções, mesmo nos princípios que dependem da indução comum. Mas isso acontece muito mais com os axiomas e as proposições inferiores, ambos gerados por meio de silogismos.

XVIII

As coisas descobertas pelas ciências até agora encaixam-se perfeitamente nas noções comuns; a fim de penetrar nas partes mais internas e remotas da natureza, as noções e os axiomas devem ser abstraídos das coisas de uma maneira mais segura e mais bem fundamentada; assim, um procedimento mais seguro e intelectualmente melhor deve começar a ser adotado.

XIX

Somente existem e podem haver dois modos de se investigar e descobrir a verdade. Um deles salta dos sentidos e das coisas particulares para os axiomas mais gerais e, a partir desses princípios e de sua verdade estabelecida, determina e descobre axiomas intermediários: este é o modo atual. O outro extrai os axiomas a partir dos sentidos e das coisas particulares, crescendo em ascensão gradual e ininterrupta até chegar, por fim, aos axiomas mais gerais: este é o verdadeiro caminho, mas ainda não foi tentado.

XX

Deixado a si mesmo, o intelecto age da mesma maneira como faz quando segue a ordem da dialética (ou seja, o primeiro dos dois modos anteriores). A mente gosta de saltar até as generalidades para que ali possa ficar; ela leva pouquíssimo tempo para se cansar dos experimentos. Tais falhas foram meramente ampliadas pela dialética, para serem utilizadas em debates ostentosos.

XXI

Em um indivíduo sóbrio, sério e paciente, o intelecto deixado a si mesmo (especialmente se desimpedido por doutrinas recebidas) faz alguma tentativa com o segundo modo, que é o correto mas tem pouco sucesso, já que sem orientação nem assistência, torna-se algo inadequado e completamente incompetente para superar a obscuridade das coisas.

XXII

Ambos os modos partem dos sentidos e das coisas particulares e chegam às coisas mais gerais, mas eles são extremamente diferentes, pois enquanto um apenas toca de passagem nos experimentos e nas coisas particulares, o outro lida de forma correta e plena com eles; o primeiro forma certas generalidades abstratas e inúteis desde o início; o outro cresce, passo a passo, até chegar ao que realmente é mais conhecido na natureza.

XXIII

Há uma grande distância entre as ilusões[8] da mente humana e as ideias da mente divina, isto é, entre as coisas que são meras opiniões vazias e as que descobrimos serem as verdadeiras impressões e assinaturas feitas na criação.

XXIV

Os axiomas formados por argumentação não possuem nenhum valor para a descoberta de novos resultados, pois a sutileza da natureza ultrapassa de longe a da argumentação. Mas os argumentos devida e corretamente abstraídos das coisas particulares indicam e sugerem de imediato novas coisas particulares; isso é o que as ciências práticas fazem.

XXV

Os axiomas atualmente em uso têm origem na experiência limitada e co- mum e nas poucas coisas particulares que ocorrem com maior frequência; e são mais ou menos alargados e manipulados para caber nelas; de modo que não podemos nos surpreender por eles não resultarem em novos particulares. Mas caso apareça uma nova instância que não havia ainda sido observada ou conhecida, salva-se o axioma por alguma distinção frívola, quando o mais sensato seria alterá-lo.

XXVI

Para fins de ensino, optamos por chamar o raciocínio que os homens ge- ralmente aplicam à natureza de *antecipações da natureza* (porque é uma tarefa arriscada e precipitada), e chamar o raciocínio que é obtido a partir das coisas por modos adequados de *interpretação da natureza*.

---

8   *Idola*. Veja a nota em I.35.

XXVII

As *antecipações* são suficientemente fortes para induzir o consenso, pois, mesmo se todos os homens fossem loucos da mesma forma, eles concordariam entre si de forma coerente a respeito delas.

XXVIII

Na verdade, as *antecipações* têm muito mais força para obter assentimento que as *interpretações*; elas são recolhidas a partir de apenas alguns exemplos, especialmente aquelas que são comuns e familiares, que apenas tocam o intelecto e ocupam a imaginação. As *interpretações*, em contraste, são recolhidas parte a parte, a partir de coisas que são muito diferentes, muito dispersas e não conseguem atingir o intelecto repentinamente. Daí, para a opinião comum, por parecerem difíceis e incongruentes, quase como mistérios da fé, elas não oferecem ajuda.

XXIX

Nas ciências que são baseadas em opiniões e pontos de vista aceitos, o uso das *antecipações* e da dialética é aceitável, sempre que houver necessidade de forçar uma concordância sem referência às coisas.

XXX

Mesmo que todas as mentes de todas as eras pudessem se reunir, juntar suas obras e comunicar seus pensamentos, não haveria nenhum grande progresso nas ciências por meio das *antecipações*, porque os erros, que são radicais e residem na organização fundamental da mente, não podem ser corrigidos por esforços e remédios subsequentes, mesmo que brilhantes.

XXXI

É inútil esperarmos por um grande progresso nas ciências a partir da sobreposição[9] e da implantação do novo sobre o velho; precisamos de um novo começo[10] feito a partir das bases mais inferiores, a menos que as pessoas se contentem em andar em círculos para sempre, com progresso escasso e quase insignificante.

XXXII

A honra dos autores da antiguidade permanece intacta, juntamente com a honra de cada um de nós; não estamos introduzindo uma comparação de mentes

---

9   *Superinduco*, cf. II.1 etc. N.T. Spedding, Woods, Devey e Kitchin utilizam *superinduce*, enquanto Andrade (1973) utiliza "superpôr".

10   *Instauratio*, normalmente traduzida para o inglês "Renewal" (Renovação), como o título da obra: *A grande Renovação*.

ou talentos, mas uma comparação de modos; não estamos fazendo o papel de um juiz, mas o de um guia.

XXXIII

Nenhum julgamento pode ser feito justamente (é preciso dizer de forma franca) por meio das *antecipações* (ou seja, o raciocínio hoje em uso) sobre nosso modo, nem em relação às descobertas feitas por ele, porque não se deve exigir que ele seja aprovado pelo julgamento da própria coisa que, em si, está sendo julgada.

XXXIV

Não há nenhuma maneira fácil de ensinar ou explicar o que estamos introduzindo, porque nada do que é novo poderá ainda ser entendido por analogia ao velho.

XXXV

Sobre a expedição dos franceses na Itália, Bórgia disse que eles chegaram com giz em suas mãos para marcar seus alojamentos e não com exércitos para forçar passagem. Nosso projeto é semelhante, pois nosso ensinamento deve abrir caminho em mentes adequadas e capazes; não há espaço para refutações quando discordamos sobre princípios e noções e até mesmo sobre as formas de prova.

XXXVI

Resta-nos um modo simples para que nosso ensino seja entendido, a saber, apresentar aos homens as coisas particulares reais e suas sequências e ordens, enquanto os homens, por sua vez, devem abster-se, por um tempo, das noções e começarem a acostumar-se com as coisas reais.

XXXVII

Em suas posições iniciais, nosso modo concorda, em certa medida, com o método dos partidários da *falta de convicção*;[11] mas, no final, nossos caminhos separam-se bastante e se opõem fortemente. Estes afirmam meramente que não podemos conhecer nada; mas, afirmamos que nada na natureza pode ser conhecido pelo método hoje utilizado. Eles, então, prosseguem com a destruição da autoridade dos sentidos e do intelecto; mas nós os concebemos e fornecemos assistência a eles.

---

11 Bacon utiliza o termo grego *acatalepsia*.

XXXVIII

As *ilusões* e as falsas noções que tomaram os intelectos dos homens no passado e estão agora profundamente enraizadas neles não só bloqueiam as mentes, de modo que a verdade não consegue obter acesso a ela, mas, mesmo quando o acesso é obtido e permitido, elas, mais uma vez e mesmo em meio à renovação das ciências, oferecem resistência e causam prejuízos, a menos que os homens estejam prevenidos e se armem contra elas, tanto quanto possível.

XXXIX

Existem quatro tipos de ilusões que bloqueiam a mente dos homens. Para melhor instrução, nós lhes demos os seguintes nomes: o primeiro tipo são os *ídolos da tribo*; o segundo, os *ídolos da caverna*; o terceiro, os *ídolos do mercado*; o quarto, os *ídolos do teatro*.[12]

XL

A formação de noções e axiomas por meio da verdadeira *indução* é certamente uma forma apropriada para banirmos e nos livrarmos dos *ídolos*, mas também é muito útil para identificar os *ídolos*. A instrução sobre os *ídolos* tem a mesma relação com a *interpretação da natureza* que o ensino das *refutações sofistas* tem com a lógica comum.

XLI

Os *ídolos da tribo* estão fundados na própria natureza humana e na própria tribo ou raça humana. A afirmação de que os sentidos humanos são a medida das coisas é falsa; ao contrário, todas as percepções, tanto as dos sentidos como as da mente, são relativas ao homem, não ao universo. O entendimento humano é como um espelho desigual que recebe os raios das coisas, funde a sua própria natureza à natureza das coisas e, assim, as distorce e corrompe.

XLII

Os *ídolos da caverna* são as ilusões do homem como um indivíduo. Pois (excetuando-se as aberrações da natureza humana em geral) cada pessoa tem uma espécie de gruta ou caverna individual que fragmenta e distorce a luz da natureza. Isso pode acontecer ou por causa da natureza única e particular de cada homem, ou por causa de sua educação e das companhias que ele mantém, ou por causa de sua leitura de livros e da autoridade daqueles a quem ele respeita e admira, ou por causa das diferentes impressões que as coisas causam em mentes diferentes, que podem ser mentes preocupadas e predispostas, talvez,

---

12   *Idola*, ídolos ou ilusões.

ou calmas e distantes, e assim por diante. A consequência evidente é: o espírito humano (em suas diferentes disposições em homens diferentes) é uma coisa variável, bastante irregular e quase casual. Heráclito[13] também disse que os homens buscam conhecimento nos pequenos mundos privados e não no grande ou comum a todos.

XLIII

Há também *ilusões* que parecem surgir por acordo e associação dos homens uns com os outros, aos quais chamamos de *ídolos do mercado*[14]; tomamos o nome do intercâmbio humano e da comunidade. Os homens se associam por meio de conversas; e as palavras são escolhidas de acordo com o entendimento das pessoas comuns. Por isso, um código pobre e inábil de palavras obstrui incrivelmente o entendimento. As definições e explicações com as quais os homens sábios estão acostumados a se proteger e, de alguma forma, se libertar, não restabelece, de forma alguma, a situação. De fato, as palavras violentam o entendimento, confundem tudo e atraem os homens para debates e ficções incontáveis e vazios.

XLIV

Finalmente, existem as *ilusões* que construíram sua morada na mente dos homens a partir dos dogmas de várias filosofias diferentes e até mesmo das errôneas regras de demonstração. A essas eu chamo de *ídolos do teatro*, pois todas as filosofias que os homens aprenderam ou desenvolveram são, em nossa opinião, como uma variedade de peças teatrais produzidas e executadas que criam mundos falsos e fictícios. Não estamos apenas falando das filosofias e seitas hoje em voga, nem mesmo das antigas; muitas outras peças poderiam ser escritas e forjadas, visto que as causas de seus variados e diferentes erros têm muito em comum. E não digo isso apenas em relação às filosofias universais, mas também em relação a vários princípios e axiomas das ciências que têm ganhado força a partir da crença, da tradição e da inércia. Mas devemos falar mais detalhada e separadamente sobre cada tipo diferente de *ídolo* para que o entendimento humano seja alertado.

XLV

O entendimento humano, a partir de sua própria natureza peculiar, supõe prontamente a existência de uma ordem e regularidade maior das coisas do que

---

13 Heráclito, fr. 2. Filósofo grego do século VI, Heráclito de Éfeso, filósofo grego. Veja I.68.

14 *Idola Fori*. Andrade (1973) chama-os de "Ídolos do Foro". O "mercado" não tem conotação econômica. *Forum* seria "praça principal da cidade", onde os homens se encontram para conversar.

a existente e, embora existam muitas coisas na natureza que são únicas e cheias de disparidades, ele inventa paralelos, correspondências e conexões não existentes. Daí, as falsas noções de que *todos os objetos celestes se movem em círculos perfeitos* e a rejeição total das linhas espirais e serpenteadas (exceto no nome). Daí, o elemento fogo e sua órbita serem apresentados em um quaterno com os outros três elementos que são acessíveis aos sentidos. Há também a imposição arbitrária aos elementos (como são chamados por eles) da proporção de dez para um como razão entre as suas respectivas rarefações, bem como outros absurdos. Essa vaidade prevalece não só em dogmas, mas também em noções simples.

XLVI

Uma vez que o entendimento do homem se fixa em algo (por ser uma crença aceita, ou por agradá-lo), ele arrasta tudo o mais para obter apoio e assentimento a esse algo. E, caso encontre um número maior e mais poderoso de contraexemplos, então ou ele não os percebe, ou os ignora, ou faz admiráveis distinções a fim de os descartar e rejeitar, causando com tudo isso vários danos perigosos, apenas para preservar a autoridade de suas primeiras concepções. Assim, fez bem aquele que, ao ver um quadro votivo em um templo – oferecido por alguns homens que escaparam dos perigos do naufrágio em cumprimento a uma promessa – e ser forçado a dizer se ele reconhecia agora a divindade dos deuses, retrucou: "Onde estão as oferendas daqueles que fizeram votos e morreram?"[15] O mesmo método é encontrado, talvez, em todas as superstições, como a astrologia, os sonhos, os presságios, os julgamentos divinos e assim por diante: as pessoas que se distraem com tais vaidades percebem os resultados quando eles são cumpridos, mas os ignoram e esquecem sempre que falham, embora eles falhem mais do que funcionem. Tais falhas imiscuem-se nas ciências e nas filosofias de uma forma muito mais sutil: uma vez que algo tenha sido resolvido, ele infecta todo o restante (mesmo coisas que são muito certas e poderosas) e os põe sob seu controle. E mesmo longe dos prazeres e das vaidades mencionados, é um erro inato e constante do entendimento humano se comover e animar muito mais por afirmativas que pelas negativas, quando ele deveria estar, correta e adequadamente, aberto a ambas; e, na verdade, na formação de qualquer axioma verdadeiro, existe força superior no exemplo negativo.

XLVII

O entendimento humano é mais afetado por coisas que têm a capacidade de atacar e invadir a mente de uma só vez e repentinamente e por aquelas

---

15 História contada por Diágoras em Cícero, *De Natura Deorum* (sobre a natureza dos deuses), III, 37 e por Diógenes, o cínico, em Diógenes Laércio, *Vidas e doutrinas dos filósofos ilustres*, VI, 59.

que ocupam e inflam a imaginação. Ele finge e supõe que, por algum modo reconhecidamente imperceptível, todo o restante funciona como essas poucas coisas que tomaram sua mente de assalto. O entendimento é muito lento e mal adaptado para fazer a longa jornada até as remotas e heterogêneas instâncias, as quais testam axiomas como pelo fogo, a menos que seja obrigado a fazê-la por duras regras e pela força da autoridade.

XLVIII

O entendimento humano é incessantemente ativo, não consegue parar ou descansar e procura ir mais longe; mas em vão. Por isso, é impensável para ele que haja algum limite ou ponto mais distante no mundo; sempre parece, quase por necessidade, haver algo além. Mais uma vez, não se pode conceber como a eternidade tornou-se o dia de hoje, já que a distinção que é comumente aceita entre a existência da *infinitude do passado e da infinitude do futuro* não se sustenta, porque se seguiria que há um infinito maior do que o outro infinito e que o infinito está sendo consumido e tende para o finito. Há uma sutileza semelhante sobre as linhas infinitamente divisíveis, por causa da falta de contenção do pensamento. Essa indisciplina da mente funciona com maiores danos em relação à descoberta de causas: pois, embora as coisas mais universais da natureza devam ser os fatos brutos,[16] que são as coisas como elas são encontradas e que não possuem, elas mesmas, outras causas, o entendimento humano, não ciente de como parar, ainda procura por coisas mais bem conhecidas. E então, conforme se esforça para ir mais além, acaba retornando para as coisas mais familiares, ou seja, as causas finais, que são claramente derivadas da natureza do homem e não do universo; e por esta origem corromperam a filosofia de forma admirável. Tanto a busca por causas nos casos mais universais é a marca de um pensador inepto e superficial, quanto o não sentir a necessidade de uma causa em casos subordinados e derivados.

XLIX

O entendimento humano não é composto de luz nua,[17] mas está sujeito à influência da vontade e das emoções, um fato que cria conhecimentos fantasiosos; o homem prefere acreditar naquilo que ele deseja ser a verdade. Ele rejeita o que é difícil, porque é muito impaciente para fazer a investigação; ele rejeita as ideias sensatas, pois elas limitam suas esperanças; ele rejeita as verdades mais profundas da natureza por causa de sua superstição; ele rejeita a luz da experiência, porque é arrogante e exigente; acredita que a mente não

---

16 *Positiva*, cf. II, 48 (14), fatos brutos.

17 Cf. Heráclito, fr. 118.

deve ser vista perdendo tempo com coisas inferiores e instáveis; então mente e rejeita tudo que não for ortodoxo por causa da opinião comum. Em resumo, a emoção marca e mancha o entendimento de tantas maneiras que, por vezes, são impossíveis de ser percebidas.

L

Mas o maior de todos os obstáculos e distorções do entendimento humano vem do embotamento, das limitações e dos enganos dos sentidos, de modo que as coisas que atingem os sentidos têm maior influência do que as coisas ainda mais poderosas que não atingem os sentidos diretamente. E, portanto, o pensamento praticamente cessa com a visão, havendo pouca ou nenhuma atenção dada às coisas que não podem ser vistas. E também toda a operação dos espíritos encerrados em corpos tangíveis permanece encoberta e escapa da atenção dos homens. Encobertas, também, estão todas as mais sutis mudanças estruturais[18] nas partes dos objetos densos (que são normalmente chamadas de alteração, apesar de, na verdade, serem o movimento de partículas). No entanto, a menos que as duas coisas mencionadas sejam investigadas e trazidas à luz, nada importante pode ser feito na natureza em relação aos resultados. E, ainda, a própria natureza do ar comum e a de todos os corpos que são mais rarefeitos que o ar (que são muitos) são praticamente desconhecidas. Pois, por si só, os sentidos são fracos e propensos a erros; nem mesmo os instrumentos que ampliam e aperfeiçoam os sentidos são muito eficazes. E mesmo assim, toda a *interpretação da natureza*, que tenha a mínima chance de ser verdadeira, é obtida por instâncias e experimentos adequados e relevantes, nos quais os sentidos apenas julgam o experimento, enquanto a experiência julga a natureza e a coisa em si.

LI

O entendimento humano, por sua própria natureza, é levado à abstrações e julga que as coisas que estão em fluxo são imutáveis. Mas é melhor dissecar a natureza que formular abstrações; assim fez a escola de Demócrito,[19] a qual penetrou mais profundamente a natureza que as outras. Deveríamos estudar a matéria e sua estrutura (*schematismus*), a mudança estrutural (*metaschematismus*), o ato puro e a lei da ação ou movimento, tendo em vista que as *formas* são invenções da mente humana, a menos que se escolha dar o nome de formas às leis da ação.

---

18 *Meta shcematismus.*

19 Demócrito de Abdera, filósofo grego (atomista) – século V a.C.

LII

Tais são, então, as *ilusões* que chamamos de *ídolos da tribo*, que têm sua origem na regularidade da substância do espírito humano, ou em seus preconceitos, ou em suas limitações, ou em seu movimento inquieto, ou na influência das emoções, ou nos poderes limitados dos sentidos, ou no modo de impressão.

LIII

Os *ídolos da caverna* têm sua origem na natureza individual da mente e do corpo de cada homem e também na sua educação, modo de vida e eventos fortuitos. Essa categoria é variada e complexa, por isso enumeraremos os casos que oferecem maior perigo e mais corrompem a clareza do entendimento.

LIV

Os homens apaixonam-se por fragmentos específicos do conhecimento e dos pensamentos: ou porque acreditam ser seus autores e inventores, ou porque a eles dedicaram muito trabalho e com eles se acostumaram. Quando tais homens se entregam à filosofia e à especulação universal, eles as distorcem e corrompem para atender às suas fantasias prévias. Isso pode ser percebido de modo mais conspícuo em Aristóteles,[20] que escravizou toda sua filosofia natural à sua lógica, tornando-a quase inútil e uma questão de debates. Os químicos, como um grupo, têm construído uma filosofia fantástica a partir de alguns poucos experimentos feitos em seus fornos, uma filosofia com alcance muito limitado; e também Gilbert,[21] que, depois de suas pesquisas extenuantes sobre ímãs, forjou imediatamente uma filosofia em conformidade com a coisa que possuía influência dominante sobre ele.

LV

A maior e mais radical diferença entre as várias mentes,[22] em relação à filosofia e às ciências, é a seguinte: algumas mentes são mais vigorosas e adequadas para perceber as diferenças entre as coisas, outras para perceber suas semelhanças. As mentes penetrantes e estáveis conseguem fixar sua atenção e concentrar-se por longos períodos em cada uma das sutis diferenças, enquanto as mentes sublimes e discursivas discernem até mesmo as semelhanças mais

---

20 Aristóteles, 384-322 a.C. Veja I.63 e 67.

21 William Gilbert (1544-1603), cientista e médico. Médico de Elizabeth I e James I. Publicou *De magnete* em 1600.

22 *Ingenium*, inteligência, capacidade natural, disposição, temperamento. Aqui traduzido como "mente", seguindo a tradução de Jardine e Silverthorne (2000). Segundo Andrade (1973): "engenho".

leves e mais gerais das coisas e as relacionam; ambas as mentes atingem extremos com facilidade, captando aqui o grau das coisas e ali as sombras.

LVI

Há mentes que se dedicam à admiração da antiguidade, outras ao amor, abraçando as novidades, mas poucas têm o temperamento para permanecer em um meio-termo e não criticar as verdadeiras conquistas dos antigos ou desprezar as reais contribuições dos modernos. Aí está uma grande perda para as ciências e para a filosofia, uma vez que existe o entusiasmo pela antiguidade ou pela modernidade, não um juízo; e a verdade não deve ser buscada na boa ventura de uma determinada época, que é variável, mas na luz da natureza, que é eterna. Devemos rejeitar tal tipo de entusiasmo e garantir que o entendimento não se desvie e contemporize com ele.

LVII

A observação da natureza e dos corpos em suas partes simples fragmenta e diminui o entendimento; a observação da natureza e dos corpos em sua composição e estrutura complexas entorpece e confunde o entendimento. Isso pode ser mais bem percebido por meio da comparação entre a escola de Leucipo e Demócrito[23] com as outras filosofias. As primeiras estão tão preocupadas com as partículas das coisas que quase se esquecem de suas estruturas, enquanto as outras estão tão impressionadas com a contemplação das estruturas que não penetram nas partes simples da natureza. Esses tipos de observação, por conseguinte, devem ser alternados e tomados em turnos, de modo que o entendimento possa se tornar penetrante e abrangente; e os defeitos que mencionamos evitados, juntamente com as ilusões geradas por eles.

LVIII

Que esse cuidado com as observações possa banir e remover os *ídolos da caverna*, que em sua maioria originam-se do predomínio ou excesso de composição e divisão, ou da preferência por certos períodos históricos, ou dos objetos grandes ou minúsculos. E, em geral, todos os que estudam a natureza devem manter sob suspeita tudo que seu entendimento captura e mantém com maior facilidade; essa advertência deve ser aplicada com maior intensidade às questões desse tipo, para manter o entendimento claro e equilibrado.

---

23 Atomistas gregos.

LIX

Mas os *ídolos do mercado* são os mais problemáticos de todos, porque eles imiscuíram-se no entendimento por meio das convenções[24] das palavras e dos nomes. Pois os homens acreditam que a razão controla as palavras. Mas também é verdade que as palavras revidam e reaplicam sua força ao entendimento; isso fez que a filosofia e as ciências se tornassem sofísticas e improdutivas. E as palavras são, em sua maioria, concedidas para satisfazer as aptidões do homem comum, elas dissecam as coisas ao longo das linhas mais óbvias para benefício do entendimento comum. E quando algum entendimento mais penetrante, ou observação mais cuidadosa, tenta desenhar linhas que estejam mais de acordo com a natureza, as palavras resistem. Por isso, as grandes e solenes controvérsias entre homens eruditos, muitas vezes, acabam em debates sobre palavras e nomes. Assim, seria mais sábio (na forma prudente dos matemáticos) iniciarmos por eles e restaurarmos a ordem por meio de definições. No entanto, nas coisas da natureza e da matéria, essas definições não conseguem remediar tal falha. Pois as definições, em si, consistem em palavras e palavras geram palavras; dessa forma, é necessário recorrer às instâncias particulares e suas sequências e ordens, como vamos explicar em breve, quando lidarmos com o método e a maneira de formar noções e axiomas.

LX

As *ilusões* que são impostas ao entendimento por palavras são de dois tipos. Ou elas são nomes de coisas que não existem (pois, assim como existem coisas que não têm nomes, porque não foram observadas, também há nomes que não têm coisas, porque elas foram imaginativamente presumidas), ou são nomes de coisas que existem mas estão confusos e mal definidos, sendo abstraídos das coisas de forma temerária e desigual. Da primeira espécie podemos citar: fortuna, o primeiro motor, as esferas dos planetas, o elemento fogo e ficções do tipo, que devem sua origem a teorias falsas e infundadas. Podemos nos livrar facilmente de *ídolos* desse tipo, pois eles podem ser erradicados por meio da constante rejeição e pela revogação das teorias.

Mas o outro tipo de *ídolo* é complexo e tem raízes profundas, sendo causado por abstrações pobres e inábeis. Por exemplo, tomemos uma palavra ("úmido", se quiser) e vejamos os significados dessa palavra; descobriremos que a palavra "úmido" é apenas um símbolo indiscriminado para diferentes ações, que não têm constância ou denominador comum. Pois significa tanto o que é facilmente derramado em torno de outro objeto; e aquilo que não tem fronteiras próprias e é instável; tudo que facilmente cede; e o que se divide sem complicações e dis-

---

24 *Foedus*: sobre a convenção (pacto, acordo) veja anteriormente, I, 43.

persa; e que se combina e une facilmente; e aquilo que flui e é posto em movimento sem problemas; o que adere facilmente a outro corpo e o torna úmido; e o que pode ser reduzido sem complicações a um líquido, ou se liquefaz, a partir de um estado anterior sólido. Portanto, quando se trata de prever ou aplicar esta palavra, se formos por um caminho, diremos que uma chama é úmida; se, por outro, que o ar não é úmido; tomando ainda outro caminho, que uma partícula de poeira é úmida; em outro, que o vidro é úmido; e, assim, percebemos de pronto que a noção foi temerariamente abstraída apenas da água e dos líquidos comuns e ordinários, sem qualquer verificação adequada.

Existem vários graus de deficiência e erro nas palavras. A menos defeituosa é a classe de nomes de substâncias particulares, em especial a de espécies mínimas e bem deduzidas (por exemplo, as noções de greda e lama são boas, a de terra é ruim); em seguida vem a classe de nomes de ações, tais como "gerar", "corromper", "alterar"; a classe mais problemática é a dos nomes das qualidades (com exceção dos objetos imediatos dos sentidos), como "pesado", "leve", "rarefeito", "denso" etc.; mas em todas as classes, inevitavelmente, algumas noções são um pouco melhores do que as outras, dependendo da frequência com que cada uma delas chegou ao conhecimento dos sentidos humanos.

LXI

Os *ídolos do teatro* não são inatos nem entraram furtivamente no entendimento; eles são abertamente introduzidos e aceitos com base em teorias de conto de fadas e regras equivocadas de prova. A tentativa ou empresa de refutá-los, no entanto, não é de forma alguma compatível com nossos argumentos.

Não há possibilidade de argumentação, já que não estamos de acordo nem com os princípios, nem com as provas. Tal constitui uma consequência feliz para que os antigos possam manter a sua reputação. Assim, não retiro nada deles, uma vez que a questão é simplesmente sobre o caminho tomado. Como diz o ditado, um homem coxo no caminho certo vence o corredor que se perde pelo caminho. Está absolutamente claro que, se você for pelo caminho errado, quanto melhor e mais veloz você for, mais se desviará.

Nosso método de descoberta nas ciências é projetado de modo a deixar muito pouco à perspicácia e força do talento individual, mas equaliza ligeiramente talentos e inteligências. Ao desenharmos uma linha reta ou um círculo perfeito, boa parte depende da estabilidade e da prática da mão, mas pouco ou nada se utilizarmos uma régua ou um compasso. Nosso método é exatamente o mesmo. Mas, ainda que não haja motivo para fazermos refutações específicas, algo deve ser dito sobre as seitas e os tipos de tais teorias; e depois sobre os sinais, ou signos, externos de que a situação está ruim e por último sobre as razões de tamanho fracasso e do consenso persistente e geral no erro; tudo para que exista um acesso mais fácil às coisas verdadeiras e para que o entendimento humano possa estar mais disposto a se purificar e descartar seus *ídolos*.

LXII

Há muitos *ídolos do teatro*, ou teorias – mas poderiam existir muito mais e talvez um dia existam. Isso porque, se as mentes dos homens não tivessem se preocupado por tantos séculos com religião e teologia e se, também, os governos civis (especialmente as monarquias) não tivessem sido tão hostis a tais novidades e até mesmo aos pensamentos – a ponto de os homens não conseguirem tratar delas sem ameaça e danos a suas fortunas e, privados de qualquer recompensa, ficarem expostos ao desprezo e à inveja –, sem dúvida, uma série de outras seitas filosóficas e teóricas teria surgido, como as que uma vez floresceram em grande variedade na Grécia antiga. Pois da mesma forma como várias histórias sobre os céus podem ser construídas a partir dos *fenômenos* do ar, igualmente, e em maior número, vários dogmas podem ter base e serem construídos sobre os fenômenos da filosofia. E as histórias desse tipo de *teatro* têm algo mais em comum com o teatro do dramaturgo, pois as narrativas feitas para o palco são mais puras e elegantes que os verdadeiros relatos da história, sendo o tipo de coisa que as pessoas preferem.

Em geral, no conteúdo da filosofia, ou se faz muito a partir de pouco, ou pouco a partir de muito, de modo que, em ambos os casos, a filosofia é construída sobre uma base excessivamente estreita de experimentos e histórias naturais, baseando suas afirmações em menos instâncias do que seria adequado. Os filósofos do tipo racional desviam-se dos experimentos por causa da grande variedade de fenômenos comuns que não foram totalmente compreendidos, nem cuidadosamente examinados e considerados; e para todo o restante, passam a depender da reflexão e do exercício intelectual.

Há também filósofos de outro tipo que, depois de trabalharem com cuidado e dedicação sobre alguns experimentos, tiveram a audácia de desenrolar gradualmente suas filosofias a partir deles e desenvolvê-las; o restante eles distorcem para que se ajustem àquele padrão de maneiras estupendas.

Há também um terceiro tipo, que, a partir da fé e do respeito, misturam teologia e tradições; alguns têm sido, infelizmente, enganados pela vaidade ao tentar derivar as ciências a partir de Espíritos e Gênios. E assim a raiz dos erros e da falsa filosofia são de três tipos: Sofística, Empírica e Supersticiosa.

LXIII

O exemplo mais óbvio do primeiro tipo é Aristóteles, que arruína a filosofia natural com sua dialética. Ele construiu o mundo das categorias; atribuiu à alma humana a mais nobre substância, um gênero baseado em conceitos secundários; transformou a interação entre *denso e rarefeito* – pela qual os corpos ocupam dimensões maiores e menores, ou espaços – em uma inútil distinção entre ato e potência; ele insistiu que cada corpo individual tem um movimento único e específico, afirmando que, se participassem de algum outro movimento, esse movimento seria devido a uma razão diferente; e ele, por capricho próprio, impôs inúmeras outras coisas à natureza. Ele estava mais preocupado em saber como explicar-se nas respostas e em dar alguma resposta positiva em palavras, do que na verdade interna das coisas; e isso torna-se mais aparente se compararmos a sua filosofia com outras filosofias de reputação entre os gregos. As "substâncias similares"[25] de Anaxágoras, os átomos de Leucipo e Demócrito, a terra e o céu de Parmênides, a discórdia e amizade de Empédocles, a dissolução de corpos na natureza indiferenciada do fogo e seu retorno à solidez em Heráclito: em todos há algo de filosofia natural, há a sensação da natureza, da experiência e dos corpos;[26] por outro lado, a física de Aristóteles soa normalmente como meros termos de dialética, que ele reapresenta sob um nome mais solene em sua metafísica, afirmando ser muito mais um realista e não um nominalista. E ninguém deve ficar impressionado ao se deparar, muitas vezes, nos livros *Sobre os Animais, Problemas* e em outros tratados com discussões sobre experimentos. Pois ele, de fato, tirava conclusões de antemão e não consultava devidamente a experiência como base de suas decisões e axiomas; depois de tomar suas decisões de forma arbitrária, ele exibia seu experimento distorcido para conformar-se às suas opiniões, como quem desfila um escravo. Assim, também por esse motivo, ele é mais culpado do que seus seguidores modernos (os filósofos escolásticos) que abandonaram os experimentos por completo.

LXIV

A variedade *empírica* da filosofia gera dogmas mais deformados e bizarros do que o tipo *sofístico* ou racional, pois não tem fundamento na luz das noções comuns (que, apesar de fraca e superficial, é de alguma forma universal e relevante para muitas coisas), mas em uma base estreita e não esclarecedora de um punhado de experimentos. Tal filosofia parece provável e quase correta àqueles que se dedicam diariamente a experimentos desse tipo e por eles tiveram a sua imaginação corrompida; para os outros parece inacreditável e vazia. Um exemplo notável de tal tipo pode ser encontrado entre os químicos e seus dogmas; fora isso, atualmente é quase inexistente, exceto talvez na filosofia de Gilbert. No entanto, não devemos deixar de prevenir sobre essas filosofias.

---

25 *Homoiomera.*

26 Filósofos gregos do final do século VI e do século V a.C.

Nós já concebemos e prevemos que, caso os homens aceitem nosso conselho e se dediquem seriamente aos experimentos (tendo abandonado as doutrinas sofistas), então, por fim, tal filosofia será verdadeiramente perigosa, por causa da pressa prematura e precipitada da mente e seus saltos ou voos para afirmações e princípios gerais das coisas; mesmo neste momento, já deveríamos estar voltados para esse problema.

LXV

A corrupção da filosofia pela *superstição* e pelo choque com a teologia está amplamente exposta e causa um enorme mal a filosofias inteiras ou às suas partes. Pois a mente humana é tão suscetível às impressões feitas pela fantasia quanto às impressões das noções comuns. O tipo debatedor e *sofístico* de filosofia captura o entendimento em uma armadilha, mas esse outro tipo, uma filosofia fantasiosa, arrogante e semipoética, o seduz. Há no homem um tipo de ambição do intelecto que não é menor que a da vontade, especialmente em indivíduos altivos e imbuídos de altos ideais.

Um exemplo evidente disso entre os gregos ocorre em Pitágoras, cuja filosofia está combinada com uma *superstição* bastante grosseira e incômoda e, de uma forma mais perigosa e sutil, em Platão e sua escola. Esse tipo de mal também ocorre em partes de outras filosofias pela introdução de formas abstratas, de causas finais, de causas primeiras, pela omissão frequente de causas intermediárias e assim por diante. Temos de oferecer a mais forte advertência aqui, pois, não há nada pior que a *apoteose* do erro; o respeito por noções insanas deve ser considerado uma doença do intelecto. Alguns modernos têm sido, com frivolidade extrema, tão permissivos a essa loucura, a ponto de tentarem basear a filosofia natural no Gênesis, no Livro de Jó e em outras Escrituras sagradas, *procurando os mortos entre os vivos*.[27] Essa loucura precisa ser verificada e reprimida com muito mais vigor, porque a religião herética, bem como a filosofia fantasiosa, deriva da mistura insalubre entre o divino e o humano. E, portanto, é muito salutar, com toda sobriedade, dar à fé apenas o que à fé pertence.

LXVI

Isso é tudo devido à parca autoridade das filosofias fundadas sobre as *noções comuns*, ou os *experimentos parcos* ou a *superstição*. Falaremos agora sobre o material escasso para reflexão, especialmente em filosofia natural. A mente humana é iludida por tudo aquilo que é feito nas artes mecânicas, em que os corpos são completamente alterados por composição e separação e, assim, supõe que algo semelhante também ocorra na natureza universal das coisas. Essa é a

---

27 Lc 24,5.

fonte da história fictícia sobre os *elementos* e suas *colisões*[28] para a formação de corpos naturais. Mais uma vez, quando um homem contempla a liberdade da natureza, ele se depara com as espécies de coisas – animais, plantas e minerais; e, desse ponto, ele cai facilmente no pensamento de que há na natureza certas formas primárias de coisas que ela luta para trazer à tona, e que todo o restante de sua variedade vem dos obstáculos e erros da natureza em completar sua tarefa, ou do conflito entre as diferentes espécies. O primeiro pensamento deu-nos as qualidades elementares primárias; o segundo, as propriedades ocultas e as virtudes específicas; ambas as noções pertencem à categoria de resumos de observações sem sentido, com os quais a mente é algemada e desviada das ideias mais sólidas. Os médicos têm mais sucesso quando eles usam as qualidades secundárias das coisas e as operações de atração, repulsão, rarefação, condensação, dilatação, contração, dissipação, maturação e assim por diante. Eles obteriam um progresso ainda maior a partir das noções sumárias mencionadas (ou seja, qualidades elementares e virtudes específicas), caso não corrompessem as outras (que foram justamente reconhecidas) ao reduzi-las a qualidades primárias e a misturas sutis e incomensuráveis de coisas, ou ao não estendê-las às qualidades terceiras ou quartas por meio de observações novas e mais cautelosas; eles interrompem suas observações muito cedo. Devemos buscar tais virtudes (não digo as mesmas, mas semelhantes) não apenas nos medicamentos para o corpo humano, mas também nos fatores que modificam outros corpos naturais.

Há um problema muito mais grave: eles observam e investigam os princípios de coisas em repouso *a partir dos quais* outras passam a existir e não os de coisas em movimento *pelo qual* outras passam a existir.[29] Os primeiros estão relacionados às discussões; os últimos, aos resultados. E não há valor nenhum nas diferenças habituais do movimento observadas na filosofia natural tradicional – *geração, corrupção, aumento, diminuição, alteração e movimento.* Isso é tudo o que eles querem dizer: se um corpo, sem qualquer outra alteração, move-se no espaço, isso é chamado de *movimento*;[30] caso o local e as espécies permaneçam os mesmos e haja mudança de qualidade do corpo, chama-se *alteração*; e se, como resultado daquela mudança, a própria massa e quantidade dos corpos não permanecerem as mesmas, temos o movimento de *aumento e diminuição*; caso se alterem à medida que mudam as espécies e a substância e, assim, tornam-se outras coisas, temos a *geração* e a *corrupção*. Mas essas são apenas noções populares e não penetram a natureza ao todo; e são apenas medidas e períodos, não espécies de movimento. Pois apenas indicam *até onde?* e

---

28 *Concursus*: encontro, combinação, conjunção. Segundo Andrade (1973): "concurso".

29 Princípios Quiescentes e Princípios Motores, segundo Andrade (1973).

30 *Latio.*

não *como*, ou *de que fonte*. Nada nos dizem sobre o apetite dos corpos, ou sobre o processo de suas partes; eles apenas conjecturam uma divisão quando o movimento mostra aos sentidos de forma óbvia que um objeto já não é o mesmo de antes. E quando querem explicar algo sobre as causas dos movimentos, e para estabelecerem uma divisão, introduzem a distinção entre movimento natural e violento, uma proposição extremamente ociosa, uma vez que essa distinção deriva diretamente de noções ordinárias. Já que todo movimento violento é, na verdade, também um movimento natural, ou seja, ocorre quando uma causa externa reduz algo da natureza a uma forma diferente do que era antes.

Mas, deixemos tudo isso de lado; caso alguém (para exemplificar) tenha observado que há nos corpos um apetite pelo contato mútuo, de modo que a unidade da natureza deles não seja completamente tracionada e separada, dando existência a um vácuo; caso alguém já tenha observado que há nos corpos um apetite para retroceder ao seu próprio tamanho natural ou tensão de modo que, se estão mais ou menos comprimidos ou esticados do que isso, eles instantaneamente se esforçam para recuperar e reaver a sua antiga forma e extensão; ou caso alguém já tenha observado que há nos corpos um apetite para unir as massas de coisas da mesma espécie, ou seja, um apetite das coisas densas pela terra, de coisas finas e rarefeitas pelo circuito do céu: tais coisas e coisas semelhantes são realmente os tipos físicos de movimento. Mas os outros são simplesmente teóricos e escolásticos, como está manifestamente evidente nessa comparação entre eles.

Não é um problema menor o fato de que, em suas filosofias e observações, desperdicem seus esforços na investigação e no tratamento dos princípios das coisas e das causas fundamentais da natureza (*ultimatibus naturae*), já que toda a utilidade e oportunidade aplicável encontram-se nas causas intermediárias (*in mediis*). É por isso que os homens não deixam de fazer abstrações da natureza até que obtenham a matéria potencial e informe, nem deixam de dissecar a natureza até que possam chegar ao átomo. Mesmo que essas coisas fossem verdadeiras, elas pouco podem fazer para melhorar a sorte dos homens.

LXVII

O entendimento também precisa ser advertido contra a intemperança das filosofias em dar ou recusar o assentimento; tal intemperança parece fixar os *ídolos* e, de alguma forma, prolongar a suas vidas, de modo que não haja possibilidade de nos livrarmos deles.

Há dois tipos de excesso: um é aquele dos que prontamente *fazem pronunciamentos*, e fazem que as ciências sejam estabelecidas como uma lei de forma autoritária; o outro é o excesso daqueles que introduzem a *falta de convicção* (*acatalepsia*) e um questionamento sem sentido nem fim. O primeiro reprime a compreensão; o segundo rouba-lhe a força. Pois depois que a filosofia de Aristóteles (à maneira dos otomanos em relação a seus irmãos) massacrou as outras filosofias com debates ferozes, ela fez pronunciamentos sobre cada uma das questões; e ele mesmo formula objeções ao seu próprio capricho e, só então, lida com eles, de modo que tudo fique certo e resolvido; e o mesmo é feito por seus sucessores.

A escola de Platão introduziu a *falta de convicção*, num primeiro momento, aparentemente em tom de brincadeira e ironia pelo ressentimento contra os velhos sofistas, Protágoras, Hípias e os outros, os quais, mais que tudo, temiam parecer hesitantes a respeito de algo.[31] A Nova Academia[32] fez da *falta de convicção* um dogma e a manteve como um princípio. Trata-se de um método mais honesto que a licença para *fazer pronunciamentos* sobre tudo, já que afirma não querer subverter a investigação, como fizeram Pirro e os *Ephectici*[33], mas segue algo que é provável, embora nada aceitasse como verdadeiro. No entanto, depois que a mente humana desiste de encontrar a verdade, tudo se torna muito mais frágil; e, como resultado, os homens se voltam para discussões e discursos agradáveis e para um tipo de galope em torno das coisas, deixando de se manter no severo caminho da investigação. Conforme dissemos e reforçamos desde o início, não devemos depreciar a autoridade dos sentidos humanos, do entendimento humano e de suas deficiências, mas devemos dar assistência a eles.

LXVIII

Isso é tudo sobre os tipos individuais de *ídolos* e suas armadilhas; todos devem ser rejeitados e renunciados, e a mente deve estar totalmente livre e limpa deles, tudo para que o acesso ao reino dos homens, o qual tem base nas ciências, seja como o do reino dos céus, no qual, "a não ser que se tornem como crianças, jamais entrarão no Reino dos céus".[34]

LXIX

As más demonstrações são as defesas e fortalezas dos *ídolos*; e as manifestações da dialética não fazem mais do que viciar e escravizar totalmente o mundo ao pensamento humano e o pensamento às palavras. As demonstrações são, potencialmente, filosofias e ciências em si. Pois conforme sejam e estejam bem ou mal desenvolvidas, assim também serão as filosofias e suas reflexões.

---

31 Ceticismo que surgiu a partir da dialética de Sócrates. Protágoras e Hípias são os dois nomes mais conhecidos do movimento sofístico do século V.

32 A Nova Academia é o nome dado para a academia fundada por Platão.

33 *Ephectici*, "aqueles que suspendem o julgamento". Pirro de Elis (c. 360-270 a.C.) e seus seguidores.

34 Cf. Mt 18,3.

E as demonstrações que empregamos no processo universal que se inicia nos sentidos e coisas para chegar aos axiomas e conclusões nos falham e são incompetentes. O processo tem quatro aspectos e quatro falhas. Primeiro, as impressões dos próprios sentidos são falhas, pois os sentidos falham e enganam. Precisamos substituir as falhas e corrigir os erros. Em segundo lugar, as noções são deficientemente abstraídas das impressões sensoriais e indeterminadas e confusas quando deveriam ser determinadas e bem definidas. Em terceiro lugar, a indução é ruim se ela atinge os princípios das ciências por simples enumeração, sem fazer uso de exclusões e dissoluções, ou análises apropriadas da natureza. Por fim, o método de descoberta e prova que, primeiramente, levanta os princípios mais gerais e depois compara e testa os axiomas intermediários a partir dos princípios gerais, é o progenitor dos erros e a aniquilação de todas as ciências. Estamos, no momento, apenas tocando nesses assuntos de passagem; vamos discuti-los com mais detalhes quando explicarmos o verdadeiro modo de interpretar a natureza, depois de termos concluído essas limpezas e expurgos da mente.

LXX

Mas a melhor demonstração é, de longe, a experiência, desde que não se afaste da experiência em si. Pois é uma falácia aplicá-la a outras coisas supostamente semelhantes, a menos que a inferência seja efetuada de forma devida e metódica. Mas o método de experimentação[35] atualmente utilizado pelos homens é cego e estúpido. Consequentemente, conforme eles vagueiam e se perdem em um caminho nada claro, apenas tomando como guia as coisas que encontram pelo caminho, eles andam para lá e para cá e fazem pouco progresso; às vezes eufóricos e às vezes distraídos, eles sempre encontram algo mais para se ocupar. Quase sempre os homens empreendem suas experiências de maneira superficial, como se fosse um jogo, fazendo pequenas variações sobre experimentos já conhecidos; e se a coisa não funciona, eles se cansam e desistem. Mesmo quando levam os seus experimentos mais a sério, estando mais decididos e preparados para o trabalho pesado, eles ainda dedicam seus esforços apenas a um tipo de experimento, como Gilbert fez com o ímã e os químicos com o ouro. Os homens agem assim porque sua prática não é apenas fútil, mas também desinteligente. Nenhuma busca pela natureza de uma coisa será bem-sucedida se ficar confinada à coisa em si; o inquérito precisa ser ampliado para incluir os temas mais gerais.

Se, com base em seus experimentos, eles constroem algum tipo de ciência e dogmas, mesmo assim, eles quase sempre cedem a um impulso precipitado e prematuro de recorrer à aplicação prática: não apenas pela utilização e lucro que

---

35   Os termos *experientia* e *experimentum* são utilizados indiferentemente por Bacon; na tradução para o português, tento manter, na medida do possível, a distinção entre experimento e experiência.

podem obter a partir de tal aplicação, mas, a fim de encontrar confirmação, na forma de um novo resultado, de que eles não irão perder tempo em seu trabalho futuro e também para fazer propaganda própria aos outros, a fim de aumentar sua reputação no campo de suas atividades. O resultado é que, como Atalanta, eles se desviam do caminho para apanhar a maçã de ouro, interrompem a sua execução e deixam escapar a vitória de suas mãos. Mas, ao seguir o verdadeiro caminho da experiência e orientá-la para novos resultados, devemos simplesmente tomar a sabedoria e a ordem divina como nosso exemplo. Tendo criado apenas a luz no primeiro dia, Deus dedicou um dia inteiro a ela sem produzir nenhum efeito material. Nós também precisamos primeiro descobrir as verdadeiras causas e axiomas, retiradas de todo tipo de experimento, buscando os experimentos esclarecedores, não os lucrativos. Uma vez que os axiomas foram corretamente descobertos e formados, eles oferecem uma ampla assistência para a prática. Falaremos mais tarde sobre os modos de se fazer experimentos que, não menos do que as formas de julgamento, foram barrados e bloqueados; até agora apenas dissemos que a experiência comum é uma demonstração fraca. Agora a ordem das coisas obriga-nos a falar algo mais sobre os signos que mencionei anteriormente, os quais indicam que as atuais filosofias e observações são insuficientes e sobre as razões disso que, à primeira vista, parece tão surpreendente e incrível. A percepção dos signos incentiva o assentimento; a explicação das razões remove a surpresa. As duas coisas ajudam bastante na rápida, mas suave purgação dos ídolos do entendimento.

LXXI

Quase todas as ciências que temos vieram dos gregos. As adições feitas pelos romanos, árabes ou escritores mais recentes são poucas e sem grande importância; do modo como elas são, apoiam-se sobre uma base de descobertas gregas. No entanto, a sabedoria dos gregos era retórica e propensa a debate, um gênero inimigo da busca da verdade. E assim o termo "sofistas" foi rejeitado por aqueles que queriam ser considerados filósofos e utilizado com desprezo para designar os oradores – Górgias, Protágoras, Hípias, Pólus; mas também é aplicável a toda a tribo – Platão, Aristóteles, Zeno, Epicuro, Teofrasto e seus sucessores, Crisipo, Carnéades e o restante.[36] A única diferença era a de que os primeiros eram itinerantes e mercenários, percorriam as cidades exibindo sua sabedoria e exigindo pagamento; os outros eram mais dignos e mais liberais, pois tinham moradas fixas, abriram escolas e ensinavam filosofia de graça. Mas

---

36 Górgias, Protágoras, Hípias e Pólus são sofistas do século V a.C. Zeno fundou a escola estoica no final do século IV; Crisipo foi o terceiro chefe da escola; Epicuro fundou a escola epicurista no final do século IV; Teofrasto sucedeu Aristóteles como chefe do Liceu; Carnéades converteu a Academia de Platão ao ceticismo no século II a.C.

LIVRO I | 71

(ainda que diferente de outras formas) ambos eram retóricos, dados a debates, criaram seitas filosóficas e escolas e lutaram por elas. Consequentemente, os seus ensinamentos eram mais ou menos o que Dionísio disse acertadamente contra Platão – "as palavras de velhos ociosos aos jovens imaturos".[37] Mas os gregos mais antigos – Empédocles, Anaxágoras, Leucipo, Demócrito, Parmênides, Heráclito, Xenófanes, Filolau e os outros (mas não o supersticioso Pitágoras) – não abriram, até onde sabemos, escolas, mas se entregaram à busca da verdade com mais calma, seriedade e simplicidade, isto é, com menos afetação e exibicionismo. E, portanto, como supomos, tiveram maior sucesso, exceto que, com a passagem do tempo, suas obras foram esmagadas por outras mais leves e mais adequadas para agradar a aptidão e o gosto do público; o tempo (como um rio) nos trouxe as obras mais leves, mais infladas e afundou as sólidas e mais pesadas. E, ainda assim, nem mesmo eles estavam completamente isentos do vício típico de seu povo: eles também eram muito suscetíveis à ambição e à vaidade de fundar uma seita e ganhar o favor popular. Não há esperança para a busca da verdade quando ela é desviada por tais trivialidades. E não devemos esquecer, eu acho, o julgamento, ou melhor, a profecia de um sacerdote egípcio sobre os gregos: "sempre crianças, não têm antiguidade de conhecimento e nem conhecimento da antiguidade".[38] Eles certamente têm uma característica infantil: a prontidão para falar, unida à incapacidade de produzir qualquer coisa, porque a sua sabedoria parece prolixa e estéril de obras. E, portanto, os signos que reunimos da terra natal e da família da filosofia em uso atualmente não são bons.

LXXII

Os signos que podem ser recolhidos da natureza do tempo e da idade não são muito melhores do que os da natureza do lugar e do povo. Durante aquele período, o conhecimento do tempo e do mundo era estreito e limitado; e isso é algo realmente muito ruim, em especial para aqueles que apostam tudo nos experimentos. Pois eles não possuem uma história de mil anos que mereça o nome de história, mas fábulas e rumores da antiguidade. Eles conheciam apenas uma fração das partes e regiões do mundo, uma vez que chamavam todos os povos do norte de citas, todos os do oeste de celtas indiscriminadamente, não sabiam nada sobre a África para além da parte mais próxima da Etiópia, nada da Ásia além do Ganges e muito menos sobre os territórios do Novo Mundo, nem por relatos ou boatos consistentes e críveis. Na verdade, a maioria dos

---

37 Dionísio I, tirano de Siracusa (c. 430-367 a.C.). Veja Diógenes Laércio, *Vidas e Doutrina dos Filósofos Ilustres*, livro III, p. 18.

38 Cf. Platão, *Timeu*, 22B.

climas e zonas, em que as incontáveis nações vivem e respiram, foi declarada inabitável; e as viagens de Demócrito, Platão e Pitágoras, que certamente não os levou para muito longe de casa, eram celebradas como grandes feitos. Mas, em nosso tempo, grande parte do Novo Mundo e as mais remotas partes do Velho estão se tornando conhecidas em toda parte, e o estoque de experimentos tem crescido imensamente. Portanto, se (como astrólogos) fôssemos colher os signos do momento da natividade ou da concepção, não conseguiríamos prever, ao que parece, nada significativo para as filosofias.

LXXIII

Nenhum dos signos é mais certo ou mais digno de nota do que o vindo dos produtos. Pois a descoberta de produtos e resultados é como uma garantia ou certificado da verdade de uma filosofia. Das filosofias gregas e das ciências especializadas derivadas delas, não há quase nenhum experimento digno de ser citado, após a passagem de tantos anos, que tenda a facilitar e melhorar a condição humana e que possa ser verdadeiramente creditado às doutrinas da filosofia. Celsus admite isso de forma franca e sensata: em primeiro lugar, os experimentos médicos foram descobertos e, só *então*, os homens filosofaram sobre eles, buscaram e atribuíram causas; mas não aconteceu o inverso: que os experimentos e os conhecimentos das causas houvessem sido descobertos ou sugeridos pela filosofia. Não é de se admirar que existissem mais imagens de animais do que de homens entre os egípcios (estes divinizaram e deificaram os inventores de coisas), o motivo foi que os animais fizeram muitas descobertas por instinto natural, enquanto os homens pouco ou nada para mostraram como resultado dos debates e da dedução racional.

Mas o trabalho duro dos químicos gerou alguns resultados, embora mais ou menos por acaso e incidentalmente, ou por alguma variação dos experimentos (como faz a mecânica) e não sobre a base de uma arte ou teoria; pois as ficções por eles produzidas confundem em vez de auxiliar os experimentos. Há poucas descobertas daqueles que trabalham na chamada magia natural e elas quase não têm valor e aproximam-se do embuste.

A religião nos ensina que a fé é mostrada pelas obras; e o mesmo princípio pode ser bem aplicado à filosofia: que ela seja julgada por seus frutos e, se estéril, julgada inútil; ainda mais se, em vez dos frutos da videira e da oliveira, ela produzir os cardos e espinhos das disputas e controvérsias.

LXXIV

Os signos devem também ser recolhidos do desenvolvimento e progresso das filosofias e das ciências. Aquelas que são fundadas na natureza crescem e se multiplicam; aquelas fundadas na opinião mudam, mas não crescem. Portanto, se as doutrinas não fossem como uma planta totalmente desprovida de raízes, mas estivessem conectadas ao ventre da natureza e por ela fossem alimentadas, então o que acontece já há dois mil anos não seria o caso: as ciências estão estagnadas sobre seus próprios pés e permanecem praticamente no mesmo estágio; não fizeram progressos notáveis; na verdade, elas chegaram ao seu pico com seus primeiros autores e vêm declinando desde então. Vemos uma evolução oposta nas artes mecânicas, que têm seu fundamento na natureza e na luz dos experimentos; enquanto estão na moda, elas despertam e crescem como se estivessem cheias de espírito; inicialmente, grosseiras, tornam-se adequadas, depois refinadas e sempre progridem.

LXXV

Há mais um signo que também devemos observar (se é que o termo "signo" pertence apropriadamente a ele, pois é mais como um testemunho, de fato o mais convincente de todos); é a confissão real dos autores seguidos atualmente pelos homens. Pois mesmo aqueles que se pronunciam sobre as coisas com tanta confiança ainda, de tempos em tempos, ao retornarem à Terra, recorrem a reclamações sobre a sutileza da natureza, a obscuridade das coisas e a fraqueza do entendimento humano. Se isso fosse tudo o que fizessem, talvez detivesse algumas mentes tímidas de prosseguir com a investigação e estimularia e incitaria os homens de mentes mais aguçadas e confiantes a efetuar novos progressos. Mas, não contentes em apenas confessar a si mesmos, consideram tudo o que é desconhecido ou intocado por eles ou por seus mestres como coisas que estão além dos limites do possível e declaram, pela autoridade de sua arte, que é algo impossível de ser conhecido ou realizado; e assim, com suprema arrogância, eles transformam a fraqueza de suas próprias descobertas em um insulto contra a própria natureza e um voto de desconfiança em relação a outros homens. Daí, a escola da Nova Academia que professou a *falta de convicção* (*acatalepsia*) e condenou os homens à escuridão eterna. Daí a opinião de que as Formas ou as verdadeiras diferenças das coisas (que são na verdade as leis do ato puro) são impossíveis de ser descobertas e estão além do homem. Daí as opiniões da parte ativa e operativa da ciência: o calor do sol e o calor do fogo são totalmente diferentes; o medo, naturalmente, está no fato de os homens imaginarem que, por meio das operações do fogo, eles pudessem extrair e formar algo parecido com as coisas que existem na natureza. Daí a visão de que a composição é uma mera obra do homem, mas a mistura é obra somente da natureza: caso os homens viessem a ter a esperança de, a partir da arte, realizar a geração ou a transformação dos corpos naturais. E, portanto, os homens facilmente se deixam convencer por esse signo a não envolver seus trabalhos e suas fortunas em princípios que não são apenas desesperados, mas condenados ao desespero.

LXXVI

Eis outro signo que não podemos esquecer: houve muita discordância entre os filósofos e grande é a variedade de escolas. Isso revela claramente que o caminho dos sentidos ao intelecto não foi bem construído, uma vez que o mesmo material da filosofia (ou seja, a natureza das coisas) foi tomado e usado para construir muitos caminhos de erro. E, apesar das discordâncias em nosso tempo, das diferenças de opinião sobre os princípios reais, das filosofias sistemáticas terem passado por tudo menos a extinção, ainda há inúmeras questões e controvérsias em várias partes da filosofia; portanto, é óbvio que não há nada certo ou sólido nas filosofias ou nos modos de demonstração.

LXXVII

Existe uma opinião de que há, no mínimo, um grande consenso em torno da filosofia de Aristóteles, já que, após a sua publicação, as filosofias dos filósofos antigos supostamente caíram em desuso e foram esquecidas e, no período posterior, nada melhor foi descoberto; assim, ela parecia estar tão bem fundamentada e bem estabelecida que passou a monopolizar os dois períodos. Mas, em primeiro lugar, a visão comum da negligência a respeito da filosofia antiga, após a publicação das obras de Aristóteles, não é verdadeira; as obras dos filósofos antigos sobreviveram muito tempo depois, até o tempo de Cícero e nos séculos seguintes. Foi apenas em séculos posteriores, quando o conhecimento humano naufragou, por assim dizer, a partir do dilúvio de bárbaros que invadiram o Império Romano, que as filosofias de Aristóteles e Platão foram salvas ao flutuarem sobre as ondas do tempo como pranchas de material mais leve e menos sólido. A questão do consenso também é enganosa quando a examinamos melhor. Um verdadeiro consenso é aquele que (após o exame da matéria) é formado pela liberdade de julgamento que converge para o mesmo ponto. Mas a grande maioria dos que aceitaram a filosofia de Aristóteles escravizou-se pelo preconceito e pela autoridade dos outros; então isso passa a ser mais um discipulado e uma unidade partidária que um consenso. Mesmo que fosse um consenso verdadeiro e generalizado, é tão equivocado dizer que um consenso deve ser tomado como autoridade verdadeira e sólida que isso acaba por implicar uma forte presunção em contrário. Pior de tudo é guiar-se pelo consenso em questões intelectuais, exceto em assuntos divinos e políticos, em que existe o direito de voto. Pois nada agrada a um grande número de pessoas, a menos que tal assunto ataque a imaginação, ou confine a mente nas engrenagens das noções comuns, como foi dito acima. Por isso é muito apropriado aplicar a observação de Phocion sobre a moral para as questões intelectuais: se a multidão concorda e aplaude, os homens devem imediatamente perguntar-se de forma séria quais foram os erros ou enganos que eles cometeram.[39] Esse signo está, portanto, entre os mais perigosos. E agora completamos nossa explicação, afirmando que os sinais da verdade e da solidez nas filosofias e ciências, como são hoje, são parcos, quer os colhamos de suas origens, de seus produtos, a partir de seu progresso, das afirmações de seus próprios autores ou a partir do consenso.

LXXVIII

E agora devemos lidar com as causas dos erros e as razões por que os homens ficaram, de forma tão persistente, presos a eles por tantos séculos. As causas são muitas e extremamente poderosas, de modo que não é surpreendente o fato de a nossa nova abordagem ter escapado à atenção dos homens e ter permanecido oculta até agora, mas sim que ela tenha agora finalmente ocorrido a um homem ou entrado na mente de alguém, fato que resulta muito mais de um tipo de boa sorte que de qualquer excelência intelectual e deve, antes, ser considerado como algo gerado mais pelo tempo que pela inteligência.

Pois, em primeiro lugar, se considerarmos o assunto adequadamente, um grande número de séculos fica reduzido a alguns trechos muito curtos. Dos vinte e cinco séculos em que a memória humana e o entendimento estão mais ou menos em evidência, quase seis podem ser escolhidos e isolados como férteis às ciências ou favoráveis ao seu progresso. Há desertos e refugos de tempo na mesma medida em que existem regiões. Podemos considerar apenas três períodos que foram pontos altos do conhecimento: um entre os gregos, outro entre os romanos e o último entre nós, as nações ocidentais da Europa; e, a cada um deles, podemos alocar apenas dois séculos de forma apropriada. No mundo, as épocas intermediárias não tiveram sucesso ao produzir grandes ou fartas safras científicas. E não há nenhuma razão para mencionar os árabes ou os escolásticos, cujos numerosos tratados nos anos interpostos, em vez aumentar o peso das ciências, as desgastaram. Assim, a primeira razão de o progresso ter sido pateticamente pequeno nas ciências pode ser justa e devidamente atribuída aos pequenos períodos que as favoreceram.

LXXIX

Em segundo lugar, descobrimos uma razão que certamente é de grande importância: nos períodos em que a inteligência humana e as letras floresceram em grau elevado, ou mesmo moderado, a filosofia natural ocupava uma parte muito pequena dos esforços. No entanto, a filosofia natural deve ser considerada como a grande mãe das ciências. Pois todas as artes e ciências que dela

---

39 Phocion, político ateniense do século IV: o provérbio está em Plutarco, *Vidas Paralelas*, "Vida de Phocion", tomo 8.

foram retiradas podem, talvez, ser refinadas e adaptadas para o uso prático; mas elas não têm possibilidade de crescimento. É claro que, após a fé cristã ter sido aceita e crescido vigorosamente, a maioria dos intelectos extraordinários passou a aplicar-se à teologia; os maiores prêmios eram oferecidos para tal assunto, e todo tipo de auxílio era copiosamente concedido. Tal zelo com a teologia ocupou de modo particular a terça parte ou período de tempo entre nós europeus ocidentais; a situação se intensificou enquanto floresciam as letras e se multiplicavam as controvérsias religiosas. Na era anterior, durante nosso segundo período, o período dos romanos, as preocupações e obras dominantes dos filósofos estavam ocupadas e absorvidas pela filosofia moral (que tomou o lugar da teologia para os pagãos). Também naqueles tempos as maiores mentes se dedicaram mais com a parte política, por causa da grandeza do Império Romano, que precisava dos serviços de um grande número de homens. A era em que a filosofia natural pareceu florescer mais entre os gregos não perfaz uma grande extensão de tempo, já que no início do período dos chamados Sete Sábios, todos (exceto Tales) dedicaram-se à filosofia moral e política e no período posterior, depois que Sócrates trouxe a filosofia do céu para a terra, a filosofia moral cresceu com mais força e afastou as mentes dos homens ainda mais da filosofia natural.

Assim, no mesmo período de tempo em que a investigação da natureza florescia, ela era destruída e considerada inútil por disputas verbais e rivalidades na confecção de novos dogmas. Dessa forma, ao longo desses três períodos, a filosofia natural foi negligenciada ou obstruída de forma muito extensa, por isso não é de admirar que os homens tenham avançado tão pouco no assunto, já que estavam fazendo algo completamente diferente.

LXXX

A razão seguinte é: a filosofia natural não encontrou quase ninguém, mesmo entre aqueles que a praticavam, que dedicasse todo o seu tempo a ela, especialmente nos últimos tempos, a menos que ofereçamos talvez o exemplo das elucubrações de um monge em sua cela ou um nobre em sua casa no campo. A filosofia natural foi de fato tratada como uma espécie de passagem ou de ponte para outras coisas.

A grande mãe das ciências com uma maravilhosa indignidade foi forçada a executar os serviços de uma empregada doméstica, a atender às necessidades da medicina ou da matemática, ou a lavar as mentes imaturas dos jovens e impregná-las com uma espécie de primeiro corante para que, mais tarde, elas pudessem absorver alguma tintura diferente com maior facilidade e sucesso. Em qualquer caso, não devemos esperar um grande progresso nas ciências (especialmente em sua parte prática), a menos que a filosofia natural seja estendida para as ciências particulares e estas, por sua vez, sejam levadas de volta à filosofia natural. É por isso que a astronomia, a ótica, a música, a maioria das artes mecânicas e a medicina em si, também (e talvez mais surpreendentemente) a filosofia moral e civil e as ciências da lógica, não conseguem chegar ao fundo das coisas, mas apenas deslizam sobre a variedade de coisas que estão na superfície. Pois depois de terem sido divididas e constituídas como ciências particulares, elas não são mais alimentadas pela filosofia natural, que poderia ter-lhes emprestado nova força e incremento da fonte e das observações reais dos movimentos, raios e sons, da textura e estrutura dos corpos e das paixões e dos processos intelectuais. Não é de se admirar que as ciências não cresçam quando são cortadas de suas raízes.

LXXXI

E agora se revela mais um motivo importante e poderoso que explica por que as ciências têm feito pouco progresso. É o seguinte: não é possível vencer corretamente em uma pista de corridas se a linha de chegada não está definida de forma correta e determinada. O objetivo verdadeiro e legítimo das ciências é oferecer à vida humana novas descobertas e recursos. A esmagadora maioria das pessoas comuns não tem noção disso e está preocupada apenas com salários e questões profissionais; talvez, ocasionalmente, algum artesão invulgarmente inteligente, buscando alcançar reputação, dedique-se a fazer uma nova invenção, geralmente por conta própria. Mas na maioria dos casos os homens estão tão longe de dedicar-se ao aumento do montante das ciências e das habilidades que, a partir do que está disponível, eles não adotam nem procuram mais do que o que pode ser utilizado por suas profissões, lucro, reputação ou vantagens similares. E se, dentre tantos, existir alguém que busque o conhecimento com amor autêntico e para o próprio bem do conhecimento, descobriremos que até mesmo ele estará em busca de uma grande variedade de pensamentos e doutrinas, em vez de uma investigação rigorosa e inabalável da verdade. E caso haja outro que seja, talvez, um investigador rigoroso da verdade, ele também definirá para si mesmo um relato dessa que satisfaça a mente e o entendimento na prestação de causas para coisas já conhecidas, em vez de um que forneça resultados e uma nova luz para os axiomas. E, assim, se ninguém estabeleceu de forma apropriada o fim das ciências, não é de se admirar que a consequência para os assuntos subordinados a tal fim seja o erro constante.

LXXXII

Agora, o fim e o objetivo das ciências não estão bem definidos entre os homens, mas mesmo se o estivessem, a estrada escolhida pelos próprios homens é totalmente errônea e intransitável. É de causar espanto extremado, ao pensarmos sobre isso de forma apropriada, saber que ninguém se preocupou ou teve interesse em abrir ou desenvolver uma estrada regular e bem construída para o intelecto humano a partir dos sentidos e dos experimentos; mas tudo foi deixado para a escuridão das tradições, ou para o turbilhão e remoinho dos argumentos, ou às ondas e tortuosidades do acaso e da experiência casual e desordenada. Deixemos que cada um pense com moderação e cuidado sobre o tipo de caminho comumente utilizado pelos homens na investigação e descoberta de alguma coisa. Ele, em primeiro lugar, irá certamente observar o método simples e não o científico de descoberta, pois este é mais familiar para os homens. Ele consiste simplesmente nisso: ao se preparar e equipar para descobrir algo, a pessoa, primeiro, pesquisa e lê o que os outros escreveram sobre o assunto; em seguida, adiciona seus próprios pensamentos e com muita agitação mental interroga o seu próprio espírito e o convida a abrir seus oráculos para ele. Esse procedimento não tem absolutamente nenhum fundamento e simplesmente gira em torno de opiniões.

Outra pessoa, para auxiliar na descoberta, pode pedir ajuda à lógica, que somente pelo nome pertence à matéria tratada. Pois uma descoberta da lógica não é uma descoberta dos princípios e axiomas mais importantes das artes, mas somente daqueles que parecem estar de acordo com elas. Pois os interlocutores mais curiosos e insistentes, aqueles que se dão ao trabalho de abordá-las com exigências de provas e descobertas de princípios, ou dos primeiros axiomas, são atendidos pela lógica com uma resposta muito conhecida que os leva de volta à fé e ao juramento de fidelidade (por assim dizer), o qual qualquer um deveria dar a qualquer arte.

Resta a mera experiência: se surgiu por si mesma é chamada de acaso; e experimento, se foi buscada. Esse tipo de experiência é como um pincel sem cabeça (como é dito), um simples tatear, tal como os homens fazem no escuro, tentando de tudo, pois sempre podem ter a sorte de tropeçar no caminho certo. Seria muito melhor e mais sensato esperar pelo dia ou acender uma lâmpada e então começar a viagem. A verdadeira ordem da experiência, por outro lado, primeiro acende as luzes, em seguida, enxerga o caminho pela luz, começando com a experiência compreendida e ordenada, não de forma reversa ou aleatória, e a partir daí, infere os axiomas e, em seguida, os novos experimentos sobre a base dos axiomas assim formados; pois, nem mesmo a palavra divina opera sobre a massa de coisas desordenadas.

Portanto, já que os homens se perderam totalmente em seu caminho, deixemos que eles parem de se admirar pelo fato de as ciências não terem terminado a corrida; pois, ou eles abandonaram completamente os experimentos, ou aprisionaram-se neles (como em um labirinto) e andam em círculos, mas a sequência devidamente organizada nos guia até os bosques da experiência por um caminho estável e chega ao país aberto dos axiomas.

LXXXIII

O problema foi maravilhosamente agravado por certa opinião ou julgamento que está profundamente enraizado, mas é arrogante e prejudicial, ou seja, a majestade da mente humana diminui se estiver muito envolvida com experiências e por muito tempo, bem como com coisas particulares que estão sujeitas aos sentidos e são delimitadas pela matéria: especialmente porque tais coisas tendem a ser trabalhosas para a investigação, ignóbeis para o pensamento, brutas para as palavras, não liberais na prática, infinitas em número e parcas em sutileza. E assim finalmente chegamos à conclusão de que o verdadeiro caminho além de deserto está também barrado e fechado; a experiência é mal gerida, ou desprezada e até mesmo abandonada.

LXXXIV

Mais uma vez, os homens foram impedidos de fazer progressos nas ciências pelo feitiço (por assim dizer) da reverência à antiguidade, pela autoridade de homens que têm uma grande reputação em filosofia e pelo consenso que deriva deles. Já falei acima sobre o consenso.[40]

Mas, em relação à antiguidade, a opinião cultivada pelos homens sobre ela é muito descuidada e quase não cabe no significado da palavra. Pois a verdadeira antiguidade deveria significar a velhice e a idade avançada do mundo, a qual deveria ser atribuída aos nossos tempos, não a um jovem período do mundo, tal como o período dos antigos. É verdade que o período é antigo e mais velho em relação a nós, mas em relação ao próprio mundo, é novo e mais jovem. Esperamos que um velho possua maior conhecimento sobre as coisas humanas e um juízo mais maduro que o de um jovem por sua experiência e por causa da abundância e variedade de coisas que ele viu, ouviu e pensou. E, na verdade, da mesma forma, é razoável que esperemos coisas maiores de nossa época que dos tempos antigos (se conhecesse a sua força e se dispusesse a experimentá-la e exercê-la), já que nossa época é a era mais velha do mundo, mais enriquecida e abastecida com inúmeras experiências e observações.

Devemos também levar em conta que muitas coisas na natureza vieram à luz e foram descobertas como resultado das longas viagens e navegações (que têm sido mais frequentes em nosso tempo), capazes de lançar novas luzes à filosofia. De fato, seria uma desgraça para a humanidade ter vastas áreas do globo

---

40   Veja I.77.

físico – terra, mar e estrelas – abertas e exploradas em nosso tempo, enquanto os limites do mundo intelectual permanecessem confinados às descobertas e aos limites estreitos dos antigos.

Com relação aos autores, é um sinal de suprema covardia dar crédito ilimitado aos autores e negar ao Tempo os seus direitos, o autor dos autores e, portanto, de toda autoridade. Pois a verdade é justamente chamada filha do tempo e não da autoridade. Portanto, não devemos nos espantar ao ver que o feitiço da antiguidade, dos autores e do consentimento agrilhoou a coragem dos homens com tanta força que (como que enfeitiçados) eles têm sido incapazes de se aproximar das coisas em si.

LXXXV

Não é apenas a admiração pela autoridade, antiguidade e consenso que obrigam os esforços dos homens a permanecer satisfeitos com as coisas que já foram descobertas, mas também a admiração pela abundância de obras reais que já foram oferecidas pela raça humana. Quando um homem coloca diante de seus olhos a variedade de objetos e os equipamentos esplêndidos já feitos e oferecidos pelas artes mecânicas à civilização humana, ele certamente estará mais disposto a admirar a riqueza do homem que perceber a sua pobreza; e deixa de perceber que as observações mais antigas dos homens e as operações da natureza (que são como a alma e primeiros sinais de toda aquela variedade) não são muitas nem profundas, e que o restante é devido simplesmente à paciência e ao movimento sutil e ordenado das mãos e das ferramentas. A construção de relógios (por exemplo) é certamente uma coisa sutil e precisa, que parece imitar os corpos celestes em suas engrenagens e os batimentos cardíacos dos animais em seu movimento constante e ordenado; e, mesmo assim, ela depende apenas de um ou dois axiomas da natureza.

Mais uma vez, pode-se contemplar a sutileza das artes liberais ou da preparação de corpos naturais pelas artes mecânicas e admirar coisas como a descoberta dos movimentos celestes na astronomia, das harmonias na música, das letras do alfabeto na gramática (que, mesmo atualmente, ainda não são utilizadas no reino da China), ou, novamente na mecânica, a descoberta dos produtos de Baco e Ceres, isto é, a produção de vinho e cerveja, os pães, ou as delícias da mesa e da destilação e assim por diante. Pode-se refletir e perceber quantos séculos se passaram para que essas coisas chegassem ao estado de desenvolvimento que agora desfrutamos, pois todas elas, exceto a destilação, são antigas (como dissemos sobre os relógios) e pouco devem às observações e aos axiomas da natureza e, por fim, quão facilmente, por meio de oportunidades prontas e observações casuais, elas foram descobertas. E assim, eu digo, será fácil livrar-se de todo espanto e, em vez disso, sentir pena da condição humana que, depois de tantos séculos, tem tamanha falta, tamanha escassez de objetos e descobertas. E essas descobertas que acabamos de mencionar são mais velhas do que a filosofia e as artes do entendimento, de modo que (para dizer a verdade) uma vez que tais ciências racionais e dogmáticas surgiram, a descoberta de obras úteis cessou.

Quem já desviou sua atenção das oficinas para as bibliotecas e admirou-se com a imensa variedade de livros que vemos em torno de nós mudará, estupendamente de ideia assim que puder examinar e inspecionar com cuidado os assuntos e conteúdos dos livros em si. Tendo observado que não há fim para as repetições e para a forma como os homens continuam fazendo e dizendo as mesmas coisas, a pessoa passará da admiração da variedade para o espanto pela pobreza e escassez das coisas que até agora mantiveram as mentes dos homens ocupadas.

Qualquer um que se rebaixe para contemplar tais questões, as quais são mais curiosas que sensatas, e repare profundamente nas obras dos alquimistas e mágicos, talvez fique em dúvida se tais homens merecem mais risos ou lágrimas. O alquimista alimenta uma esperança eterna e quando uma coisa não funciona, ele julga ser, ele mesmo, responsável por seus próprios erros. Ele acusa a si mesmo de não entender corretamente as palavras da arte ou dos autores e assim passa a dar atenção para as tradições e relatórios secretos; ou de ter cometido deslizes nos pesos ou nas medições temporais de seus procedimentos e, assim, passa a repetir a experiência indefinidamente; e, nesse ínterim, entre os acasos de seus experimentos, caso encontre algo novo na aparência ou que tenha alguma utilidade digna de preservação, ele alimenta seu espírito com tais promessas, os exagera e alardeia: para todo o restante, ele vive de esperanças. E mesmo assim, não deve ser negado que os alquimistas descobriram algumas coisas e ofereceram descobertas úteis aos homens. Eles se encaixam muito bem na história do velho que deixou às filhas algum ouro enterrado em um vinhedo e fingiu não saber o local exato; como resultado, elas passaram a cavar diligentemente a vinha; nenhum ouro foi encontrado, mas a colheita foi mais abundante graças a tal processo.

Mas os devotos da magia natural, que com tudo lidam por meio das simpatias e antipatias das coisas, atribuíram poderes e efeitos maravilhosos para as coisas com base em conjecturas ociosas e preguiçosas; e os resultados que eles têm mostrado são bons apenas como surpresa e novidade e não por lucro e utilidade.

Na magia supersticiosa (se devemos falar disso também) devemos, em particular, perceber que entre todas as nações e religiões em todos os tempos, elas fazem algo, ou parecem fazer algo, apenas em um certo tipo limitado de assuntos, então vamos deixá-las de lado. Em resumo, não é surpresa nenhuma sabermos que a nossa crença de que temos muito tem sido a causa de termos tão pouco.

LXXXVI

O espanto dos homens pelo conhecimento e pelas artes, que, em si mesmo é simples e quase como o espanto das crianças, tem sido reforçado pela astúcia e artifício dos que praticam e ensinam as ciências. Eles as mostram com muito exibicionismo e afetação e as põe diante do público de forma enganosa e dissimulada, a fim de sugestionar que elas estão bem acabadas e aperfeiçoadas até o último grau. Pois caso se atente para o seu método e suas divisões, elas parecem abraçar e incluir absolutamente tudo o que pode existir sobre seu assunto. Na verdade, as subdivisões são vazias, como estantes sem livros, mas para a mente comum elas têm a forma e a organização de uma ciência completa.

Mas os primeiros e mais antigos investigadores da verdade, com melhores condições de confiabilidade e de sucesso, costumavam recolher o conhecimento que haviam resolvido estabelecer a partir da contemplação das coisas e armazená-los para uso em forma de *aforismos*, ou frases curtas e desconexas, sem método de organização; e não fingiam ou professam possuir uma arte universal. Mas, conforme as coisas são feitas hoje em dia, não será espantoso que os homens não tentem saber mais a respeito de temas que são ensinados como se os mesmos já estivessem há muito tempo completos e aperfeiçoados em todas as suas minúcias.

LXXXVII

As velhas ideias também têm recebido um grande impulso em sua reputação e crédito, vindo das afirmações escorregadias e vazias feitas pelos partidários do novo, especialmente da parte prática e aplicada da filosofia natural. Houve uma abundância de oradores superficiais e fantasiosos que encheram a raça humana de promessas, em parte a partir da credulidade e em parte do embuste: prometendo e anunciando uma vida mais longa, o adiamento da idade avançada, o alívio da dor, a cura de defeitos naturais, as tentações dos sentidos, o encantamento e a excitação das paixões, o estímulo e a iluminação das faculdades intelectuais, a transmutação de substâncias, poder e variedade ilimitadas de movimentos, impressões e alterações do ar, desvio e controle das influências celestes, a adivinhação das coisas futuras, a representação de coisas distantes, a revelação de coisas ocultas e muito mais do mesmo. O veredito acertado sobre esses falsos benfeitores é que no ensino filosófico há uma diferença tão grande entre suas promessas vazias e as artes verdadeiras como há, nas narrativas de história, entre as conquistas de Júlio César ou Alexandre, o Grande, e os atos de Amadis de Gaula ou de Artur da Grã-Bretanha.[41] Pois sabemos que os generais famosos

---

41 Júlio César (c. 102-44 a.C.), político, general e ditador romano, conquistador da Gália. Alexandre da Macedônia (356-323 a.C.), conquistador do Império Persa. Amadis de Gaula, herói fictício de romance medieval. Arthur da Grã-Bretanha: herói do ciclo arturiano.

realmente fizeram coisas bem maiores do que aqueles heróis fictícios poderiam fingir ter feito; e de formas e modos de ação que não são de todo fabulosos e prodigiosos. Nem é razoável que o crédito da verdadeira memória seja diminuído apenas porque é, por vezes, deteriorado e violado pelas fábulas. Mas em qualquer caso, não é de se admirar que os impostores que tentaram essas coisas têm levantado um grande preconceito contra as novas propostas (especialmente quando elas possuem efeitos práticos), pois a excessiva vaidade e desprezo deles, mesmo em nossos dias, destrói toda a crença nos esforços desse tipo.

LXXXVIII

Dano muito maior às ciências foi feito pela falta de ambição e pela mesquinhez e pobreza dos projetos que a indústria humana fixou como objetivo. E, pior de tudo, essa falta de ambição é acompanhada pela arrogância e pelo desprezo.

Primeiro há a desculpa que se tornou familiar em todas as artes: os autores transformam a debilidade de sua arte em uma falsa acusação contra a natureza; e o que sua arte falha ao alcançar, declaram, com base na mesma arte, ser impossível na natureza. E, certamente, uma arte não pode ser condenada se ela é o seu próprio juiz. Mesmo a filosofia atual preza algumas posições ou doutrinas em seu seio que (se você prestar bastante atenção) ela espera que sejam aceitas por todos, sem questionamentos, a saber, não se deve esperar da arte ou do trabalho do homem nada que seja difícil ou imperioso ou sólido em relação à natureza; como dissemos acima sobre a diferença da natureza do calor de uma estrela e o calor do fogo, e sobre a mistura. Se você prestar atenção, isso tudo se deve inteiramente a uma limitação voluntária do poder humano e a um desespero artificialmente fabricado, que não só ofusca quaisquer visões de esperança, mas também atormenta todos os incentivos e os nervos da indústria e rejeita o acaso da própria experiência. Eles só se preocupam em imaginar a arte que praticam como perfeita; e fazem de conta, da forma mais inútil e mais prejudicial, que aquilo que ainda não foi descoberto e entendido não tem chance de ser descoberto ou entendido no futuro. Se, no entanto, alguém tenta dedicar-se às coisas e a encontrar algo novo, ele simplesmente decidirá fazer uma investigação completa e detalhada de uma única descoberta (e nada mais): a natureza do ímã, por exemplo, o fluxo e refluxo das marés, o sistema do céu e assim por diante, que parecem conter algum segredo e até agora foram tratados com pouco sucesso. A marca da maior incompetência consiste em fazer uma investigação aprofundada sobre a natureza de uma só coisa em si, visto que a mesma natureza que parece ser latente e misteriosa em algumas coisas é manifesta e palpável em outras e, no primeiro caso, causa admiração, mas no segundo não chega a chamar a atenção. Este é o caso da natureza da consistência, que não é notada na madeira ou na rocha, mas é casualmente chamada de solidez, sem mais investigação sobre a sua recusa de separar-se de sua continuidade ou extingui-la; mas no caso das bolhas de água, a mesma coisa parece ser sutil e engenhosa, porque elas se envolvem em pequenos filamentos curiosamente moldados em forma de esfera, para que, por um momento de tempo, evitem a dissolução de sua continuidade.

Além disso, até mesmo as coisas que imaginávamos ocultas têm uma natureza aberta e pública em outros casos; estas nunca nos darão permissão para serem vistas, caso os experimentos ou pensamentos dos homens se mantiverem preocupados apenas com as coisas em si. Em geral e ordinariamente, aceita-se algo como uma nova descoberta quando, sobre os efeitos mecânicos, damos um acabamento sutil às coisas já descobertas há muito tempo, ou quando as vestimos de forma mais elegante, ou quando as colocamos em conjunto e as unificamos, ou as ligamos de forma mais conveniente à sua utilização, ou apresentamos um efeito com uma maior ou mesmo uma menor quantidade ou volume do que o costume e assim por diante.

Portanto, não nos espantamos que as descobertas notáveis e dignas da raça humana não tenham sido trazidas à luz, uma vez que os homens estão felizes e contentes com essas tarefas pequenas e infantis; e, de fato, supõem estar perseguindo ou alcançando algo importante.

LXXXIX

Não devemos, também, deixar de mencionar que, em cada época, a filosofia natural sempre teve um adversário problemático e difícil, a saber, a superstição e o zelo cego e imoderado da religião. Podemos ver que, entre os gregos, aqueles que propuseram explicações naturais sobre os raios e as tempestades para homens que nunca haviam ouvido falar de tal coisa foram considerados culpados de impiedade contra os deuses. Um tratamento não muito melhor foi dado por alguns dos antigos pais da religião cristã àqueles que, com base em provas extremamente evidentes (as quais, hoje, não seriam contraditas por nenhum homem são), disseram que a Terra era redonda e, em consequência, afirmaram a existência de antípodas.

Além disso, como as coisas estão agora, a situação para as discussões sobre a natureza tornaram-se muito mais difíceis e mais perigosas por causa das *Sumas* e dos *Tratados Metodológicos* dos teólogos escolásticos que, ao reduzirem a teologia à ordem (o máximo que conseguiram) e em forma de arte, também conseguiram diluir a filosofia espinhosa e controversa de Aristóteles mais profundamente do que era apropriado no corpo da religião.

A mesma tendência é mostrada (embora de uma maneira diferente) pelos tratados dos que não têm medo de deduzir e confirmar a verdade da religião cristã a partir dos princípios e autoridade dos filósofos. Com muita pompa e cerimônia, eles celebram o casamento da fé e dos sentidos como uma união legítima e encantam as mentes dos homens com uma variedade agradável de coisas, mas, ao mesmo tempo, misturam as coisas humanas com as divinas, uma união desigual. Tais misturas entre a teologia e a filosofia compreendem apenas aquilo que é atualmente aceitável pela filosofia; as coisas novas, embora sejam mudanças para melhor, são todas deixadas de lado e excluídas.

Finalmente, você descobrirá que alguns teólogos em sua ignorância bloqueiam completamente o acesso a qualquer filosofia, embora com muitas emendas. Alguns simplesmente temem que uma investigação mais aprofundada da natureza possa penetrar além dos limites permitidos pela opinião sã; ao falarem sobre os mistérios divinos, eles interpretam mal o que as Escrituras Sagradas têm a dizer sobre as indiscretas olhadelas nos segredos de Deus e, erroneamente, aplicam-nas às coisas ocultas da natureza, que não são proibidas por nenhum interdito. Outros, mais astuciosamente, conjeturam e imaginam que o desconhecimento das causas intermediárias das coisas garante que os eventos individuais sejam atribuídos com maior facilidade à mão e vara de Deus (o que é, como eles supõem, muito do interesse da religião); isto é simplesmente uma tentativa de "agradar a Deus com uma mentira".[42] Outros temem o exemplo de que os movimentos e as mudanças na filosofia invadam a religião e lá se estabeleçam. Outros, finalmente, parecem recear que se descubra algo pela investigação da natureza que seja capaz de prejudicar, ou pelo menos enfraquecer, a religião (especialmente entre os incultos). Os dois últimos temores cheiram à sabedoria mundana, como se os homens não tivessem confiança e sentissem dúvidas nas profundezas de sua mente e em seus pensamentos secretos sobre a força da religião e do domínio da fé sobre os sentidos; e estivessem, portanto, com medo e se sentissem ameaçados pela investigação da verdade em questões naturais. Mas, na verdade, ao pensarmos sobre isso, a filosofia natural, depois da palavra de Deus, é o remédio mais poderoso contra a superstição e o alimento que mais eleva a fé. Por isso, merecidamente, ela foi oferecida à religião como sua serva mais fiel; pois uma manifesta a vontade de Deus e a outra, o seu poder. Não estava errado quem disse: "Vocês estão enganados porque não conhecem as Escrituras nem o poder de Deus!",[43] misturando e unindo a revelação de sua vontade e o pensamento de seu poder em uma ligação indivisível. Não admira que o crescimento da filosofia natural fosse inibido, visto que a religião, que tem a maior potência

---

42 Cf. Jó 13,7.

43 Mt 22,29.

sobre as mentes dos homens, foi tomada pela ignorância e pelo zelo irresponsável de certas pessoas e obrigada a unir-se com o inimigo.

XC

Além disso, nos hábitos e costumes das escolas, universidades, faculdades e instituições similares, destinadas a abrigar acadêmicos e cultivar o aprendizado, tudo parece ser inimigo do progresso das ciências. Pois, as leituras e os exercícios são de tal maneira concebidos que dificilmente ocorreriam a qualquer um pensar ou considerar algo fora do comum. E se houvesse em alguém a coragem de usar sua liberdade de julgamento, ele tomaria tal tarefa somente para si mesmo; e não obteria nenhuma ajuda útil de seus colegas. E, mesmo conseguindo suportar tal situação, ele perceberá que, no prosseguimento da sua carreira, sua indústria e visão ampla não serão para ele um obstáculo pequeno. Pois os estudos dos homens em tais lugares estão limitados e aprisionados aos escritos de apenas alguns autores; qualquer um que discorde deles é imediatamente atacado como um encrenqueiro e revolucionário. Mas, certamente, há uma grande diferença entre as questões políticas e as artes: um novo movimento e uma nova luz não envolvem um mesmo perigo. Em assuntos políticos, até mesmo uma mudança para melhor é suspeita como subversiva, já que a política repousa sobre a autoridade, o consentimento, a reputação e a opinião, não sobre a demonstração. Mas nas artes e nas ciências, como em uma mina, tudo deve ressoar com as novas obras e os novos progressos. Esta é a forma como as coisas deveriam ser de acordo com a razão correta, mas não é como elas realmente são; a administração e as políticas relativas ao conhecimento, conforme já discutimos, há tempos vêm causando um efeito gravemente supressor sobre o progresso das ciências.

XCI

Além disso, mesmo cessando essa oposição zelosa, ainda seria suficiente para coibir o crescimento das ciências o fato de tais esforços e trabalhos não possuírem nenhuma gratificação. Isso porque o cultivo das ciências e suas gratificações não estão nas mesmas mãos. Pois o crescimento das ciências provém inevitavelmente de grandes intelectos, mas os prêmios e as gratificações das ciências estão nas mãos dos príncipes ou do vulgo, os quais (com raríssimas exceções) não são nem mesmo moderadamente cultos. Na verdade tais avanços não conseguem obter nem a gratificação, nem a boa vontade dos homens, nem mesmo o elogio popular. Pois eles estão além da compreensão da maioria dos homens e são facilmente dominados e extinguidos pelos ventos da opinião popular. Não é de se admirar que algo que não é honrado, não prospere.

XCII

Mas o maior obstáculo de todos para o progresso das ciências e a abertura de novas tarefas e províncias dentro delas reside na falta de esperança[44] dos homens e no pressuposto da sua impossibilidade. Pois os homens sérios e prudentes tendem a não ter muita confiança em tais coisas e refletem sobre a obscuridade da natureza, a brevidade da vida, os defeitos dos sentidos, a fraqueza do julgamento, as dificuldades dos experimentos e assim por diante. Dessa forma, eles supõem a existência de um tipo de fluxo e refluxo do conhecimento, através das revoluções do tempo e das eras do mundo; isso porque em alguns períodos crescem e florescem, em outros declinam e jazem. E sempre sob essa lei: quando um certo nível e condição é atingido, não há como ir além.

Assim, se alguém acredita ou promete mais, os outros imaginam que isso seja sinal de uma mente imoderada e imatura; e pensam que tais esforços têm um início feliz, um meio difícil e um fim confuso. Tendo em vista que tais pensamentos ocorrem prontamente aos homens sérios e de julgamento superior, devemos ter bastante cuidado para não sermos cativados por nosso amor pelos mais belos e elevados objetos e, assim, relaxarmos ou diminuirmos a severidade de nosso julgamento. Devemos considerar cuidadosamente como a esperança se mostra e de onde vem; devemos rejeitar as brisas da esperança; e fazermos uma completa análise e ponderação das coisas que parecem mais sólidas. Devemos invocar e utilizar a prudência política para que ela possa nos aconselhar; pois ela é desconfiada por natureza e tem uma visão turva sobre os assuntos humanos. Devemos agora falar sobre a esperança; especialmente porque não fazemos promessas temerosas, nem ultrajamos os juízos dos homens, nem preparamos armadilhas para eles, mas os guiamos pela mão com o consentimento deles. De longe, o mais poderoso remédio para recrutar a esperança seria mostrar aos homens as coisas particulares, em especial pela forma compilada e organizada em nossas tabelas de descobertas (tais assuntos pertencem mais à segunda parte e mais propriamente à quarta parte de nossa *Renovação*), já que não se trata de uma simples esperança, mas da coisa em si. Ainda assim, para continuarmos de forma suave, devemos proceder com nosso plano de preparo da mente dos homens; a exposição da esperança não é apenas uma pequena parte dessa preparação. Pois, sem a esperança, o restante tende a entristecer os homens (isto é, oferece aos homens uma opinião pior e menor sobre as coisas conforme elas são agora, isso também aumenta suas percepções e sentimentos sobre a pobreza de suas condições) em vez de lhes oferecer qualquer ímpeto ou aumentar o entusiasmo pelos experimentos.

---

44 *Desperatio, despair* ("desespero") em Spedding et al. (1857-1859); "desinteresse" em Andrade (1973); *lack of hope* ("falta de esperança") em Jardine e Silverthorne (2000).

88 | NOVO ÓRGANON

E então, deveríamos revelar e publicar nossas conjecturas, as quais tornam a esperança algo razoável: assim como fez Colombo, antes de sua maravilhosa viagem através do Oceano Atlântico, quando disse as razões pelas quais estava confiante que descobriria novas terras e continentes, além dos já conhecidos; razões que foram rejeitadas à primeira vista, mas que foram provadas pela experiência e foram as causas e inícios de grandes coisas.

XCIII

Temos de começar a partir de Deus, pois o nosso trabalho, pelo supremo elemento do bem nele existente, provém manifestamente de Deus, que é o autor do bem e o Pai das luzes.[45] E nas operações de Deus, mesmo tendo um início fraco, seu fim é certo. Aquilo que é dito sobre as coisas espirituais, "o reino de Deus não vem com aparência",[46] também é considerado verdadeiro em todas as maiores obras da providência; de modo que todas as coisas se movem sem percalços, sem som ou comoção, e a coisa toda ocorre antes que os homens a percebam ou notem. Também não devemos omitir a profecia de Daniel sobre os últimos momentos do mundo: "Muitos irão por todo lado em busca de maior conhecimento"[47] obviamente significa, de forma enigmática, que somente pelo destino, ou seja, pela providência, aconteceu de a circum-navegação do mundo (que, depois de tantas viagens longas, agora parece bastante completa ou a caminho de completar-se) e o progresso das ciências realizarem-se na mesma época.

XCIV

Agora vem a razão que, mais do que tudo, oferece motivos para esperança: ou seja, os erros do passado e as formas até agora tentadas. Há uma opinião muito boa a respeito do tratamento inadequado de uma situação política, dita por alguém nas seguintes palavras: "As piores coisas do passado devem parecer-nos como as melhores para o futuro. Porque, se você houvesse cumprido tudo aquilo que faz parte de seus deveres e, mesmo assim, seus interesses não se estabeleceram em uma melhor forma, então não haveria nenhuma esperança de que eles pudessem vir a melhorar. Mas já que os seus interesses vão mal, não por causa da força das circunstâncias, mas por seus próprios erros, é de se esperar que, quando esses erros forem postos de lado ou corrigidos, uma grande mudança para melhor poderá ser conseguida".[48] De um modo semelhante, se os homens de todos

---

45   Cf. Tg 1,17.

46   Lc 17,20.

47   Dn 12,4.

48   Demóstenes (orador ateniense do século IV a.C.), *Filípicas*, III.4; cf. *Filípicas*, I.2.

os períodos, no espaço de tantos anos, tivessem mantido o verdadeiro caminho das descobertas e do desenvolvimento das ciências e não tivessem sido capazes de avançar mais do que já haviam, então a opinião de que o empreendimento pudesse ir além seria certamente uma opinião ousada e imprudente. Mas caso tivessem tomado o caminho errado e seus esforços fossem desperdiçados em assuntos sem relevo, segue-se que a fonte da dificuldade não estava nas coisas em si, que não estavam em nosso poder, mas no próprio entendimento humano e na forma de seu uso e aplicação; mas para isso existe remédio e cura. Portanto, a melhor coisa seria definir tais erros: pois cada erro que no passado foi um obstáculo é um argumento de esperança para o futuro. Embora tais obstáculos tenham sido apenas levemente tocados no que foi dito acima, ainda assim é bom apresentá-los brevemente agora em palavras claras e simples.

XCV

Aqueles que cuidaram das ciências eram ou empíricos ou dogmáticos. Os empíricos, como formigas, apenas acumulam e utilizam; os racionalistas, como aranhas, fazem suas próprias teias; a abelhas fica a meio caminho: elas tomam o material das flores do jardim e do campo, mas têm a capacidade de os converter e digerir. Isso não é diferente do verdadeiro trabalho da filosofia; a qual não se baseia exclusiva ou principalmente no poder mental nem acumula o material fornecido pela história natural e pelos experimentos mecânicos em uma memória intocada, mas em uma que é alterada e adaptada pelo intelecto. Portanto, muito se espera da aliança mais estreita e unida (que nunca foi feita) entre essas faculdades (ou seja, a experimental e a racional).

XCVI

A filosofia natural ainda não pode ser encontrada em estado puro, pois está contaminada e corrompida: na escola de Aristóteles, pela lógica; na escola de Platão, pela teologia natural; na segunda escola de Platão, a de Proclo e outros, pela matemática, que deveria somente oferecer os limites da filosofia natural e não gerar ou produzi-la. Podemos esperar algo melhor da filosofia natural pura e autêntica.

XCVII

Ainda não surgiu ninguém dotado de tamanha constância e rigor intelectual a ponto de, deliberadamente, resolver desfazer-se completamente das teorias e noções comuns e aplicar o intelecto limpo e equilibrado aos particulares a partir do zero. A atual razão humana constitui-se em um amontoado de misturas, construída a partir de muitas crenças e eventos desgarrados, bem como noções infantis absorvidas em nossos primeiros anos.

Mas podemos esperar muito de alguém de idade madura que, com suas faculdades intactas e a mente limpa de preconceitos, dedique-se à experiência e aos particulares a partir do zero. E nessa tarefa prometemos a nós mesmos a sorte de Alexandre, o Grande; e que ninguém nos acuse de vaidade antes de ver o resultado do empreendimento, que visa a erradicar toda a vaidade.

Sobre Alexandre e sua realização, Esquines disse o seguinte: "é certo que não vivemos uma vida mortal, mas nascemos para que a posteridade fale e proclame maravilhas sobre nós".[49] Exatamente como se ele considerasse milagrosas as conquistas de Alexandre.

Em tempos posteriores, Tito Lívio considerou o assunto e nele se aprofundou, dizendo mais ou menos o seguinte sobre Alexandre:[50] "ele apenas teve a coragem de desprezar as vaidades". E achamos que o mesmo julgamento será feito sobre nós em tempos futuros: "não fizemos nada estupendo, mas apenas demos menor valor às coisas que eram tomadas como grandiosas". Mas, enquanto isso (como já dissemos), só resta esperança na *Renovação* das ciências, ou seja, na possibilidade de surgir uma ordem certa a partir da experiência e da refundação das mesmas; algo que ninguém (nós imaginamos) poderia afirmar já ter sido feito ou mesmo contemplado.

XCVIII

Os fundamentos da experiência (uma vez que devemos, definitivamente, voltar a ela) são inexistentes ou muito fracos; não fizeram nem buscaram uma coleção ou estoque de fatos particulares, capazes de informar o intelecto de qualquer forma adequada, quer em número, gênero ou certeza. Ao contrário, os homens cultos (reconhecidamente ociosos e complacentes) aceitaram, na formação ou confirmação de sua filosofia, alguns relatos, ou melhor, rumores e sussurros de experimentos e deram-lhes o peso do legítimo testemunho. Imagine um reino ou Estado que fundamenta seus conselhos e negócios não em cartas e relatórios de embaixadores e mensageiros dignos de crédito, mas na fofoca e nas trivialidades dos cidadãos; esse é exatamente o tipo de administração trazido para a filosofia em relação aos experimentos. Não há nada na história natural que tenha sido pesquisado pelas formas adequadas, nada verificado, nada enumerado, nada pesado, nada medido. Mas tudo que para a observação é indeterminado e vago é considerado informação enganadora e não confiável. E, caso alguém considere isso algo estranho de ser dito e uma reclamação injustificada, então talvez ele não

---

49 Esquines (orador ateniense do século IV a.C), contra *Ctesifonte*, 132, aliado de Alexandre da Macedônia e adversário de Demóstenes.

50 Tito Lívio, *História de Roma* (*Ab Urbe condita*) IX.17 e ss.

tenha dado a devida atenção e percebido o que está em jogo aqui, tendo em vista que Aristóteles – um tão grande homem apoiado pelos recursos de tão grande rei – conseguiu relatar história tão exata sobre os animais e outros, com maior diligência (mas menos barulho), fizeram muitos acréscimos e outros ainda têm escrito copiosas histórias e narrativas sobre as plantas, os metais e os fósseis. Uma coisa é o método de uma história natural feita para si mesma; outra completamente diferente é o método da história natural recolhida para informar o Entendimento com o objetivo de fundar uma filosofia. Essas duas histórias diferem em muitos aspectos, mas especialmente em que a primeira delas contém a variedade de espécies naturais e não as experiências das artes mecânicas. Pois, assim como na política, o caráter de cada um e os posicionamentos secretos de sua mente e de suas paixões se mostram melhores quando a pessoa está aflita do que em outras vezes; da mesma forma, os segredos da natureza também revelam-se melhor através do assédio das artes do que quando são deixados por sua própria conta. E, assim, nossa melhor esperança de termos uma filosofia natural acontecerá assim que a história natural (que é a sua base e fundação) esteja mais bem organizada; mas não antes.

XCIX

E, mais uma vez, a própria riqueza dos experimentos mecânicos revela a pobreza suprema das coisas que mais ajudam e contribuem para a informação do entendimento. Pois um mecânico que não está de forma alguma ansioso com a investigação da verdade, não direciona sua mente ou estica as mãos para nada que não seja útil para a sua tarefa. Mas a esperança de maiores progressos nas ciências estará bem fundado apenas quando a história natural adquirir e acumular muitos experimentos, que em si mesmos não são de grande valia, mas que simplesmente ajudam na descoberta das causas e axiomas; a esses costumamos chamar de experimentos *iluminadores*, distinguindo-os dos experimentos *lucrativos*. E eles têm em si um maravilhoso poder e condição, ou seja, eles nunca enganam ou frustram. Pois, uma vez que eles não são usados para fazer um produto, mas para revelar a causa natural de alguma coisa, satisfazem da mesma forma a sua intenção, independentemente de seus resultados, já que dão fim à questão.

C

Assim, devemos procurar adquirir um maior estoque de experimentos; eles devem ser de um tipo diferente do que temos feito e, também, devemos introduzir um método, ordem e processo de conexão e melhoria dos experimentos que sejam completamente diferentes. Pois a experiência casual que segue apenas a si mesma (como dissemos anteriormente) é apenas um tatear no escuro, e ela

NOVO ÓRGANON

mais distrai os homens que os informa. Mas quando o experimento procede por regras certas,[51] em série e de forma contínua, algo melhor se pode esperar das ciências.

CI

Mas mesmo quando temos disponível e preparado o estoque e o material da história natural e a experiência que é necessária para o trabalho do intelecto, ou trabalho filosófico, o intelecto ainda é bastante incapaz de trabalhar com o material por conta própria e pela memória; como se pudéssemos esperar que alguém fosse capaz de memorizar e dominar os cálculos de um livro contábil.[52] No entanto, até agora, o papel do pensamento tem sido mais expressivo que o da escrita no trabalho das descobertas; nenhuma experiência escrita foi ainda desenvolvida, embora não devamos aprovar qualquer descoberta, a menos que ela seja vertida em escrita. Quando passarmos a utilizá-la, podemos esperar mais da experiência finalmente tornada literata.

CII

Além disso, uma vez que existe uma vastidão de particulares (uma série incontável), e uma vez que eles estão tão dispersos e difusos a ponto de distrair e confundir o entendimento, não se deve esperar muito de seus movimentos e impulsos casuais e sem direção, a menos que introduzamos arranjo e coordenação apropriados, tabelas bem organizadas e vivas (por assim dizer) de descoberta de coisas relevantes para o objeto da investigação e apliquemos nossas mentes aos sumários de fatos organizados que as tabelas nos fornecem.

CIII

Mas assim que tivermos diante de nós um estoque de particulares em sua ordem devida e própria, não devemos logo começar a investigar e descobrir novos particulares ou efeitos, ou se o fizermos, não devemos parar por aí. Pois depois que todos os experimentos de todas as artes forem recolhidos, digeridos e levados à consideração e julgamento de apenas um homem, não negamos que, a partir da efetiva transferência de experimentos de uma arte para outra, muitas coisas novas à serviço da vida humana e de sua condição poderão ser descobertas por meio da experiência que chamamos de *experiência escrita*; mesmo assim, dela podemos esperar apenas coisas pequenas; as mais importantes são esperadas da nova luz dos axiomas, obtida por um método e regra confiáveis

---

51 *Lege certa.*

52 Livro diário, diário, jornal, efemérides, calendário astronômico; segundo Andrade (1973): "tábua astronômica"; segundo Spedding (1858): *ephemeris.*

a partir dos particulares que podem, por sua vez, indicar e apontar para novos particulares. Pois a estrada não é plana, mas vai para cima e para baixo – primeiro para cima em direção aos axiomas, depois para baixo até os efeitos.

CIV

Mas não devemos permitir que o entendimento salte e voe dos particulares aos axiomas remotos e altamente generalizados (como os chamados *princípios* das artes e das coisas) e, com base na verdade inabalável *deles*, demonstre e explique os axiomas intermediários, como ainda é feito, já que a inclinação natural da mente é propensa a fazer isso e está até mesmo treinada e familiarizada para tal pelo uso da demonstração silogística. Mas só podemos esperar algo das ciências quando a ascensão é feita por uma escada genuína, por etapas regulares, sem lacunas ou rupturas, dos particulares para os axiomas menores e depois para os axiomas intermediários, um acima do outro e, só no final, para o mais geral. Pois os axiomas menores não estão longe da experiência nua. E os mais altos axiomas (como agora concebidos) são conceituais, abstratos e não têm solidez. Os axiomas intermediários são os axiomas verdadeiros, sólidos e vivos sobre os quais os assuntos humanos e as fortunas humanas se estabelecem; e da mesma forma os axiomas acima deles, os axiomas mais gerais em si, não são abstratos, mas limitados pelos axiomas intermediários.

Portanto, nós não precisamos dar asas ao entendimento dos homens, mas sim chumbo e pesos, para coibir cada salto e voo. Isso nunca foi feito; mas quando for, poderemos ter uma melhor esperança para as ciências.

CV

Na formação de um axioma precisamos desenvolver uma forma de *indução* diferente da utilizada atualmente, não apenas para demonstrar e provar os chamados princípios, mas também os axiomas menores e intermediários, na verdade todos os axiomas. Pois a indução que procede por simples enumeração é algo pueril, suas conclusões são precárias e está exposta ao perigo de uma instância contraditória; ela, normalmente, baseia seus julgamentos em menos instância que o necessário e apenas em instâncias disponíveis. Mas a indução, que será útil para a descoberta e prova das ciências e artes, deve filtrar a natureza por meio de rejeições e exclusões adequadas e então, após recolher o número necessário de casos negativos, tirar conclusões sobre os casos positivos. Isso ainda não foi feito e com certeza nem mesmo foi tentado, exceto apenas por Platão, que certamente faz uso dessa forma de indução, até certo ponto, para a fixação de definições e de ideias. Mas um grande número de coisas precisa ser incluído em um relato verdadeiro e legítimo desse tipo de indução ou demonstração, fato que nunca ocorreu a ninguém, de modo que deve-se empreender nele um esforço maior que aquele que já foi gasto com o silogismo. Precisamos ter a ajuda desse tipo de indução, não só para descobrirmos axiomas, mas também para definirmos conceitos. E nesse tipo de indução, certamente, estão depositadas as maiores esperanças.

CVI

Ao formarmos axiomas por esse tipo de indução, precisamos também realizar um exame e julgamento para saber se o axioma que está sendo formado apenas se ajusta e foi feito para encaixar-se nos particulares de onde foi retirado, ou se tem um alcance maior ou mais amplo. Caso ele seja maior e mais amplo em escopo, temos de ver se, como uma espécie de garantia, ele oferece a confirmação de seu escopo e amplitude, apontando para novos particulares; de modo que não nos conformemos apenas às coisas que são conhecidas, nem, por outro lado, estendamos nosso alcance demais e nos agarremos a formas abstratas e sombras e não às coisas sólidas, claramente definidas no material. Quando esses axiomas entram em uso, então, finalmente, veremos surgir uma verdadeira e bem fundamentada esperança.

CVII

E aqui também temos de repetir o que dissemos acima sobre o alargamento da filosofia natural e de sua relação[53] com as ciências particulares, de modo que não haja divisão nem desmembramento das ciências; sem isso, pouco progresso pode ser esperado.

CVIII

E agora terminamos de falar sobre a abolição do desespero e a aquisição da esperança por meio do afastamento ou correção dos erros do passado. Devemos agora ver se há outras coisas que oferecem esperança. E o seguinte vem à mente: se muitas coisas úteis foram descobertas, por acaso ou por uma feliz oportunidade, quando homens não estavam buscando por elas, mas envolvidos em outra coisa, ninguém pode duvidar que, ao olharem e derem atenção a isso e não a outra coisa e quando o fizerem com método e ordem, não de forma impulsiva e leviana, muito mais coisas deverão ser descobertas. Pois embora vez ou outra aconteça de alguém descobrir por pura sorte algo que lhe havia escapado anteriormente quando estava fazendo um grande esforço e trabalhando de maneira árdua em sua investigação, em geral, o oposto é, sem dúvida, o caso. Portanto, devemos esperar muito mais coisas, coisas melhores e em intervalos mais frequentes da razão humana, do trabalho duro, do direcionamento e da concentração do que do acaso, do instinto animal e assim por diante, que eram, até agora, o modo de origem das descobertas.

---

53   I.79, 80.

CIX

Também podemos citar como motivo para esperança que algumas das coisas descobertas no passado eram de tal modo que seria improvável que alguém pudesse fazer ideia delas antes de serem descobertas; qualquer um teriam-nas rejeitado como impossíveis. Pois os homens estão acostumados a adivinhar o novo pelo exemplo do velho e por uma imaginação treinada e manchada pelo velho; esse é o tipo mais ilusório de raciocínio, já que muito do que é elaborado a partir das fontes das coisas não flui através dos canais habituais.

Se antes da descoberta do canhão alguém o tivesse descrito por seus efeitos, e dissesse algo assim: "Uma descoberta foi feita, pela qual as maiores muralhas e fortificações podem ser esmagadas e derrubadas de uma grande distância", os homens certamente teriam muitas ideias diferentes sobre o aumento da força das catapultas e armas de cerco por meio de pesos, rodas e mecanismos semelhantes para atacar e golpear. Mas um vento de fogo que repentina e violentamente se expande e explode teria sido algo improvável de ocorrer à imaginação ou fantasia de qualquer um, já que ele não teria visto um exemplo desses em primeira mão, exceto, talvez, em um terremoto ou raio, que seriam imediatamente rejeitados pelos homens, pois são forças monstruosas da natureza não imitáveis por seres humanos.

Da mesma forma, se antes da descoberta dos fios do bicho da seda alguém dissesse: "Descobrimos uma espécie de fio que pode ser usada para roupas e enfeites; é muito mais fino que o linho ou fio de lã e ainda mais forte, é também mais suave e mais brilhante", os primeiros pensamentos dos homens teriam sido sobre alguma planta de seda, ou a pele delicada de um animal, ou penas e penugens de aves, mas a teia de um pequeno verme, que é tão produtivo e se renova a cada ano – ninguém nunca chegaria a pensar nisso. E se alguém houvesse sugerido um verme, ele certamente teria sido zombado por sonhar com um novo tipo de teia de aranha.

Da mesma forma, se antes da invenção da bússola náutica alguém houvesse comentado que foi inventado um instrumento pelo qual os polos e os pontos cardeais podem ser tomados e distinguidos com precisão, os homens colocariam a sua imaginação para trabalhar e começariam a falar sobre a construção mais precisa de instrumentos astronômicos em muitas maneiras diferentes, mas pareceria totalmente incrível descobrirem algo cujo movimento concorda tão bem com os corpos celestes, não sendo em si um corpo celeste, mas apenas uma substância de pedra ou metal. No entanto, por tantos séculos do mundo, isso e coisas semelhantes têm se mantido ocultas dos homens e não foram descobertas pela filosofia ou pelas artes mecânicas, mas por acaso e acidentalmente; e elas são de tal natureza (como já disse antes) a ponto de serem diferentes por completo e estarem afastadas das coisas previamente conhecidas, de modo que não teríamos chegado a elas por nenhuma concepção anterior.[54]

Por isso, é muito de se esperar que muitas coisas extremamente úteis ainda estejam escondidas no seio da natureza, as quais não têm parentesco ou analogia com as coisas já descobertas, mas estão completamente separadas dos caminhos da imaginação, mas que, no entanto, ainda não foram descobertas; mas, sem dúvida, irão surgir em algum momento, por meio das muitas voltas e curvas dos séculos, da mesma forma como surgiram as descobertas antes mencionadas. No entanto, se seguirmos esse caminho que agora discutimos, elas podem ser mostradas e antecipadas de forma rápida, repentinamente e de uma só vez.

CX

Outras descobertas também são vistas como uma confirmação de que a raça humana pode perder e ignorar descobertas notáveis, mesmo quando elas estão colocadas diante de seus pés. Pois embora as invenções da pólvora, dos fios do bicho da seda, da bússola náutica, ou do açúcar, ou do papel ou de coisas semelhantes possam parecer que dependem de certas propriedades das coisas e da natureza, ainda assim a técnica da impressão certamente não contém nada que não esteja aberto e seja quase óbvio. Mesmo assim, os homens permaneceram sem essa magnífica invenção (que faz tanto para a disseminação do conhecimento) durante muitos séculos, porque, embora seja obviamente mais difícil montar os tipos letra a letra do que escrever cartas por movimentos da mão, não perceberam que os tipos, uma vez montados, têm a vantagem de poderem ser usados para um número infinito de impressões, enquanto as letras estabelecidas pela mão são boas apenas para um único original; ou talvez porque não perceberam que a tinta pode ser engrossada para que ela marque sem escorrer, especialmente se o bloco de letras estiver virado para cima e a impressão feita sobre ele.

Nesse curso de descobertas, a mente humana está tão frequentemente acostumada a ser desajeitada e inábil que, a princípio, lhe falta confiança e logo passa a desprezar a si mesma; e, num primeiro momento, parece incrível que tal e tal coisa possa ser descoberta, mas depois de ter sido descoberta, mais uma vez parece incrível que ela poderia ter escapado aos homens por tanto tempo. E isso, por si só, é justamente dado como base para a esperança, ou seja, há ainda um grande número de invenções a serem descobertas, que podem ser trazidas à luz pelo que chamamos de *experiência escrita*, não só para revelar as operações desconhecidas, mas também para a transferência, manipulação e aplicação de operações já conhecidas.

---

54 *Praenotio.*

CXI

Também não devemos omitir o seguinte como motivo de esperança: pense (se assim desejar) no desperdício infinito de talento, tempo e recursos investidos pelos homens em coisas e atividades com uso e valor muito menores. Se apenas uma fração disso estivesse voltado para assuntos sólidos e sensatos, qualquer dificuldade poderia ser superada. A razão pela qual decidimos acrescentar isso é confessarmos abertamente que tal coleção de história experimental e natural, conforme a visualizamos e conforme ela deve ser, é uma grande obra, posso dizer uma obra real e um trabalho que exige muito esforço e muitos gastos.

CXII

Que ninguém se assuste com o número gigantesco de particulares; na verdade esse número deveria restaurar a esperança. Pois os fenômenos particulares das artes e da natureza, quando eles são abstraídos e perdem sua conexão com a evidência das coisas, são um mero punhado em comparação com as ficções da mente. Além disso, o fim da primeira rota é simples e está quase na vizinhança; a outra não acaba nunca, é um labirinto sem fim. Os homens ainda não passaram muito tempo fazendo experiências, eles apenas as roçaram levemente, mas eles têm desperdiçado um tempo infinito em cogitações e ginásticas intelectuais. Se houvesse alguém presente entre nós que respondesse interrogatórios sobre os fatos da natureza, levaria apenas alguns anos antes de descobrir todas as causas e todas as ciências.

CXIII

Nós também acreditamos que os homens podem obter algum incentivo de nosso exemplo; e não digo isso para me gabar, mas porque dizer isso é útil. Aqueles que não têm confiança devem prestar atenção em mim, pois eu (como parece a mim) desenvolvi o assunto até certo ponto, embora eu seja o homem mais ocupado da minha idade em assuntos políticos e não tenha uma saúde muito boa (o que me faz perder bastante tempo), sou um pioneiro[55] genuíno nesse domínio e não sigo os passos de ninguém, nem compartilho esses pensamentos com qualquer outro ser humano e, ainda assim, ando constantemente no caminho certo e submeto minha mente à natureza. Assim, espero que percebam por meio desses pequenos exemplos que oferecemos o quanto podemos esperar de homens que têm tempo em abundância, dos trabalhos cooperativos e da passagem do tempo, em especial em uma estrada que pode ser percorrida não só por indivíduos (como é o caso do *caminho da razão*), mas onde os trabalhos e os esforços dos homens (em particular na aquisição das experiências) podem

---

55 Bacon usa a palavra *protopirus* ("pioneiro").

ser distribuídos de forma mais adequada e, em seguida, reunidos. Pois os homens passarão a conhecer sua própria força quando já não tivermos inúmeros homens fazendo a mesma coisa, mas quando cada um deles puder oferecer uma contribuição diferente.

CXIV

Por fim, mesmo que a brisa da esperança *deste Novo Continente* sopre muito mais fraca e débil, ainda acreditamos que a tentativa deve ser feita (a menos que queiramos ser totalmente desprezíveis). Isso porque o perigo de não tentar e o de não conseguir não são iguais, uma vez que o primeiro causa o risco da perda de uma grande bem; o segundo, a perda de apenas um pequeno esforço humano. Mas a partir de tudo que dissemos e de outras coisas que não foram ditas, parece que temos esperança em abundância tanto para aqueles que persistem no caminho das novas experiências quanto aos que só passam a acreditar de forma cuidadosa e lenta.

CXV

E agora terminamos de falar sobre a remoção de desespero, que tem sido uma das causas mais poderosas do atraso e retardo do progresso das ciências. E também completamos nossa discussão sobre os signos e as causas do erro e sobre a inércia e ignorância predominantes; suas causas mais sutis, para além do âmbito do julgamento popular ou da observação, devem ser relacionadas com o que foi dito sobre os ídolos da mente.

Este é também o fim da parte destrutiva de nossa Instauração. Constituiu-se de três refutações: a refutação da *Razão Humana Nativa* deixada a si mesma, a refutação das *Demonstrações* e a refutação das *Teorias*, ou das filosofias recebidas e doutrinas comumente aceitas. Nossa refutação foi elaborada do modo possível, ou seja, por meio dos signos e das evidências das causas, que é a única forma de refutação disponível para nós (uma vez que discordamos com os outros sobre os princípios e formas de prova).

E, portanto, é hora de abordar a arte real e a norma de *Interpretação da Natureza*; mas, mesmo assim, uma nota preliminar ainda precisa ser feita. O nosso propósito neste primeiro livro de Aforismos é preparar a mente dos homens para entender e aceitar o que se segue; agora que a plataforma da mente foi lixada e nivelada, o próximo passo consiste em deixá-la em uma boa posição, com uma visão favorável para o que vamos expor. Pois em um novo negócio, o preconceito pode ser causado não apenas pela influência poderosa de uma crença antiga, mas também pela falsa pressuposição ou imagem injustificada da novidade que está sendo oferecida. E, portanto, vamos tentar assegurar que as opiniões boas e verdadeiras sejam mantidas sobre as coisas que introduziremos, mesmo que seja só para o momento, como um pagamento de juros, até que a coisa em si possa ser vista mais claramente.

CXVI

Primeiro, então, pedimos aos homens que não suponham que estamos tentando fundar uma nova seita da filosofia, imitando o estilo dos antigos gregos ou de alguns modernos, como Telesio, Patrizzi ou Severino.[56] Não estamos fazendo isso nem acreditamos que faz muita diferença para o destino dos homens os tipos de opiniões abstratas que alguém tem sobre a natureza e os princípios das coisas. Não há dúvida de que muitas dessas velhas opiniões podem reaparecer e novas serem introduzidas, assim como podemos entreter várias hipóteses sobre os céus que são mais ou menos compatíveis com os fenômenos, mas incompatíveis entre si.

Não estamos trabalhando sobre essas questões de opinião, que são coisas inúteis. Pelo contrário, o nosso projeto é descobrir se, na verdade, podemos estabelecer bases mais firmes para o poder e a grandeza humanas e estender seus limites de forma mais ampla. Aqui e ali, em alguns assuntos especiais, temos fundamentos muito mais verdadeiros e mais certos (acreditamos), os quais também são mais rentáveis do que aqueles que os homens agora utilizam (e nós os coletamos na quinta parte da nossa renovação); no entanto, não estamos propondo qualquer teoria universal ou completa. Este não parece ser o momento para isso. Além disso, nós não esperamos viver o tempo suficiente para completar a sexta parte da nossa renovação (que é dedicada à descoberta da filosofia por meio da interpretação legítima da natureza). Ficamos contentes em conduzir com sobriedade e utilidade as partes intermediárias e espalhar por todos os lados as sementes de uma verdade mais completa para a posteridade e não vacilar no início de grandes coisas.

CXVII

Assim, não somos fundadores de uma seita, nem somos benfeitores ou prometemos resultados particulares. Mas alguém poderia pedir que nós, que tantas vezes falamos de resultados e relacionamos tudo para esse fim, oferecêssemos algumas amostras deles. Mas o nosso caminho e método (como já disse muitas vezes de forma clara e mais uma vez o falamos de bom grado) não visa a obter resultados a partir de resultados, ou experimentos a partir de experimentos (como fazem os empíricos), mas (como verdadeiros intérpretes da natureza) a

---

56 Bernardino Telesio (1509-1588); Francesco Patrizzi (1529-1597); "Severino" pode ser Petrus Severinus (1542-1602) ou M. A. Severinus (1580-1656).

100 | NOVO ÓRGANON

partir de ambos, resultados e experiências, obter causas e axiomas; e das causas e axiomas obter novos resultados e experiências.

É verdade que, em nossas tabelas de descobertas (conteúdo do livro quarto da Instauração), nos exemplos das coisas particulares que demos na segunda parte e também nas nossas observações sobre a história, descrita na terceira parte, até mesmo uma pessoa de visão e inteligência média irá perceber aqui e ali indicações e sugestões sobre vários resultados notáveis; mas admitimos abertamente que a história natural atual, tanto dos livros ou do exame pessoal, não é tão completa e devidamente comprovada que seja capaz de satisfazer ou servir à Interpretação legítima.

Por isso damos licença e permissão para qualquer um que seja mais versado nas coisas mecânicas, mais bem treinado e mais engenhoso em derivar resultados a partir de uma simples familiaridade com as experiências, que realize a difícil tarefa de conseguir uma boa colheita da nossa história e das nossas mesas conforme ele passe por elas, recebendo pagamento de juros, por enquanto, até que o capital possa ser devolvido. Mas nós temos um objetivo maior e condenamos toda a atividade inoportuna e prematura desse tipo, como bolas de Atalanta (como gostamos de chamá-las). Nós não colhemos maçãs de ouro como uma criança; mas em nossa corrida, apostamos na vitória da arte sobre a natureza; não estamos com pressa de retirar o musgo ou cortar o milho ainda verde; esperaremos pela época da colheita.

CXVIII

Sem dúvida, também ocorrerá a alguém, depois de ter lido a nossa própria história e as tabelas de invenção,[57] que há alguma incerteza, ou até mesmo uma real falsidade, nos próprios experimentos e, por isso, ele imaginará que talvez as nossas descobertas estejam apoiadas sobre fundamentos e princípios falsos e duvidosos. Mas isso não é nada, essas coisas sempre acontecem no início. É como se, por escrito, ou impresso, uma ou duas letras estivessem malformadas ou mal colocadas; isso não costuma incomodar muito o leitor, uma vez que podem ser facilmente corrigidas pelos sentidos em si. Então, os homens devem perceber que muitos experimentos da história natural podem ser erroneamente aceitos como corretos, mas serão, um pouco mais tarde, eliminados sem complicação e excluídos da descoberta de causas e axiomas. É verdade que, porém, caso existam muitos erros e eles sejam frequentes e repetidos na história natural e nos experimentos, então eles não poderão ser corrigidos ou emendados por qualquer exercício bem-sucedido da inteligência ou da arte. Assim, se as falhas ou erros dos fatos particulares de nossa história natural – que foram tão dili-

---

57   *Inventionis tabulas*, tabelas de invenções. Em I.102, 127, tabulas *inveniendi*, tabelas de descoberta.

gente, rigorosa e até mesmo religiosamente examinados e recolhidos – ainda persistem, então o que podemos dizer da história natural usual, que, em comparação com a nossa, é tão descuidada e complacente, ou sobre a filosofia e as ciências construídas sobre tais areias (areias movediças, eu diria)? Assim, o que dissemos não deve ser um incômodo para ninguém.

CXIX

Em nossa história e em nossos experimentos haverá também muitas coisas que são triviais e comuns, muitas que são inferiores e mesquinhas, muitas que são excessivamente sutis, meramente especulativas e aparentemente inúteis: o tipo de coisa que pode afastar as pessoas e alienar o seu apoio.

Os homens devem reconhecer que, com relação às coisas comuns, eles estão sujeitos a simplesmente relacionar e adaptar as causas de eventos raros àquilo que acontece com frequência e deixar de investigar as causas das próprias coisas que acontecem com frequência; eles as tomam como algo dado e aceito.

E, assim, não olham para as causas do peso, da rotação dos corpos celestes, do calor, do frio, do leve, do duro, do macio, do rarefeito, do denso, do líquido, do sólido, do animado, do inanimado, do semelhante, do diferente ou do orgânico; eles, no entanto, argumentam e passam julgamentos sobre outras coisas que não ocorrem com tanta frequência e não são tão familiares.

Mas nós – que sabemos muito bem que nenhum julgamento pode ser feito sobre coisas raras ou extraordinárias, muito menos sobre coisas novas trazidas à luz, sem que haja investigação e descoberta das causas das coisas comuns e as causas de suas causas – somos necessariamente forçados a admitir em nossa história as coisas mais comuns. Além disso, descobrimos que o maior obstáculo para o progresso da filosofia tem sido que as coisas familiares de ocorrência frequente não prendem e mantêm a atenção dos homens; elas mal são notadas de passagem, e nenhuma pesquisa é feita quanto às suas causas. Precisamos prestar atenção com maior frequência às coisas conhecidas que obter informações sobre as desconhecidas.

CXX

Quanto aos objetos desprezíveis e até mesmo vis pelos quais (como diz Plínio) temos de nos desculpar, eles devem ser admitidos na história natural não menos que os objetos mais elegantes e valiosos. A história natural não fica manchada por causa deles: o sol entra nos palácios e nos esgotos indiferentemente e não fica manchado por isso. Nós não estamos construindo ou dedicando um Capitólio ou uma pirâmide para a vaidade dos homens, mas, no intelecto humano, as fundações de um templo sagrado à imagem do mundo.

Assim seguiremos o modelo. Pois tudo que é digno de existir é também digno de ser conhecido e é a imagem do ser. Então, existem coisas desprezíveis, assim como coisas elegantes. Além disso, assim como os melhores perfumes, às vezes, são feitos a partir de coisas fedorentas, como o almíscar e a algália, também a luz e as informações, tão excelentes, emergem de coisas ruins e sujas. Paremos com isso; tal delicadeza é completamente infantil e efeminada.

CXXI

Mas devemos certamente verificar com mais atenção a objeção do que o entendimento comum, ou qualquer entendimento acostumado às coisas presentes; muito de nossa história parece ter um tipo de sutileza curiosa e inútil. Isso precisava ser discutido antes de qualquer coisa, e tem sido discutido; e este é o ponto: que agora que começamos, e por algum tempo ainda, buscaremos apenas experimentos esclarecedores, não os experimentos produtivos. Nosso modelo baseia-se na criação de Deus, como eu já disse muitas vezes, que no primeiro dia trouxe apenas a luz, dedicou todo o dia apenas a ela e não fez nenhum trabalho sobre a matéria naquele dia.

Assim, quem pensa que tais coisas são inúteis pensa como alguém que acredita que a luz é inútil por ela não ser sólida ou material. E na verdade devemos dizer que o conhecimento cuidadoso e bem peneirado sobre as naturezas simples é como a luz que dá acesso aos segredos universais dos efeitos, que tem um certo poder de compreender e trazer consigo legiões inteiras e esquadrões de efeitos e são as fontes dos axiomas mais notáveis; mas, em si, não são muito úteis. Assim as letras do alfabeto, por si só e separadas umas das outras, não significam nada, não são úteis, mas são a matéria-prima para a composição e o aparelhamento de todos os discursos. As sementes das coisas são potencialmente poderosas, mas (exceto em seu próprio processo) são inúteis por completo. Raios dispersos da própria luz não concedem nenhum benefício, a menos que eles venham juntos.

Mas se algumas pessoas se ofendem com sutilezas especulativas, o que dizer sobre os escolásticos e sua gigantesca indulgência em lidar com sutilezas? Suas sutilezas eram gastas em palavras ou noções comuns (que gera o mesmo resultado), não em coisas ou na natureza; eram bastante inúteis em sua origem e em suas consequências; não eram como as nossas sutilezas que são inúteis para o presente, mas têm infinitas utilidades em suas consequências. Os homens devem tomar como certo que toda a sutileza utilizada em debates e reflexões somente após a descoberta dos axiomas é indolente e demasiadamente tardia. O momento verdadeiro e próprio para a sutileza, ou pelo menos o melhor momento, é aquele em que há a ponderação da experiência e, a partir dela, a formação de axiomas. Aquele tipo de sutileza apodera-se e toca a natureza, mas nunca a compreende ou captura. O ditado comum sobre a oportunidade ou a fortuna é certamente muito verdadeiro quando aplicado à natureza: "na frente tem cabelos compridos, mas é careca vista de costas".[58]

Uma última observação sobre o desprezo da história natural a respeito de coisas que são comuns ou desprezíveis, ou muito sutis e inúteis em seu início: a resposta da mulher simples ao príncipe pomposo deve ser tomada como um oráculo; ele se recusou a ouvir sua petição por ser muito insignificante para ele e indigna de sua majestade: "Deixe então de ser rei", disse ela.[59] Pois é certo que o império sobre a natureza não pode ser obtido ou exercido se a pessoa não estiver disposta a atender a essas coisas por considerá-las muito mesquinhas e pequenas demais.

CXXII

Será também dito que deixar de lado todas as ciências e todos os autores instantaneamente em um ataque repentino, e não tomar nada dos antigos para nos ajudar e apoiar, confiando apenas em nossa própria força, é um procedimento incrivelmente brutal.

Mas sabemos que, se estivéssemos dispostos a agir com qualquer qualidade que não fosse a honestidade completa, não teria sido difícil atribuirmos nossas propostas, quer aos antigos séculos antes dos tempos dos gregos (quando talvez as ciências da natureza estivessem florescendo com maior plenitude, mas no mais profundo silêncio, sem o benefício das flautas e trombetas gregas) ou mesmo (em parte), quer a alguns dos próprios gregos e, assim, teríamos a garantia e a honra que vem disso; como novos ricos que inventam, por meio de genealogias, uma nobreza fabricada para que pertençam a alguma antiga linhagem. Mas contamos com a evidência das coisas e rejeitamos até mesmo a suspeita de ficção e impostura. Não acreditamos que seja relevante para o presente tema sabermos se as descobertas que virão já eram conhecidas dos antigos e que elas têm morrido e reaparecido nas revoluções das coisas através dos séculos, da mesma forma que não importa para os homens se o Novo Mundo é a famosa ilha de Atlântida, conhecida pelo mundo antigo, ou uma nova terra agora descoberta pela primeira vez. Pois a descoberta das coisas deve ser tomada a partir da luz da natureza, não recuperada das sombras da antiguidade.

Quanto à minha crítica geral das ciências do passado, ela é, sem dúvida, mais plausível, em uma visão verdadeira, e mais modesta que uma crítica parcial. Porque se os erros não estivessem enraizados nas primeiras noções, as

---

58 Fedro, *Fábulas*, v. 8.

59 Dito por Plutarco sobre Filipe II da Macedônia em *Ditos dos reis e dos generais*, 179C.

verdadeiras descobertas teriam sido feitas para corrigir as descobertas errôneas. Mas, uma vez que existam erros fundamentais, os homens, em vez de fazer julgamentos ruins ou incorretos sobre as coisas, apenas as perderam e ignoraram; assim, não é de todo surpreendente eles não possuírem aquilo que não tentaram ter, que não tenham atingido um objetivo que não foi definido e nem estavam equipados para atingi-lo e que não terminaram uma corrida da qual não participaram ou correram.

Com relação à insolência: certamente se alguém reivindica para si mesmo o poder de desenhar a linha mais reta ou o círculo mais perfeito que qualquer outra pessoa pela firmeza de sua mão e nitidez do olho, ele obviamente deseja competir em um concurso de habilidades. Mas se alguém afirma que pode desenhar uma linha mais reta, ou um círculo mais perfeito, com o auxílio de uma régua ou compasso, que qualquer outra pessoa com olhos e mãos nuas, ele certamente não está, de forma alguma, se gabando. E o que dizemos não se aplica apenas aos nossos esforços primeiros e preliminares, mas também é aplicável àqueles que se dedicarem a esse assunto no futuro. Pois o nosso método de descoberta das ciências mais ou menos equaliza os intelectos e deixa pouca oportunidade para a superioridade, uma vez que atinge tudo por meio das mais corretas regras e formas de prova. Assim, nosso presente trabalho (como já dissemos) se deve mais a um tipo de boa sorte que à habilidade e é mais filho do tempo que do intelecto. Porque há certamente um elemento de acaso nos pensamentos dos homens, tanto quanto há em suas obras e ações.

CXXIII

Portanto, devemos aplicar a nós mesmos a velha história, especialmente por ela atingir o cerne da questão: "Quando um homem bebe água e o outro, vinho, é impossível que eles pensem da mesma forma". Todos os outros homens, antigos e modernos, beberam nas ciências uma bebida simples, como a água que escorria espontaneamente do entendimento, ou era retirada da dialética como por polias de um poço. Mas nós bebemos e brindamos de um vinho feito a partir de um grande número de uvas, uvas maduras, prontas para a colheita, colhidas e cortadas do ramo em grupos selecionados, então esmagadas no lagar, depois refinadas e separadas num recipiente. Assim, não há nenhuma surpresa em não concordarmos com as outras pessoas.

CXXIV

Eis outra objeção que certamente surgirá: nós mesmos (apesar de nossas críticas sobre os outros) não declaramos de pronto o verdadeiro e melhor objetivo, ou propósito, das ciências. Pois a contemplação da verdade é mais digna e maior que qualquer utilidade ou poder dos efeitos; mas o longo e angustiante tempo gasto com a experiência e a matéria e com o fluxo e refluxo das coisas particulares mantém a mente presa ao chão, ou melhor, a afunda em um Tártaro de confusão e tumulto, e barra e obstrui o seu caminho para a serenidade e tranquilidade da sabedoria descompromissada (uma condição muito mais divina). Assentimos de forma voluntária a esse argumento; pois, precisamente esse modo considerado e sugerido por eles como preferível é aquele no qual estamos todos, principalmente e acima de tudo, envolvidos. Pois estamos construindo no entendimento humano as fundações de um modelo verdadeiro do mundo, conforme ele é e não conforme a própria razão de um homem diz ser. Mas isto só pode ser feito por meio da realização de uma cuidadosa dissecção e anatomia do mundo. Afirmamos que os modelos ineptos do mundo (como imitações de macacos), construídos pelas fantasias dos homens em suas filosofias, devem ser esmagados. E assim os homens devem estar cientes (como dissemos acima)[60] da gigantesca distância entre as *ilusões* da mente dos homens e as ideias da mente de Deus. As primeiras são somente abstrações fantasiosas; a segunda, as verdadeiras marcas do Criador em suas criaturas conforme forçadas e impressas na matéria em linhas verdadeiras e meticulosas. Portanto, a verdade e a utilidade são (nesse gênero), as mesmíssimas coisas,[61] e as obras em si têm maior valor por ser promessas da verdade do que por oferecer benefícios à vida humana.

CXXV

Talvez também façam outra objeção: estamos fazendo algo que já foi feito, os próprios antigos trilharam o mesmo caminho. E assim imaginará que é provável que, após tanto esforço e comoção, nós também nos resolvamos finalmente adotar uma das filosofias que prevaleceram entre os antigos. Pois eles também, ao iniciarem as suas reflexões a partir de um imenso estoque de exemplos e particulares e os organizaram em tratados por seção e título, construíram suas filosofias e sistemas a partir deles, e depois, tendo obtido algumas informações sobre o assunto, deram seus julgamentos e acrescentaram exemplos ocasionais para ganhar credibilidade e ilustrar seu ensino, mas consideraram que publicar suas notas, apontamentos e tratados sobre os particulares seria um desperdício de tempo e algo difícil e, assim, fizeram o que os homens fazem na construção, ou seja, após a conclusão do edifício, removeram os andaimes e as escadas da vista. Esse é certamente o processo que as pessoas imaginam que tenha ocorrido. Mas caso não se tenha esquecido completamente o que dissemos acima, será fácil rebater a objeção (ou melhor, escrúpulo). Pois também admitimos que houvesse uma forma de investigação e descoberta entre os antigos como

---

60   I.23.

61   *Ipsissimae res.*

está claro em seus escritos. A partir de alguns exemplos e informações (com a adição de noções comuns e, talvez, uma dose das mais populares opiniões recebidas) saltavam para as conclusões mais gerais ou princípios das ciências, por cuja fixa e imóvel verdade eles deduziriam e demonstrariam conclusões menores por passos intermediários; e por eles formavam seu sistema. Então, por fim, se fossem propostas e provadas novas informações e exemplos, contrários ao ponto de vista, eles espertamente rearranjavam-nas por meio de distinções ou explicações de suas próprias regras, ou em última análise, livraram-se totalmente delas, construindo exceções; mas eles, laboriosa e obstinadamente, adaptavam aos seus princípios os casos de coisas particulares que não fossem contraditórias. Mas isso não era a história natural e a experiência como deveria ter sido (longe disso); além disso, a fuga precipitada para os princípios mais gerais destruiu tudo.

CXXVI

Eis outra objeção: que, em nossa hesitação para fazermos pronunciamentos e estabelecermos princípios fixos até que devidamente cheguemos por meio de etapas intermediárias aos princípios mais gerais, mantemos uma espécie de suspensão do julgamento, resumindo isso na *Falta de Convicção* (*Acatalepsia*). Mas o que temos em mente e propomos não é a *Acatalepsia*, mas a *Eucatalepsia* (*A Boa Convicção*): pois não detratamos os sentidos, mas os ajudamos, nós não desacreditamos no entendimento, mas o regulamentamos. E, é melhor saber tudo aquilo que precisamos conhecer e, mesmo assim, imaginar que não conhecemos tudo que imaginar que conhecemos tudo e, mesmo assim, conhecer nada das coisas que precisamos conhecer.

CXXVII

Também podem duvidar (em vez de fazerem objeções) se estamos falando apenas em aperfeiçoar a Filosofia Natural por nosso método ou, também, as outras ciências, a lógica, a ética e a política. Por tudo que temos dito, certamente objetivamos aplicar a todas elas; desse modo, como a lógica comum, que rege as coisas por meio do silogismo, é aplicável não somente às ciências naturais, mas a todas as ciências, assim também a nossa ciência, que procede por *indução*, abrange todas. Pois, estamos construindo histórias e tabelas de descobertas sobre a raiva, o medo, a vergonha e assim por diante; e igualmente sobre as instâncias de assuntos políticos, e também sobre os movimentos mentais da memória em sua composição e divisão, do julgamento e do restante, assim como do calor e do frio, ou do leve, ou do crescimento vegetativo e assim por diante. No entanto, já que o nosso método de *interpretação*, depois de uma história ter sido coletada e organizada, não se volta apenas para os movimentos e atividades da mente (como a lógica comum o faz), mas também para a natureza das coisas, dirigimos a mente de tal forma que ela possa também ser aplicada à natureza das coisas, de modo adequado para cada coisa. E, portanto, oferecemos muitas e diferentes instruções em nosso ensinamento sobre a *interpretação* que, de certa forma, adapta o método de descoberta à qualidade e condição do objeto de investigação.

CXXVIII

Mas não há que se ter a mínima dúvida sobre querermos ou não destruir e abolir a filosofia, as artes e as ciências hoje utilizadas; pelo contrário, nós abraçamos de bom grado a sua utilização, seu cultivo e as suas recompensas. Nós não desencorajamos, de forma alguma, que esses temas tradicionais gerem disputas, discursos animados e que sejam amplamente aplicados para o uso profissional e benefício da vida civil, bem como sejam aceitos por consenso geral como uma espécie de moeda de troca. Além disso, admitimos abertamente que as nossas novas propostas não serão muito úteis para tais fins, uma vez que não há nenhuma maneira de chegar ao entendimento das pessoas ordinárias, a não ser através de seus resultados e efeitos. Mas os nossos escritos publicados (e especialmente os livros *Sobre o Progresso do Conhecimento*) testemunham o quão sinceramente significamos o que dizemos de nossa afeição e boa vontade para com as ciências hoje aceitas. E por isso não devemos mais tentar convencer com palavras. Nesse meio-tempo, oferecemos esta advertência constante e explícita: nenhum grande progresso pode ser feito nas doutrinas e no pensamento das ciências, nem podem ser aplicadas a uma grande variedade de obras, pelos métodos comumente em uso.

CXXIX

Resta-nos dizer algumas palavras sobre a excelência do Propósito. Se tivéssemos dito essas coisas antes, elas teriam parecido meros desejos, mas agora que a esperança foi dada e os preconceitos injustificados removidos, elas talvez tenham mais peso. E se houvéssemos concluído e terminado completamente a obra toda, se não estivéssemos convidando outras pessoas para desempenhar um papel a partir de agora e participar de no nosso trabalho, então também teríamos de nos abster de palavras deste tipo, pois elas poderiam ser tomadas como uma proclamação de nosso próprio mérito. Mas já que temos que instigar a indústria dos outros, agitar seus corações e deixá-los em fogo, é oportuno trazer certas coisas de volta às mentes dos homens.

Assim, a introdução de descobertas extraordinárias ocupa de longe o primeiro lugar entre as ações humanas; conforme julgavam os antigos. Pois eles atribuíam honras divinas aos descobridores de coisas, mas àqueles que haviam feito grandes conquistas em matérias políticas (como fundadores de cidades e impérios, legisladores, libertadores de seus países males de longa data, conquistadores de tiranos e assim por diante) ofereciam apenas as honras de heróis. E qualquer um que devidamente os compare irá concordar com esse correto juízo da antiguidade. Pois os benefícios das descobertas podem estender-se a toda a raça humana, mas os benefícios políticos, apenas para áreas específicas; e benefícios políticos não duram mais do que alguns anos, mas os benefícios das descobertas, por praticamente todos os tempos. A melhoria de uma condição política geralmente implica violência e perturbação, mas as descobertas deixam os homens felizes e trazem benefícios sem mágoas ou tristezas para ninguém.

Mais uma vez, as descobertas são como novas criações e imitações das obras divinas, como o poeta disse muito bem:

> Atenas, de nome glorioso, já foi a primeira a oferecer culturas frutíferas para os homens em sua miséria e deles RECRIOU a vida e lhes fez leis.[62]

E parece digno de nota pensarmos em Salomão, que, embora possuísse grande poder, ouro, magníficas obras, cortesões, servos, poder naval também, a fama de seu nome e uma incomparável admiração humana, mesmo assim, não escolheu nenhuma dessas coisas como sua glória, mas declarou o seguinte: "A glória de Deus está em encobrir as coisas e a glória de um rei em descobri-las".[63]

Mais uma vez (se você quiser), esperamos que qualquer um que reflita quão grande é a diferença entre a vida dos homens em qualquer uma das províncias mais civilizadas da Europa e na região mais selvagem e bárbara da Nova Índia, julgue que elas são tão diferentes que, merecidamente, pode-se dizer: "o homem é um Deus para o homem",[64] não apenas em auxílios e vantagens, mas também no contraste entre as suas condições. E isso não se deve ao solo, às qualidades do clima ou do corpo, mas às Artes.

Mais uma vez, isso nos ajuda a perceber a força, o poder e as consequências das descobertas, que aparecem em sua mais clara forma em três coisas que eram desconhecidas na antiguidade e têm origem, embora recente, obscura e anônima, a saber: a arte da impressão, a pólvora e a bússola náutica. De fato, essas três coisas mudaram a face e o estado das coisas em todo o mundo: a primeira na literatura, a segunda na arte da guerra, a terceira na navegação; e mudanças inumeráveis as seguiram, de modo que nenhum império ou seita ou estrela parece ter exercido maior poder e influência nos assuntos humanos que tais coisas mecânicas.

---

62 Lucrécio, *Sobre a Natureza das Coisas*, VI, 1-3: *"Primae frugiparos feto mortalibus aegris/dididerunt quondam praeclaro nomine Athenae/et recreaverunt vitam legesque rogarunt"*.

63 Pr 25,2.

64 Dito atribuído a Caecilius Comicus.

LIVRO I | 109

Assim, não seria irrelevante distinguir três tipos e graus de ambição humana. O primeiro é a ambição dos gananciosos em aumentar seu poder pessoal em seu próprio país, o que é comum e vil. O segundo tipo é a ambição daqueles que se esforçam para estender o poder e o império de seu país entre a raça humana, o que certamente garante mais dignidade, mas não menos ganância. Mas se alguém tenta renovar e ampliar o poder e o império da própria raça humana sobre o universo das coisas, a sua ambição (se é que deve ser chamada assim) é, sem dúvida, tanto mais sensível e mais majestosa que as outras. E o império do homem sobre as coisas reside unicamente nas artes e nas ciências. Pois ninguém tem império sobre a natureza, exceto por obedecer a ela.

Além disso, se a utilidade de qualquer descoberta em particular tem feito que os homens considerem qualquer um que pudesse conferir tal benefício a toda a raça humana como mais do que um homem, quanto mais nobre ele irá parecer ao fazer uma descoberta que possa rapidamente levar a de todas as outras coisas? E ainda (somente para dizer a verdade), assim como devemos muita gratidão à luz, pois ela nos faz enxergar e por ela podemos encontrar nosso caminho, praticar as artes, ler e reconhecer uns aos outros e, mesmo assim, por si só, o fato de podermos ver a luz é a coisa mais excelente e mais aprimorada que seus muitos usos, assim, certamente, a contemplação das coisas como elas são, sem superstição ou dolo, erro ou confusão, é mais valiosa em si mesma que todos os frutos das descobertas.

Finalmente, se alguém objeta que as ciências e as artes foram pervertidas para o mal e para o luxo e coisas semelhantes, a objeção não conseguirá convencer ninguém. O mesmo pode-se dizer de todos os bens terrenos, inteligência, coragem, força, beleza, riqueza, a própria luz e todo o restante. Deixemos que o homem recupere o direito sobre a natureza, que lhe pertence por dom de Deus, e dê-lhe escopo; a razão e a boa religião irão reger o seu uso.

CXXX

E agora é chegada a hora de estabelecermos a arte real da Interpretaçãoda Natureza. Muito embora acreditemos que nossos ensinamentos sejam os mais verdadeiros e úteis, mesmo assim, não dizemos que sejam absolutamente essenciais (como se nada pudesse ser feito sem eles) nem mesmo completos ao todo. Pois é nossa opinião que os homens poderiam ter descoberto nossa forma de interpretação simplesmente pela própria força natural da inteligência, sem qualquer outra arte, se tivessem disponível uma boa história da natureza e das experiências, e a ela houvessem trabalhado cuidadosamente e fossem capazes de impor-se dois comandos: o primeiro, deixar de lado as opiniões e noções; o outro, eliminar de suas mentes, por um tempo, os princípios mais gerais e os seguintes mais gerais. Pois a *interpretação* é o trabalho verdadeiro e natural da mente, uma vez que os obstáculos sejam removidos; mas, mesmo assim, com nossas instruções, tudo estará certamente mais disponível e seguro.

No entanto, não estamos afirmando que nada poderá ser acrescentado a elas. Pelo contrário, nós que consideramos a mente não só na sua própria capacidade nativa, mas também em sua união com as coisas, devemos tomar a posição de que a arte da descoberta poderá melhorar com as descobertas.

Livro II

AFORISMOS SOBRE
A INTERPRETAÇÃO DA NATUREZA
OU SOBRE
O REINO DO HOMEM

Aforismo I

A tarefa e o propósito do Poder humano é gerar e sobrepor sobre determinado corpo uma nova natureza ou novas naturezas. A tarefa e o propósito da Ciência humana é encontrar em uma determinada natureza a sua Forma, ou verdadeira diferença, ou a natureza causal ou a fonte de seu vir-a-ser (essas são as palavras mais aproximadas que temos para descrever a coisa). Subordinada a essas tarefas principais existem duas outras tarefas que são secundárias e de menor importância: à primeira está subordinada a transformação de corpos concretos de uma coisa em outra, dentro dos limites do *Possível*; à segunda está subordinada a descoberta, em toda geração e movimento, do *processo oculto* e contínuo que vai da causa Eficiente manifesta e da matéria observável até a Forma obtida; e, do mesmo modo, a descoberta da estrutura latente dos corpos em repouso e não em movimento.

II

O estado lastimável do conhecimento humano atual está claro, até mesmo nas expressões comuns. Foi dito corretamente: "saber verdadeiramente é saber a partir das causas". Também não há de ser ruim estabelecermos quatro causas: Material, Formal, Eficiente e Final. Mas, dessas, a Final está bem longe de ser útil; na verdade, ela distorce as ciências, exceto no caso das ações humanas.

A descoberta da Forma é considerada impossível. E as causas Eficiente e Material (conforme são normalmente investigadas e aceitas, ou seja, nelas mesmas e separadamente do *processo latente* que leva à Forma) são perfunctórias e superficiais, cujo valor para o conhecimento verdadeiro e prático é quase nulo. Também não nos esquecemos de que já criticamos e corrigimos anteriormente o erro da mente humana em atribuir às Formas o papel principal da existência.[1] Pois embora nada exista na natureza, exceto os corpos individuais que exibem atos puros e individuais de acordo com uma lei; também na doutrina filosófica, tal lei em si, juntamente com a investigação, a descoberta e a explicação dessa, é tomada como base tanto do saber como do fazer. Chamamos essa lei e suas *cláusulas* pelo termo Formas, especialmente porque essa palavra tornou-se estabelecida e é de uso comum.

III

Aquele que conhece a causa de uma natureza (ex.: branco ou calor), apenas em relação a certos objetos, tem um Conhecimento imperfeito dela; e aquele que consegue produzir efeitos apenas sobre alguns dos materiais suscetíveis possui um Poder igualmente imperfeito. E aquele que conhece apenas as causas Eficiente e Material (que são variáveis e funcionam apenas como veículos capazes de carregar formas apenas em algumas coisas) podem fazer novas descobertas em algum material bastante semelhante e antes preparado, mas não chegam a tocar as extremidades profundamente enraizadas das coisas. Mas quem conhece as formas compreende a unidade da natureza em materiais que são muito diferentes uns dos outros. E assim pode descobrir e trazer à luz coisas que nunca foram realizadas e nunca se tornaram existentes nem pelas vicissitudes da natureza, nem pelos esforços experimentais, nem mesmo pelo acaso; coisas improváveis de serem cogitadas pelas mentes dos homens. Por isso, o verdadeiro Pensamento e a livre Operação são resultados da descoberta das Formas.

IV

A estrada que leva ao conhecimento humano e a que leva ao poder humano estão muito próximas e são quase as mesmas, mas por causa do hábito destrutivo e inveterado de perder-se em abstrações, é absolutamente mais seguro construir as ciências desde o início a partir de fundamentos que tenham uma tendência prática e deixar que essa própria tendência marque e defina os limites da parte contemplativa. E, portanto, quando pensamos em gerar e sobrepor a natureza de um determinado corpo, devemos considerar que tipo de instrução

---

1 *Primas essentiae*: cf. I.51 e I.65.

e que tipo de direção ou orientação mais desejamos obter; e devemos fazê-lo em uma linguagem simples e não abstrusa.

Por exemplo: se quisermos induzir a cor marrom-amarelada do ouro à prata, ou um aumento de peso (respeitando-se as leis da substância) ou a transparência sobre a pedra não transparente, ou força ao vidro, ou a capacidade de fazer crescer vegetação em algo que não é vegetal, então devemos considerar (eu diria) o tipo de instrução ou orientação que mais desejamos receber. E, em primeiro lugar, certamente desejaremos que nos mostrem algo que não falhe em seu efeito ou frustre o experimento. Em segundo lugar, que seja prescrito algo que não nos force e confine a determinadas formas e meios de operação. Isso porque, talvez, não tenhamos esses meios particulares nem a facilidade para obtê-los e adquirir. Caso existam outros meios e outras formas (além dessa instrução) para a produção de tal natureza, talvez esses estejam ao alcance do operador, mas ele será impedido de usá-los por ter recebido instruções muito limitadas, e isso o privará de quaisquer resultados. Em terceiro lugar, desejaremos algo que não seja tão difícil quanto a operação que está sendo investigada, mas algo que se aproxime da prática.

Por tudo isso nossa declaração sobre o preceito verdadeiro e perfeito da operação é então a seguinte: *ela deve ser certa, livre e favorável, ou tender, à ação.* E o mesmo acontece na descoberta da verdadeira Forma. Pois a forma de uma natureza é de tal modo que, se ela estiver presente, inevitavelmente a natureza dada também estará. Daí, ela está sempre presente quando a natureza também estiver; ela a afirma universalmente e está em sua totalidade. A mesma forma é tal que, quando é retirada, a natureza dada inevitavelmente desaparece. E, portanto, está sempre ausente quando a natureza está ausente, sua ausência implica sempre a ausência daquela natureza e ela só existe naquela natureza. Finalmente, uma forma verdadeira é tal que deriva uma determinada natureza a partir da fonte de uma essência que existe em várias matérias e que é mais conhecida da natureza (como dizem) do que a própria Forma. E assim nossa declaração e preceito sobre o verdadeiro e perfeito axioma do conhecimento é este: *encontre outra natureza que seja permutável com uma determinada natureza e que funcione como uma limitação de uma natureza mais bem conhecida, como se fosse um verdadeiro gênero.* Esses dois pronunciamentos, o prático e o contemplativo, são uma e a mesma coisa; e, assim, o que é mais útil na prática é mais verdadeiro para o saber.

V

O preceito ou axioma da transformação dos corpos é de dois tipos. O primeiro vê o corpo como um conjunto ou uma combinação de naturezas simples. Por exemplo, os seguintes aspectos são todos encontrados juntos no ouro: tem cor amarelada; possui certo peso; é maleável ou dúctil até certo ponto; não é volátil nem perde sua quantidade no fogo; funde-se com certa fluidez; pode ser separado e dissolvido em determinadas formas; e assim por diante para as outras naturezas que são encontradas juntas com o ouro. Assim, esse tipo de axioma deriva o objeto a partir das formas das naturezas simples. Para quem conhece as formas e os métodos de induzir a cor amarelada, o peso, a ductilidade, a estabilidade, a fusão, a solução e assim por diante, bem como seus graus e maneiras, se esforçará para tentar uni-las em um único corpo, e isso traz como resultado a transformação em ouro. Esse tipo de operação é uma ação primária. Pois o método utilizado para se gerar uma única natureza simples é o mesmo para gerarmos várias, exceto que há mais restrições e limitações na operação com várias naturezas por causa da dificuldade de se unir tantas, as quais não são facilmente reunidas exceto pelos métodos comuns e ordinários da natureza. Devemos, de qualquer maneira, dizer, porém, que esse modo de operação (que busca as naturezas simples, embora em um corpo composto) trabalha com o que é constante, eterno e universal na natureza e proporciona oportunidades tão grandes ao poder humano que (no atual estado de coisas) o pensamento humano dificilmente as teria imaginado ou concebido.

Mas o segundo tipo de axioma (que depende da descoberta do *processo latente*) não trabalha por meio de naturezas simples, mas com os corpos compostos conforme são encontrados na natureza no decurso normal das coisas. Isso acontece, por exemplo, quando investigamos as origens, os meios e os processos pelos quais o ouro ou qualquer outro metal ou rocha é gerado a partir de suas substâncias básicas ou elementos até tornar-se um mineral acabado; ou de forma semelhante, o processo pelo qual as plantas são geradas a partir da primeira solidificação da seiva no solo, ou a partir das sementes, até a planta já formada, com a sucessão constante de movimentos e ainda com os diversos e contínuos esforços da natureza; do mesmo modo, o progresso ordenado da geração de animais desde a concepção até o nascimento; e o mesmo em relação a outros corpos.

Mas essa investigação não cuida apenas da geração de corpos, mas também de outros movimentos e obras da natureza. Por exemplo, ela analisa o caso em que a investigação recai sobre o processo universal e a ação contínua da nutrição, desde a primeira ingestão dos alimentos até a sua assimilação perfeita, ou, de forma semelhante, sobre o movimento voluntário dos animais, desde a primeira impressão sobre a imaginação e os esforços contínuos do espírito até a flexão e movimento dos membros; ou [sobre o processo] desde o desvelar da língua, dos lábios e dos outros órgãos até a emissão de sons articulados. Pois todos esses também estão relacionados às naturezas compostas, ou naturezas que são membros de uma estrutura comum; e têm relação com hábitos especiais e particulares da natureza e não com as leis fundamentais e comuns que constituem as Formas. No entanto, devemos admitir plenamente que esse método parece mais fácil, mais acessível e oferece maiores esperanças que o primário.

Da mesma forma, a função operativa correspondente a essa função contemplativa prolonga a operação e a conduz das coisas ordinariamente encontradas na natureza para as coisas próximas delas ou não muito distantes. Mas as operações mais profundas e radicais na natureza dependem totalmente dos axiomas primários. Além disso, mesmo quando ao homem não tenha sido concedido o direito de operar, mas apenas o de conhecer, como ocorre no caso dos objetos celestes (pois o homem não está autorizado a operar em coisas celestiais, nem a alterar ou transformá-los), ainda assim a investigação do fato em si ou da verdade da questão, não menos do que o conhecimento das causas e das concordâncias, o traz de volta para os axiomas primários e universais sobre as naturezas simples (por exemplo, a natureza da rotação espontânea, sobre a atração ou força magnética e sobre várias outras coisas que são mais comuns do que as coisas celestiais em si). Não é possível esperar que se resolva a questão de saber se a terra ou o céu gira realmente em um movimento diário sem primeiro compreender a natureza da rotação espontânea.

VI

O *processo latente* de que falamos é uma coisa muito diferente de tudo que possa ocorrer rapidamente à mente dos homens (tendo em vista os preconceitos presentes). Afinal, não o entendemos como medidas, sinais ou etapas efetivas de um processo visível nos corpos, mas um processo contínuo que, em grande parte, escapa aos sentidos.

Exemplo: em todos os casos de geração e transformação de um corpo, temos de perguntar o que é perdido e desaparece, o que permanece e o que é acumulado, o que se expande e o que se contrai, o que é combinado, o que está separado, o que é contínuo, o que é interrompido, o que impele, o que obstrui, o que controla, o que é controlado e várias outras questões.

Tais questões não devem ser somente arguidas nos casos de geração e transformação de corpos. No caso de todas as outras modificações e movimentos, devemos igualmente perguntar o que precede, o que sucede, o que é mais urgente, mais relaxado, o que fornece movimento, o que o guia e assim por diante. Todas essas coisas são desconhecidas e não foram abordadas pelas ciências (que são atualmente praticadas pelas pessoas mais tolas e mais inadequadas). Uma vez que cada ação natural é transacionada por meio das menores partículas, ou pelo menos por coisas que são muito pequenas para causarem qualquer impressão sobre os sentidos, ninguém deve esperar poder dominar ou modificar a natureza sem possuir os meios adequados para entender e tomar conhecimento delas.

VII

Da mesma forma, a investigação e a descoberta da *estrutura latente* dos corpos são tão novas quanto as descobertas do *processo latente* e da forma. Obviamente, ainda estamos apenas pairando sobre as antecâmaras da natureza e não estamos conseguindo entrar em suas câmaras internas. Mas ninguém consegue conferir uma nova natureza a um determinado corpo ou, com sucesso e de forma adequada, transmutá-lo em um novo corpo sem antes possuir um bom conhecimento a respeito da alteração ou transformação de corpos. Aquele que tentar perceberá que possui métodos inúteis, ou, pelo menos, difíceis e complicados, impróprios para a natureza do corpo com o qual ele está trabalhando. Assim, também aqui a estrada precisa ser aberta e construída.

É certamente correto e útil atarefar-se com o estudo da anatomia dos corpos orgânicos (como a do homem e dos animais), além de parecer algo sutil e uma boa apuração da natureza. Esse tipo de anatomia é perceptível, aberto aos sentidos e apropriado apenas no caso de corpos orgânicos. Além disso, é algo óbvio e facilmente acessível em comparação à anatomia da verdadeira estrutura latente dos corpos considerados como similares; especialmente das coisas das mesmas espécies e dos seus componentes, como o ferro e a pedra; e das partes semelhantes de uma planta ou animal, como a raiz, a folha, a flor, carne, osso etc. Mas, mesmo nesse caso, a indústria humana não falhou totalmente; essa é, de fato, a tendência das destilações e de outros métodos de solução que procuram fazer surgir a desigualdade de um composto por meio da junção de partes homogêneas. E isso é útil e nos ajuda a encontrar o que buscamos, embora muitas vezes a empreitada seja enganosa, porque várias naturezas são atribuídas e designadas à substância separada como se houvessem existido anteriormente no composto, conquanto, na verdade, o fogo, o calor e outros agentes de separação estabeleceram-nas e induziram-nas pela primeira vez. Mas isso também é uma pequena parte do trabalho de descobrir a verdadeira estrutura do composto; essa estrutura é algo muito mais sutil e preciso; além disso, mais que a revelar ou iluminar, o fogo torna-a bastante obscurecida.

Portanto, a separação e a dissolução dos corpos certamente não serão alcançadas por meio do fogo, mas pela razão, pela verdadeira indução, por experimentos auxiliares, por comparação com outros corpos e pela redução das naturezas simples e suas formas que se agregam e se unem no composto; devemos romper com *Vulcano* e passar para o lado de *Minerva*, caso queiramos trazer à luz as verdadeiras texturas e estruturas dos corpos (e todo poder das coisas e toda propriedade oculta e, como dizem, específica, dependem disso; também, portanto, todas as regras para a modificação e transformação eficaz derivam disso).

Exemplo: deve-se perguntar sobre cada corpo quanto espírito há nele, e quanta essência tangível; e sobre o próprio espírito, perguntar se é abundante e inchado, fraco e esparso; delgado ou mais denso, tende ao ar ou ao fogo; astuto ou lento, fraco ou forte, avança ou retrocede; é interrompido ou contínuo; está em seu *habitat* ou em desacordo com seu meio ambiente etc. Da mesma forma a essência tangível (que pode ter tantas diferenças como o espírito), com seus cabelos, fibras e texturas de todo tipo, está sujeita à mesma pergunta; essa é a distribuição do espírito na massa corporal, em seus poros, passagens, veias e células e nos rudimentos ou primeiras tentativas de corpo orgânico. Os axiomas primários derramam a luz verdadeira e clara sobre eles e, portanto, também sobre cada descoberta de *estrutura latente*, que certamente dissipa todas as trevas e sutilezas.

VIII

No entanto, não chegaremos ao átomo, que pressupõe o vácuo e a matéria imóvel (ambos são falsos), mas às partículas verdadeiras tal como se encontram. Mas não há nenhuma razão para que alguém evite essa sutileza por ser inexplicável; pelo contrário, quanto mais a pesquisa se aproxima das naturezas simples, mais todas as coisas estarão sob uma luz clara e transparente; assim acontece quando o procedimento passa do múltiplo para o simples, do incomensurável ao comensurável, do aleatório para o calculável, e do infinito e indefinido para o definido e certo; como ocorre com as letras na escrita e as notas em acordes. A pesquisa natural obtém melhores resultados quando as coisas físicas transformam-se em matemática. E ninguém deve temer as multiplicações ou frações. Pois nos cálculos numéricos podemos facilmente postular ou pensar em mil como se fosse um, ou em um milésimo como se fosse um todo.

IX

A verdadeira divisão da filosofia e das ciências surge a partir dos dois tipos de axiomas que foram apresentados anteriormente, somente se traduzirmos as palavras normais (as que mais se aproximam da designação da coisa) em nossos próprios termos. A pesquisa das *formas*, que são (pelo menos pela razão e pela lei) eternas e imóveis, formaria a *metafísica*; a pesquisa das *causas eficientes e materiais*, do *processo latente* e da *estrutura latente* (todas elas estão preocupadas com o curso comum e ordinário da natureza, e não com as leis fundamentais e eternas) formariam a *física*; subordinadas a elas, da mesma maneira, estão suas duas artes práticas: a *mecânica* para a *física*, e a magia

118 | NOVO ÓRGANON

para a metafísica (em seu sentido reformado), por causa de métodos amplos e controle superior sobre a natureza.

X

Uma vez estabelecido o escopo de nosso ensino, passamos aos preceitos; e pela forma menos inadequada e artificial. Em termos gerais, as *instruções para a interpretação da natureza* compreendem duas partes: a primeira trata da obtenção de axiomas a partir da experiência; a segunda, da dedução e derivação de novos experimentos a partir dos axiomas. A primeira divide-se em três caminhos, isto é, em três tipos de serviço: o serviço dos sentidos, o serviço da memória e o serviço da mente ou da razão.

Primeiro temos de compilar uma boa e adequada *história natural e experimental*. Aí está o fundamento da questão. Não devemos inventar ou imaginar o que a natureza faz ou sofre; precisamos descobrir.

A *história natural e experimental* é tão diversa e desconecta que confunde e embaraça o entendimento, a menos que seja limitada e apresentada em uma ordem apropriada. Assim, devemos elaborar *tabelas* e operar uma *coordenação das instâncias*, de tal forma e com tal organização que a mente possa ser capaz de agir sobre elas.

Mesmo assim, a mente, deixada a si mesma e se movendo por conta própria, é incompetente e desigual para a formação de axiomas, a menos que ela seja governada e dirigida. E, portanto, em terceiro lugar, a verdadeira e correta indução deve ser fornecida, a qual é a própria *chave da interpretação*. E devemos começar pelo fim e irmos de trás para frente.

XI

A investigação das formas prossegue da seguinte maneira: em primeiro lugar, para qualquer natureza dada deve-se fazer uma *apresentação*[2] para o intelecto de todas as *instâncias* conhecidas que se encontram na mesma natureza, independentemente da disparidade dos materiais. Tal coleção deve ser feita historicamente, sem reflexão prematura ou qualquer grande sutileza. Eis um exemplo retirado da investigação do calor:

[TABELA 1]
Instâncias que se encontram na natureza do calor

1. Os raios do sol, especialmente no verão e ao meio-dia.

2. Os raios do sol refletidos e concentrados, como entre montanhas ou através das paredes e, particularmente, em lentes incandescentes.

---

2   *Comparentia*, termo jurídico que se refere à "apresentação" do réu ou de documentos em tribunal.

3. Meteoros flamejantes.

4. Relâmpagos que causam incêndios.

5. Erupções de fogo das crateras das montanhas etc.

6. Qualquer chama.

7. Sólidos em combustão.

8. Banhos quentes naturais.

9. Líquidos aquecidos ou em ebulição.

10. Vapor, fumaça quente e o próprio ar, que é capaz de gerar um calor forte e violento, se comprimido, tal como em fornos de reverberação.[3]

11. Alguns períodos climáticos claros e brilhantes, sem levar em conta a época do ano, por meio da efetiva constituição do ar.

12. Ar preso nos subterrâneos em algumas cavernas, especialmente no inverno.

13. Todos os tecidos fibrosos, como lã, peles de animais e penas, possuem um pouco de calor.

14. Todos os corpos, sólidos e líquidos, grossos e finos (como o próprio ar) deixados próximos ao fogo durante um tempo.

15. Faíscas de pedra e aço produzidas por um forte impacto.

16. Qualquer corpo esfregado com força, como pedra, madeira, tecido etc.; por isso as vigas e os eixos das rodas, às vezes, pegam fogo; os índios ocidentais possuem um método de fazer fogo por atrito.

17. As ervas verdes e úmidas, confinadas e comprimidas, como rosas e ervilhas em cestas; por isso, muitas vezes, o feno pega fogo quando é armazenado úmido.

18. Cal viva, aspergida com água.

19. O ferro, ao ser dissolvido por *aqua fortis*[4] em um vidro sem qualquer utilização de fogo e, igualmente, o estanho etc., mas não tão intensamente.

20. Os animais, em especial internamente, onde são sempre quentes; no entanto, o calor dos insetos não é perceptível ao toque, porque eles são muito pequenos.

21. Esterco de cavalo e excrementos semelhantes de animais, quando frescos.

22. Óleos fortes de enxofre e de vitríolo possuem o efeito do calor ao queimar o linho.

23. Óleo de orégano e afins possui o efeito do calor, quando queima as gengivas.

---

3 Fornos de reverberação são utilizados na metalurgia.

4 Assim apresentado no original em inglês. Corresponde a *Aqua Fortis*: ácido nítrico misturado em água. (N.T.)

24. O espírito de vinho destilado e forte possui o efeito do calor, de modo que se a clara de um ovo é mergulhada nele, ela se solidifica e fica branca, quase como uma clara cozida; o pão embebido nele seca e forma crostas como em uma torrada.

25. Condimentos e plantas ardidas, como o *dracunculus, nasturtimus* velho[5] etc., mas eles não são quentes ao tato (nem inteiros nem em pó), mas ao mastigarmos um pouco, são quentes e parecem quase queimar a língua e o palato.

26. Vinagre forte e todos os ácidos causam uma dor que não é muito diferente da dor causada pelo calor, quando aplicados a uma parte do corpo sem pele, como os olhos ou a língua, ou qualquer outra em que haja uma ferida, em que a pele tenha sido machucada ou removida.

27. Até mesmo o frio forte e intenso induz uma espécie de sensação de ardor: é dito "o frio penetrante do vento do norte queima".[6]

28. Outras coisas.

A essa chamamos de *tabela de existência e presença*.

XII

Em segundo lugar, temos de *fazer uma apresentação*[7] para o intelecto das instâncias que são desprovidas de uma certa natureza, porque (como já foi dito), a forma deve estar ausente quando uma dada natureza está ausente e presente quando ela está presente. No entanto, se fôssemos recolher todas as instâncias, elas seriam infinitas.

E, portanto, devemos formular *negativas* para nossas *afirmativas*, e apenas investigar as ausências dos tópicos que estão intimamente relacionados com aqueles em que uma dada natureza existe e aparece. Resolvemos chamar essa *tabela de divergência* ou de ausências estreitamente *relacionadas*.

[TABELA 2]
Instâncias estreitamente relacionadas que são desprovidas da natureza do calor

1. *Primeira instância negativa, ou anexada, à primeira instância afirmativa*.[8] Os raios da lua, das estrelas e dos cometas não são quentes ao tato; além

---

5   Provavelmente agrião. Andrade (1975) traduz *dracunculos* por "estragão" e *nasturtimus* por "mastruz".

6   Adaptação de Virgílio, *Geórgicas*, I.92-3: "*ne tenues pluviae rapidive potentia solis/acrior aut Boreae penetrabile FRIGUS adurat*".

7   Veja a nota sobre *comparentia* acima em II.2.

8   No original latino, esta nota, assim como as 32 subsequentes, estão impressas em notas marginais no texto latino.

disso, as maiores geadas são normalmente observadas na lua cheia. Mas há a ideia de que as maiores estrelas fixas aumentam e intensificam o calor do sol, quando este passa por baixo ou se aproxima delas; como acontece quando o Sol está em Leão e nos Dias de Cão.

2. *Negativa à segunda instância afirmativa*. Os raios de sol não emitem calor na região intermediária do ar (como é chamada); a explicação comum para isso é relativamente boa: essa região não está suficientemente próxima nem do corpo do Sol, de onde os raios emanam, nem da Terra, que os reflete. Isso pode ser visto nos topos das montanhas (a menos que sejam muito altos), onde as neves são eternas. Por outro lado, alguns viajantes observaram que no cume do Pico de Tenerife[9] e também no Andes peruanos os reais picos das montanhas são destituídos de neve, a qual está apenas nas encostas mais baixas. E também sobre as cimeiras reais, observa-se que o ar não é frio, mas rarefeito e penetrante, de modo que nos Andes, o ar, por ser excessivamente penetrante, faz arder e fere os olhos e, também, atinge a boca do estômago e provoca o vômito. Também foi notado pelos escritores da antiguidade que o ar no topo do Olimpo era tão rarefeito que aqueles que faziam a subida tinham de levar esponjas embebidas em água e vinagre e então aplicá-las de vez em quando na boca e nas narinas, porque a espessura do ar tornava-o inadequado para a respiração. Também foi dito que esse pico era tão calmo e não perturbado pela chuva e pela neve, que as letras traçadas com os dedos pelos celebrantes nas cinzas do altar de Júpiter lá permaneceram intactas até o ano seguinte. E mesmo aqueles que hoje sobem ao topo do pico de Tenerife o fazem à noite, e não de dia; e logo depois do nascer do sol são aconselhados e solicitados por seus guias que desçam rapidamente por causa do perigo (aparentemente) da espessura do ar, o que pode interferir com a respiração e sufocá-los.

3. *À segunda*. Nas regiões próximas aos círculos polares, a reflexão dos raios do sol é muito fraca, tornando-a improdutiva de calor. E assim, o holandês que passou o inverno em Nova Zembla,[10] esperando seu navio ser libertado e liberado do gelo que o prendia, perdeu as esperanças no início de julho e teve de recorrer aos botes salva-vidas. Assim, os raios diretos do sol parecem ter pouco poder, mesmo em terreno plano; e mesmo os raios refletidos, a menos que sejam multiplicados e combinados, como acontece quando o Sol se aproxima da perpendicular. A razão é que, nessa altura, a incidência dos raios forma ângulos muito agudos, de modo que suas linhas estão muito próximas; por outro lado, quando as inclinações são altas, os ângulos são muito obtusos e, consequentemente, as

---

9   Ilhas Canárias.

10 Willem Barents, explorador holandês, morreu em 1579, no incidente descrito no texto, buscando a Passagem Nordeste.

linhas dos raios mais afastadas. No entanto, deve-se notar que pode haver muitas maneiras de funcionamento dos raios do sol, bem como da natureza do calor, que não são adequadas ao nosso tato, de modo que eles não causam calor para nós, mas produzem os efeitos do calor para alguns outros corpos.

4. *À segunda.* Tente essa experiência: pegue uma lente construída de forma oposta a das lentes incandescentes, coloque-a entre uma das mãos e os raios do sol; e observe se ela diminui o calor do sol, assim como uma lente incandescente o aumenta e intensifica. Pois está claro, no caso dos raios óticos, que as imagens aparecem mais largas ou mais estreitas de acordo com a espessura no centro e nas bordas da lente, respectivamente. O mesmo deve ser estudado com relação ao calor.

5. *À segunda.* Faça cuidadosamente um experimento utilizando a mais forte e mais bem-feita lente incandescente e observe se os raios da lua podem ser capturados e combinados para produzir algum calor, mesmo que seja muito reduzido. Talvez o grau de calor seja muito sutil e fraco para ser percebido e observado pelo tato, então teremos de utilizar os vidros,[11] que indicam a constituição quente ou fria do ar. Deixe os raios da lua passarem através da lente incandescente e serem lançados para o topo de um espelho desse tipo; e observe se a água sofre alguma depressão por causa do calor.

6. *À segunda.* Experimente colocar uma lente incandescente em um corpo quente que não seja radiante ou luminoso, por exemplo, ferro e pedra aquecidos, mas que não estejam pegando fogo, ou água em ebulição e assim por diante; observe se ocorrem aumento e intensificação do calor, tal como com os raios do sol.

7. *À segunda.* Experimente usar uma lente incandescente em uma chama comum.

8. *À terceira.* Os cometas (se pudermos considerá-los como uma espécie de meteoro) parecem não ter um efeito regular ou óbvio no aumento das temperaturas sazonais, embora se tenha notado, muitas vezes, que os períodos de seca seguem-se a eles. Além disso, os raios, colunas e golfos de luz[12] e essas coisas aparecem com mais frequência no inverno que no verão; e muito especialmente em períodos de frio intenso, que são também períodos de seca. Mas os raios, relâmpagos e trovões raramente ocorrem no inverno, mas sim nos períodos de maior calor. Agora, supõe-se comumente que as chamadas estrelas cadentes são feitas de um material viscoso que é brilhante e queima, em vez de ser de uma natureza poderosamente ígnea. Mas isso ainda precisa de melhores investigações.

---

11 Termômetros.

12 Provavelmente uma referência à aurora boreal.

9. *À quarta*. Há alguns relâmpagos que iluminam, mas não queimam; eles sempre ocorrem sem trovão.

10. *À quinta*. Explosões e erupções de fogo existem igualmente em regiões frias e em regiões quentes, por exemplo, na Islândia e na Groenlândia; mas há árvores que são, às vezes, mais inflamáveis – por serem mais abundantes em pez e resinosas – nas regiões frias do que nas quentes, como é o caso, por exemplo, do abeto, do pinho e assim por diante. Mas não há pesquisa em número suficiente sobre qual tipo de situação e tipo de terreno tais erupções normalmente ocorrem para nos permitir acrescentar uma *negativa* para a *afirmativa*.

11. *À sexta*. Toda chama é mais ou menos quente, e não há nenhuma negativa para anexarmos; no entanto, afirma-se que o chamado *ignis fatuus*,[13] que ainda, por vezes, se instala sobre uma parede, não tem muito calor, talvez seja como a chama do espírito de vinho, que é suave e fraca. A chama que aparece em torno das cabeças e cabelos de meninos e meninas em algumas histórias sérias e confiáveis parece ser ainda mais fraca; ela não queima o cabelo, mas tremula suavemente à sua volta. Também é certo que uma espécie de brilho sem calor óbvio aparece em torno do suor de um cavalo quando ele viaja em noite de céu claro. Alguns anos atrás, aconteceu um incidente notável que foi quase tomado como um milagre: o espartilho de uma menina relampejou quando foi mexido ou esfregado ligeiramente; o que pode ter sido causado pelo alume ou sais com que o espartilho havia sido embebido, dando origem a uma espessa camada sobre ele que transformou-se em crostas, as quais passaram a ser rompidas pela fricção. Também é certo que todo o açúcar, mesmo o refinado (como é chamado) ou cru, desde que seja bem duro, solta faíscas quando é rompido ou raspado com uma faca no escuro. Da mesma forma, a água salgada do mar às vezes brilha à noite, quando é forçosamente atingida por remos. E nas tempestades, a espuma do mar extremamente agitada emite um clarão, chamado pelos espanhóis de *pulmão do mar*. Não houve investigação suficiente a respeito de quanto calor é emitido pela chama que os velejadores do mundo antigo chamavam de *Castor e Pólux*, e hoje é chamada de *Fogo de Santelmo*.

12. *À sétima*. Tudo o que foi queimado e tornou-se vermelho ardente é sempre quente, mesmo sem chama; e nenhuma *negativa* está ligada a essa *afirmativa*. O mais próximo [de uma instância negativa] parece ser a madeira podre, que brilha à noite mas não é quente e as escamas podres de peixes, que também brilham à noite, mas não são quentes ao toque. Nem o corpo do vaga-lume nem o da mosca que é chamada de mosca-de-fogo são quentes ao toque.

---

13   Assim apresentado no original em inglês. Corresponde a "Fogo-fátuo".

13. *À oitava*. Não houve investigação suficiente dos locais e da natureza da terra de onde brotam nascentes quentes, por isso não há *negativa* anexada.

14. *À nona*. A *negativa* anexada aos líquidos quentes relaciona-se à própria natureza dos líquidos. Pois não foi encontrado nenhum líquido tangível que seja quente em sua natureza e permaneça constantemente quente; na verdade, o calor é sobreposto apenas por um tempo como uma natureza acidental. Daí líquidos que são mais quentes em seu poder e operação, como o espírito de vinho, o óleo químico de especiarias, óleo de vitríolo e de enxofre e afins, os quais causam queimaduras rapidamente, são frios ao primeiro toque. Além disso, quando a água de fontes termais é coletada em uma jarra e deixada longe da fonte, ela esfria da mesma forma que a água aquecida pelo fogo. As substâncias oleosas, é verdade, são menos frias ao toque do que as aquosas, como o óleo é menos frio do que a água e a seda menos fria que o linho. Mas isso pertence à tabela de Graus de Frio.

15. *À 10ª*. De forma similar, a negativa anexada ao vapor quente deve-se à própria natureza do vapor conforme nossa experiência. As emissões de substâncias oleosas, embora facilmente inflamáveis, não são quentes, exceto a recém emitida por um corpo quente.

16. *À 10ª*. Da mesma forma, a *negativa* anexada ao ar quente refere-se à própria natureza do ar. Pois o ar não é sentido como quente, a menos que tenha sido confinado ou submetido à fricção ou obviamente aquecido pelo fogo do Sol ou por algum outro corpo quente.

17. *À 11ª*. a *negativa* anexada refere-se aos períodos que são mais frios do que o normal naquela estação do ano e ocorrem entre nós quando os ventos leste ou norte estão soprando; da mesma forma, o tipo oposto de clima ocorre quando os ventos sul e oeste estão soprando. A tendência de chuva (especialmente no inverno) vem acompanhada do clima quente, e a de geada do clima frio.

18. *À 12ª*. A instância negativa anexada é a do ar confinado em cavernas no verão. Mas faz-se necessária uma investigação bem mais completa sobre o ar confinado. Pois, em primeiro lugar, existe uma dúvida razoável sobre a natureza do ar por si só em relação ao calor e ao frio. Pois o ar, obviamente, recebe calor da influência dos corpos celestes; e frio, talvez pela emissão da terra; e na região do ar conhecida como intermediária, de nevoeiros frios e neve; Assim, embora nenhum juízo possa ser feito sobre a natureza do ar a partir do ar, o qual é externo e está a céu aberto, um juízo pode ser feito, de forma mais precisa, a partir do ar confinado. E é também necessário que o ar possa ser confinado em um frasco e em material que não afete o ar com seu próprio calor ou frio e que não aceite facilmente a influência do ar exterior. Façamos, portanto, o experimento com uma jarra de barro envolta em várias camadas de

couro para protegê-la do ar exterior, selando-a bem e mantendo o ar nela por três ou quatro dias; tomemos a leitura após a abertura do frasco, à mão ou pela utilização cuidadosa de um termômetro.

19. *À 13ª*. Da mesma forma, há alguma dúvida se o calor existente na lã, nas peles, nas penas etc. vêm de um calor fraco inerente a elas, porque foram retiradas de animais, ou também por causa de certa gordura e oleosidade, que tem natureza semelhante ao calor, ou simplesmente porque o ar confinado é cortado, conforme descrito no parágrafo anterior. Pois todo o ar separado do contato com o ar exterior parece ter um pouco de calor. Então façamos um experimento em material fibroso feito de linho; e não de lã, penas ou seda, que são retirados de animais. Observe também que todos os tipos de poeira (que, obviamente, prendem o ar) são menos frios do que a totalidade do corpo do qual a poeira se originou; pela mesma razão, também supomos que qualquer tipo de borrifo (já que contém ar) é menos frio que seu próprio líquido.

20. *À 14ª*. Não há *negativa* a ser anexada aqui. Pois não encontramos nada tangível ou espirituoso que não receba calor quando está perto do fogo. Essas coisas, no entanto, diferem umas das outras na medida em que algumas absorvem o calor rapidamente, como o óleo, o ar e a água, ao passo que outras o fazem de forma mais lenta, como a pedra e os metais. Mas isto pertence à *Tabela de Graus*.

21. *À 15ª*. Há apenas uma *negativa* a ser anexada aqui: note que as faíscas surgem apenas da pedra, do aço ou de qualquer outra substância dura, quando diminutos fragmentos de pedra ou metal são arrancados da própria substância; mas o ar, quando sujeito a atrito, nunca gera faíscas de si mesmo, como é comumente imaginado. Além disso, as próprias faíscas são lançadas para baixo, em vez de para cima, devido ao peso do corpo que foi inflamado e, quando apagado, torna-se uma substância fuliginosa.

22. *À 16ª*. Acreditamos não haver *negativa* associada a essa instância. Pois não encontramos qualquer corpo tangível que não se aqueça por fricção de forma manifesta; por isso os antigos imaginavam que não havia qualquer outro meio ou motivo de aquecimento dos corpos celestes do que a partir do atrito do ar por meio da rotação rápida e intensa. Devemos questionar algo mais sobre esse assunto: os corpos ejetados por máquinas (como as bolas dos canhões) adquirem calor da explosão em si e por isso ainda estão muito quentes quando caem? O ar em movimento mais resfria do que aquece; o mesmo acontece com os ventos, os foles e a expulsão de ar através dos lábios franzidos. Mas esses tipos de movimento não são suficientemente rápidos para provocar calor e agem de acordo com o todo, não pelas partículas, de modo que não é de se admirar que não gerem calor.

23. À *17ª*. Uma investigação mais cuidadosa deve ser efetuada para essa instância. Pois as ervas e os vegetais, quando estão verdes e úmidos, parecem conter em si algum calor oculto. Esse calor é tão reduzido a ponto de não ser perceptível ao toque em uma instância individual. Mas quando estão reunidos e confinados, de modo que o seus espíritos não escapam para o ar, mas alimentam-se uns dos outros, então, surge um calor perceptível e, por vezes, fogo se o material for adequado.

24. À *18ª*. Devemos também fazer uma investigação mais aprofundada dessa instância. Pois a cal aspergida com água parece gerar calor ou por causa da concentração de calor anteriormente dispersada (como dissemos acima sobre as ervas armazenadas), ou porque o espírito do fogo está irritado e indignado com a água e, então, ocorre algum tipo de luta e rejeição da natureza contrária.[14] Se utilizarmos óleo em vez de água, poderemos perceber facilmente qual dos dois casos ocorre; o óleo irá ter o mesmo efeito que a água para formar uma união com o espírito encerrado, mas nele não causará irritação. Experimentos mais amplos também devem ser efetuados com as cinzas e os cais de diferentes corpos, bem como pelo gotejamento de diferentes líquidos neles.

25. À *19ª*. Para a essa instância há a *negativa* de outros metais que são mais maleáveis e solúveis. Pois uma folha de ouro dissolvida em líquido por meio de *aqua regis*[15] não gera qualquer calor ao tato em sua dissolução; nem, da mesma forma, o chumbo em *aqua fortis*, nem o mercúrio (se bem me lembro). Mas a prata em si provoca um pouco de calor e assim o faz o cobre (se bem me lembro), e, de forma mais óbvia, também o estanho e, principalmente, o ferro e o aço, os quais além de emitirem um calor feroz na dissolução, também borbulham violentamente. Por conseguinte, o calor parece ser causado pelo conflito causado quando as águas fortes penetram, escavam e desintegram partes do corpo; e os próprios corpos resistem. Mas quase nenhum calor é gerado quando os corpos se entregam com facilidade.

26. À *20ª*. Não há *negativa* anexada para o calor de animais, exceto para os insetos (tal como referido), devido ao reduzido tamanho de seus corpos. Pois nos peixes, em comparação com os animais terrestres, tal fato é mais uma questão de grau de calor do que de sua ausência. Nos vegetais e nas plantas não há grau de calor perceptível ao toque, nem em sua resina, nem na medula exposta. Mas, nos animais, há uma grande variedade de calor, tanto em seus órgãos (pois as quantidades de calor em torno do coração, no cérebro e em torno

---

14 *Antiperistasis* (rejeição da natureza contrária), veja em II.27, final.

15 Assim apresentado no original em inglês. Corresponde a *Aqua Regis*: ácido nitroidroclorídrico.

das partes exteriores são todos diferentes) como em seus estados ocasionais, como ao exercitar-se forte ou nas febres.

27. *À 21ª*. Não há praticamente nenhuma *negativa* a essa instância. Até mesmo excrementos de animais, que não estão frescos, têm potencial de calor, tal como é visto pela fertilização do solo.

28. *À 22ª e à 23ª*. Os líquidos (águas ou óleos) com alta e intensa acidez agem como o calor na fragmentação de corpos e, no momento oportuno, queimando-os, mas eles não são quentes ao toque da mão no início. Eles operam por afinidade e de acordo com a porosidade do corpo ao qual eles estão ligados. Pois a *aqua regis* dissolve o ouro, mas não a prata; por outro lado, a *aqua fortis* dissolve a prata, mas não o ouro; e nenhuma das duas dissolve o vidro. E o mesmo acontece com o restante.

29. *À 24ª*. Faça uma experiência com espírito de vinho em madeira e também em cera, manteiga ou no piche, para ver se ele dissolve-os por seu calor. A instância 24 mostra seu poder de imitar o calor na produção de incrustações. Faça uma experiência semelhante para as liquefações. Utilize também um termômetro, ou vidro graduado, moldado como uma tigela oca na extremidade superior, despeje na tigela oca algum espírito bem destilado de vinho, coloque uma tampa sobre ela para ajudar a manter seu calor interno; e observe se o nível de água diminui por causa do calor.

30. *À 25ª*. As especiarias e as ervas, que são amargas ao paladar e ainda mais acentuadas quando ingeridas, dão sensação de calor. Devemos, portanto, pesquisar em que outros materiais elas têm o efeito do calor. Os marinheiros nos dizem que quando pilhas e pilhas de especiarias são subitamente abertas depois de um longo armazenamento, há um perigo de febres e inflamações do espírito aos que primeiro as agitam e as retiram. De forma semelhante, podemos fazer um experimento para saber se os pós de especiarias e as ervas aromáticas secam o bacon e a carne pendurados sobre elas, como se fossem a fumaça de uma fogueira.

31. *À 26ª*. Há um poder cortante e penetrante, tanto em coisas frias, como o vinagre e óleo de vitríolo, quanto em coisas quentes, como no óleo de manjerona e afins. E eles também causam dor nos seres vivos e destroçam e consomem as coisas não vivas. Não há negativa a ser anexada aqui. Em seres animados, não há sentimento de dor sem uma sensação de calor.

32. *À 27ª*. Diversas ações do calor e do frio são idênticas, embora funcionem de uma maneira bem diferente. Pois a neve também parece queimar muito rapidamente as mãos dos meninos, e o frio, assim como o fogo, não deixa a carne apodrecer; o calor contrai os corpos, assim como o frio. Mas é mais adequado lidar com essas e outras questões semelhantes na Investigação do Frio.

XIII

Em terceiro lugar, temos de fazer uma apresentação para o intelecto das instâncias em que a natureza investigada existe até certo grau. Isso pode ser feito por meio da comparação entre o aumento e a diminuição no mesmo objeto, ou através da comparação entre objetos diferentes. Pois a forma de uma coisa é a coisa em si; e uma coisa não difere da sua forma tanto quanto diferem o aparente e o real, ou exterior e interior, ou a forma como aparece para nós e a forma como ela é na realidade; e, portanto, muito certamente, decorre que a natureza não é aceita como uma forma verdadeira, a menos que ela sempre diminua quando a própria natureza diminui e, da mesma forma, sempre aumente quando a natureza por si só aumentar. Optamos por chamar tal tabela de *Tabela de Graus* ou *Tabela de comparação*.

[TABELA 3]
Tabela de Graus ou de Comparação do Calor

Primeiro, então, falaremos de coisas que não possuem absolutamente nenhum grau de calor ao tato, mas parecem ter apenas algum tipo de calor potencial, uma disposição para o calor, ou suscetibilidade ao calor. Então passaremos para as coisas que são realmente quentes ou quentes ao toque; e suas forças e graus.

1. Entre os corpos sólidos e tangíveis, não há nada que seja originalmente quente em sua natureza. Nenhuma pedra, metal, enxofre, fóssil, madeira, água ou animal é quente. As águas quentes dos banhos naturais parecem ter sido aquecidas por acidente, quer por uma chama quer por fogo subterrâneo – tais como os que são expelidos pelo Etna e por várias outras montanhas – quer pelo conflito entre corpos à maneira do calor produzido na solução de ferro e estanho. E assim, para o tato humano, o grau de calor dos objetos inanimados é nulo; e mesmo assim, eles diferem em grau de frio; pois a madeira e o metal não são igualmente frios. Mas isto pertence à *Tabela de Graus de Frio*.

2. No entanto, até agora, no que diz respeito ao calor potencial e à disposição de pegar fogo, encontramos pouquíssimas coisas inanimadas que são extremamente sensíveis ao calor, tais como a nafta, o enxofre e o petróleo.

3. As coisas que antes estavam quentes retêm alguns resíduos latentes do seu calor anterior, assim como o esterco de cavalo retém o calor do animal, e a cal, ou talvez a cinza ou a fuligem, o calor do fogo. Dessa forma, os corpos mergulhados em excremento de cavalo exalam certos fluidos e desintegram-se; e o calor é provocado na cal pela aspersão de água sobre ela, como já expliquei antes.

4. Entre os vegetais, nenhuma planta ou parte de uma planta (como a resina ou a medula) é quente ao toque humano. No entanto (como disse antes), as ervas verdes armazenadas tornam-se quentes e alguns vegetais são quentes,

outros são frios ao tato interno, por exemplo, ao palato ou ao estômago, ou mesmo às partes exteriores, após um determinado período de tempo (tal como no caso de emplastros e unguentos).

5. Nada quente ao toque humano existe nas partes de animais depois de estes terem morrido ou terem sido separadas do corpo. Até mesmo o esterco de cavalo perde seu calor, a menos que esteja encerrado e enterrado. No entanto, todo esterco parece ter o potencial de calor, tal como na fertilização dos campos. E da mesma forma, os cadáveres de animais têm um calor latente e potencial desse tipo, de modo que em cemitérios onde os enterros ocorrem todos os dias a terra adquire uma espécie de calor oculto, que consome o corpo enterrado recentemente muito mais rápido do que a terra fresca. Há uma história de que um tipo de tecido fino e suave é encontrado entre os orientais, ele é feito a partir da plumagem dos pássaros, e tem um poder inato para dissolver e liquefazer a manteiga que estiver frouxamente coberta por ele.

6. As coisas que fertilizam os campos, como o esterco de todos os tipos, greda, areia do mar, sal e afins têm alguma inclinação para o calor.

7. Tudo que está apodrecendo tem alguns traços de um calor fraco, mas não é possível senti-lo pelo tato. Pois coisas como carne e queijo, que apodrecem e se dissolvem em pequenas criaturas, não são muito quentes ao tato; nem a madeira podre que brilha à noite é quente ao tato. No entanto, o calor das coisas podres, por vezes, mostra-se pelo odor forte e vil.

8. Assim, o primeiro grau de calor das coisas que são sentidas como quentes pelo tato humano parece ser o dos animais, os quais possuem uma gama bastante ampla de graus. Desse modo, o menor grau (como nos insetos) é quase imperceptível ao tato, o mais alto grau dificilmente atinge o grau de calor dos raios do sol nas regiões e estações mais quentes e não chega a ser tão forte a ponto de não ser tolerado pela mão. E, mesmo assim, dizem que Constâncio e alguns outros possuíam a constituição e condição corporais tão secas que, quando eles estavam tomados por febres altíssimas, pareciam quase queimar a mão de quem os tocasse.

9. Os animais aumentam seu calor por meio do movimento e do exercício, do vinho, da alimentação, do sexo, das febres ardentes e da dor.

10. No início de febres intermitentes, os animais são primeiramente atacados pelo frio e por tremores, mas logo se tornam quentes ao extremo; o mesmo acontece no início das febres ardentes e das pestilentas.

11. Devemos fazer uma investigação mais aprofundada sobre o calor comparativo em diferentes animais, como nos peixe, quadrúpedes, serpentes e aves; e também por espécie, como o leão, o papagaio, o homem etc, pois para a crença comum, os peixes são bem frios internamente; já as aves são muito quentes, especialmente as pombas, os falcões e os pardais.

12. Devemos fazer uma investigação mais aprofundada sobre o calor comparativo no mesmo animal, em seus diferentes órgãos e membros. Pois, o leite, o sangue, o esperma e os óvulos são moderadamente quentes, mas menos que a carne exterior do animal quando ele está em movimento ou agitado. Da mesma forma, ninguém ainda investigou o grau de calor do cérebro, do estômago, do coração e assim por diante.

13. No inverno e em climas frios, todos os animais são frios externamente, mas imaginamos que, internamente, eles são ainda mais quentes do que o normal.

14. Mesmo na parte mais quente do mundo e nas horas mais quentes do ano e do dia, o calor dos corpos celestes não chega a um nível que faça queimar ou chamuscar nem mesmo a madeira ou a palha mais seca, nem mesmo a estopa, a menos que seja intensificado por uma lente incandescente; mas, mesmo assim, ele ainda consegue fazer que seja desprendido algum vapor da matéria úmida.

15. A sabedoria recebida dos astrônomos diz que algumas estrelas são mais quentes e outras, mais frias. Marte é considerado o mais quente depois do Sol, segue-se Júpiter e depois Vênus; a Lua é dita ser fria e Saturno, o mais frio de todos. Entre as estrelas fixas, diz-se que Sírio é a mais quente, seguida pelo Coração do Leão, ou Régulo, depois Canícula[16] etc.

16. Quanto mais se aproxima da perpendicular, ou do Zênite, maior é o poder de aquecimento do Sol; assim devemos esperar o mesmo dos outros planetas em seus diferentes graus de calor; por exemplo, que Júpiter gere maior aquecimento para nós quando está sob Caranguejo ou Leão do que quando está sob Capricórnio ou Aquário.

17. Também devemos esperar que o próprio sol e os outros planetas tenham maior poder de aquecimento em seus perigeus, por causa de sua proximidade com a terra, que em seus apogeus. E, em qualquer região, se o Sol estiver simultaneamente em seu perigeu e próximo da perpendicular, então ele, necessariamente, terá maior poder de aquecimento que numa região em que estiver no seu perigeu, mas lançando sua luz de forma mais oblíqua. Assim, para cada uma das diferentes regiões, é preciso fazer um estudo comparativo das alturas dos planetas em relação à sua proximidade com a perpendicular e sua obliquidade.

18. Imagina-se que o Sol e os outros planetas possuem maior poder de aquecimento quando estão próximos das grandes estrelas fixas; assim, quando o Sol está em Leão, encontra-se mais perto da *Cor Leonis*, da *Cauda Leonis*, da

---

16   Ao contrário do Hemisfério Sul, no Hemisfério Norte a estrela Sírio da Constelação de Cão Maior surge no verão. Sírio também é conhecida como a Estrela do Cão e Canícula. Fowler acredita que *canicula* (em latim) possa se referir à estrela de Cão Menor, Procyon. Jardine e Silverthorne (2000) utilizam o termo "Dog-Star" (Estrela do Cão); Andrade (1973) utiliza o termo Canícula.

Spica Virginis,[17] de Sírio e da Estrela do Cão, do que quando está em Câncer, onde, no entanto, está mais próximo da perpendicular. E nós temos de acreditar que algumas partes do céu emitem mais calor (embora imperceptível ao tato), porque elas estão enfeitadas com um maior número de estrelas e, especialmente, com as de maior dimensão.

19. Em geral, o calor dos corpos celestes é aumentado de três formas: a saber, por perpendicularidade, por proximidade ou perigeu, e por uma constelação ou pela companhia de estrelas.

20. Em geral, o calor dos animais e também dos raios celestes (conforme eles nos atingem) é muito diferente até mesmo da chama mais suave ou dos objetos incandescentes e também dos líquidos ou do próprio ar quando fortemente aquecido pelo fogo. Pois a chama do espírito de vinho, mesmo em forma natural e sem foco, ainda é capaz de atear fogo à palha, ou ao linho, ou papel; já o calor de um animal ou do Sol nunca o fará sem uma lente incandescente.

21. As chamas e os objetos ardentes possuem graus muito diversos de intensidade e debilidade de calor, mas nenhuma investigação cuidadosa foi feita e, por isso, temos de lidar com eles de forma superficial. A chama do espírito de vinho parece ser a mais branda das chamas; a menos que o *ignis fatuus,* talvez, ou as chamas, ou os lampejos do suor dos animais sejam mais suaves. Acreditamos que, a seguir, vem a chama da matéria vegetal leve e porosa, como a palha, os juncos e as folhas secas; a chama dos pelos ou penas não é muito diferente. Em seguida, talvez, venha a chama da madeira, especialmente os tipos de madeira sem muita resina ou piche, tendo em conta que a chama de varetas menos maciças (que são normalmente atadas em feixes) é mais suave do que a dos troncos e raízes de árvores. Isso pode ser experimentado de forma simples em fornos que fundem ferro, para os quais o fogo de lenha e de ramos de árvores não têm muita utilidade. Logo depois, temos (assim pensamos) a chama do óleo, do sebo, da cera e de substâncias gordurosas semelhantes que não têm muita força. O calor mais forte é encontrado no piche e na resina, mais poderoso ainda é o do enxofre, da cânfora, da nafta, do salitre e dos sais (depois da eliminação da matéria bruta) e de seus compostos, como a pólvora, o fogo grego (que é comumente chamado de fogo selvagem) e os seus diferentes tipos, cujo calor é tão intratável que não se extingue facilmente com a água.

22. Também acreditamos que a chama de alguns metais imperfeitos é muito forte e feroz. Mas todas essas coisas precisam de mais investigação.

---

17 Assim apresentado no original em inglês. As estrelas *Cor Leonis*: Régulo, Alpha Leonis, Coração do Leão; *Cauda Leonis*: Denebola, Beta Leonis, Cauda do Leão; *Spica Virginis*: Espiga, Alpha Virginis.

132 | NOVO ÓRGANON

23. A chama dos raios parece superar todas as demais; chegando ao ponto de, por vezes, liquefazer o próprio ferro forjado em gotas, ação que as outras chamas não conseguem fazer.

24. Existem diferentes graus de calor também nos corpos que foram incendiados. Nenhuma investigação cuidadosa ainda foi feita sobre isso também. Acreditamos que o mais fraco é aquele emitido por materiais inflamáveis que utilizamos para acender o fogo; o mesmo vale para a chama da madeira porosa ou a de cordas secas, que são usadas como estopim para disparar canhões. Logo depois, temos o carvão mineral e vegetal em chamas e também os tijolos incandescentes e afins. Dentre as substâncias incendiadas, acreditamos que os metais incandescentes (ferro, cobre etc.) possuem o calor mais forte. Mas isso também precisa ser mais bem investigado.

25. Algumas coisas incandescentes são muito mais quentes do que algumas em chamas. Por exemplo, o ferro incandescente é muito mais quente e mais destrutivo do que a chama do espírito de vinho.

26. Dentre as coisas que não estão em chamas, mas que foram simplesmente aquecidas pelo fogo, como a água fervente e o ar confinado em fornos de reverberação, há aquelas que superam em calor muitos tipos de chama e substâncias incandescentes.

27. O movimento aumenta o calor, como podemos perceber no caso dos foles e das rajadas de ar; de modo que os metais mais duros não são dissolvidos ou fundidos pelo fogo morto ou tranquilo, mas apenas quando esse fogo é atiçado pelo sopro.

28. Faça um experimento com lentes incandescentes em que (se bem me lembro) acontece o seguinte: se uma lente desse tipo é colocada (por exemplo) a uma distância de um palmo[18] de um objeto combustível, este não será queimado ou consumido tanto quanto se for colocado a uma distância de (por exemplo) meio palmo e, assim, lenta e gradualmente o afastamos até a distância de um palmo. O cone e o foco dos raios são os mesmos, mas o movimento real intensifica o efeito do calor.

29. Acredita-se que os incêndios acompanhados de ventos fortes avançam mais contra o vento que a favor; isso porque, quando o vento diminui, as chamas saltam para trás com um movimento muito mais rápido do que avançam quando os ventos impelem-nas para frente.

30. A chama não se projeta ou se inicia a menos que haja um espaço vazio em que ela possa se movimentar e agir; exceto nas chamas da detonação de pólvora e afins, onde a compressão e o confinamento da chama intensificam sua fúria.

---

18   Um palmo são nove polegadas, isto é, 22,86 cm. (N.T.)

31. A bigorna se aquece muito pelo martelo; de modo que, se uma bigorna fosse feita de uma folha fina de metal, poderíamos imaginar que ela brilharia como ferro incandescente sob os golpes contínuos do martelo; mas a experiência ainda deve ser realizada.

32. Na queima de substâncias porosas em que há espaço para o fogo se movimentar, ele será imediatamente apagado se o seu movimento for suprimido por uma forte compressão, como quando uma estopa, ou o pavio em chamas de uma vela, ou lâmpada, ou até mesmo um carvão em brasa, ou pedaço de carvão vegetal são abafados com um extintor, ou com os pés ou algo semelhante, cessando imediatamente a atividade do fogo.

33. A aproximação de um corpo quente aumenta o calor de acordo com o grau de proximidade; o que também acontece no caso da luz; quanto mais próximo um objeto estiver da luz, mais visível ele se torna.

34. Uma combinação de diferentes fontes de calor aumenta o calor, a menos que exista uma mistura de substâncias; pois um grande fogo e um pequeno fogo no mesmo lugar aumentam o calor um do outro até certo ponto, mas a água quente vertida em água em ebulição esfria.

35. O tempo que um corpo é mantido quente aumenta o calor. Pois o calor constantemente emana, atravessa e se mistura com o calor preexistente; e, assim, multiplica o calor. Uma lareira não aquece tanto uma sala em meia hora como no decurso de um dia inteiro. Esse não é o caso da luz, pois uma lâmpada, ou uma vela, situada em um determinado ponto, após um longo período de tempo, não oferece mais luz que aquela obtida desde o início.

36. A irritação causada por ambientes frios aumenta o calor; como se pode ver no caso de incêndios ateados no frio intenso. Acreditamos que isso não ocorre tanto porque o calor está confinado e contraído (que é um tipo de união), mas porque ele está exasperado, como quando o ar ou uma bengala são violentamente comprimidos ou dobrados, nenhum deles volta para a sua posição anterior, mas a ultrapassam até o outro lado. Façamos um experimento cuidadoso com uma bengala ou algo semelhante; coloque-a em uma chama e veja se ela não é queimada mais rapidamente na borda da chama ou no centro.

37. Existem vários graus de suscetibilidade ao calor. Em primeiro lugar, observe como até mesmo o calor reduzido e fraco se altera e aquece ligeiramente as coisas que são menos sensíveis ao calor. Até mesmo o calor das mãos transfere um pouco de calor a uma pequena bola de chumbo ou de qualquer outro metal, segurada por apenas um tempo curto. Pois o calor é transmitido e provocado com muita facilidade; isso acontece em todas as substâncias, sem aparente mudança para qualquer uma delas.

38. Em nossa experiência, dentre todas as substâncias, o ar é a que perde e ganha calor com maior facilidade. Podemos perceber isso com mais nitidez

por meio dos termômetros.[19] Eles são construídos da seguinte maneira: pegue uma garrafa de vidro, ela deve ter uma barriga arredondada e seu pescoço deve ser estreito e alongado; vire tal frasco de ponta-cabeça e o insira, barriga para cima e a boca para baixo, num outro recipiente de vidro que contenha água, permitindo que a parte inferior do recipiente de destino toque levemente o rebordo da garrafa inserida; deixe que o gargalo da garrafa inserida encoste na boca do recipiente de destino e seja suportado por ela; para fazer isso mais facilmente, coloque um pouco de cera na boca do recipiente de destino, mas não sele a boca por completo, pois isso pode fazer que a falta de ar que entra impeça a ocorrência do movimento sobre o qual discorremos, já que é um movimento muito leve e delicado.

O frasco que está de ponta-cabeça, antes de ser inserido no outro, deve ser aquecido em uma chama a partir de cima, isto é, em sua barriga. Depois de o recipiente ter sido colocado ali, como dissemos, o ar (expandido pelo aquecimento) irá sair e contrair, após o tempo necessário para que o calor aplicado seja perdido, até a extensão ou dimensão que o ambiente, ou o ar do lado de fora, possuía no momento em que a garrafa fora inserida, e irá contrair a água até esse ponto. Um papel estreito e comprido, marcado com uma graduação (quantas você quiser), deve ser anexado. Observe que, conforme a temperatura do dia aumenta ou diminui, o ar se contrai em um espaço menor por causa do frio e se expande em uma área maior por causa do calor. Isso será mostrado pela água que sobe quando o ar se contrai desce, ou é forçada para baixo, quando o ar se expande. A sensibilidade do ar ao frio e ao calor é tão sutil e sensível que ultrapassa de longe a sensibilidade do toque humano; também do raio de sol ou do calor do bafo, para não falar do calor de uma mão colocada sobre a parte superior da garrafa que imediatamente faz que o nível de água diminua de um modo perceptível. Acreditamos que o espírito animal tem um sentido ainda mais otimizado de calor e de frio, mas este está entorpecido e obstruído pela massa corpórea.

39. Acreditamos que, depois do ar, os mais sensíveis ao calor são os corpos que foram recentemente alterados e comprimidos pelo frio, como a neve e o gelo, pois eles começam a derreter e descongelar com um mero calor suave. Depois deles, talvez venha o mercúrio. Em seguida, as substâncias gordurosas, como o óleo, a manteiga e assim por diante; em seguida, a madeira; e então a água; finalmente, as pedras e os metais, os quais não são facilmente aquecidos, em especial em suas partes internas. Mas, assim que ganham calor, eles o retêm por um longo tempo, de modo que o tijolo, a pedra ou o ferro, quando incandescentes, se forem mergulhados e submersos em uma bacia de água fria, retêm tanto calor que não podem ser tocados por (mais ou menos) um quarto de hora.

---

19   *Vitrum calendare.*

40. Quanto menor a massa de um corpo, mais rapidamente ele se aquece quando colocado ao lado de um corpo quente, o que comprova que todo o calor, em nossa experiência, de alguma forma, opõe-se ao corpo tangível.

41. Aos sentidos e ao toque humano, o calor é algo variável e relativo; de modo que a água morna parece quente para a mão fria, mas se a mão se aquece, a água parece fria.

XIV

Qualquer pessoa pode facilmente ver o quão pobre é a nossa história, uma vez que somos muitas vezes obrigados a fazer uso, nas tabelas anteriores, das frases "fazer um experimento", ou "investigar mais"; para não falarmos nada do fato de que, em lugar de uma história comprovada e instâncias confiáveis, inserimos tradições e contos (embora não sem antes notar as suas duvidosas autenticidade e autoridade).

XV

Optamos por chamar a tarefa e a função dessas três tabelas de *Apresentação de instâncias para o Intelecto*. Após a *apresentação* ter sido feita, a *indução* em si tem de ser posta para trabalhar. Pois, além da *apresentação* de cada instância, temos de descobrir qual natureza aparece constantemente com uma dada natureza ou não, qual aumenta ou diminui com ela e qual é uma limitação (como se disse acima) de uma natureza mais geral. Se a mente tenta fazer isso por afirmativas desde o início[20] (como sempre faz, se deixada a si mesma), surgirão fantasias, conjecturas, noções e axiomas mal definidos que precisarão de correções diárias, a menos que a pessoa escolha (à maneira dos escolásticos) defender o indefensável. E, sem dúvida, elas serão melhores ou piores de acordo com a capacidade e a força do intelecto que está a trabalho. E, mesmo assim, pertence somente a Deus (o criador e artífice de formas), ou talvez aos anjos e às inteligências a posse do conhecimento direto das formas por meio de afirmação e, desde o início, do pensamento delas. Isto está, certamente, além do homem, o qual pode atuar de início apenas por meio de *negativas* e, só depois de todo o tipo de exclusão, chegar às afirmativas apenas no final.

XVI

Portanto, devemos fazer uma análise e separação completa de uma natureza, não pelo fogo, mas com a mente, que é uma espécie de fogo divino. A primeira tarefa da verdadeira *indução* é a *rejeição* ou a *exclusão* de naturezas singulares

---

20   Cf I.46, 105.

que não são encontradas nas instâncias em que a natureza dada está presente, ou que se encontram em uma instância em que a natureza dada está ausente; ou aumentam nas instâncias em que a natureza dada diminui, ou diminuem com o aumento da natureza dada. Somente após a realização adequada das *rejeições* e *exclusões* irá permanecer ali (no fundo do frasco, por assim dizer) uma forma afirmativa, sólida, fiel e bem definida (depois que as opiniões voláteis já desaparecerem em fumaça). Não tomaremos muito tempo para dizer algo mais, mas há muitas reviravoltas antes chegarmos em tal ponto. E esperamos não deixar de fora nada que leve a esse fim.

XVII

Quando parecemos atribuir um papel muito importante para as formas, devemos ter cuidado e advertência constante, no caso de nossas palavras serem erroneamente consideradas como referentes ao tipo de formas que até agora tem sido familiar aos pensamentos e contemplações dos homens.[21]

Primeiro, não estamos falando no momento a respeito de formas compostas, as quais são (como dissemos) conjunções de naturezas simples, na forma comum das coisas, como leão, águia, rosa, ouro e assim por diante. Será apropriado lidar com eles quando chegarmos aos *processos latentes* e *estruturas latentes* e à descoberta delas do modo como são encontradas nas substâncias (assim chamadas) ou naturezas compostas.

Mais uma vez, não se deve estender nosso discurso para o entendimento (mesmo quando nos referimos às naturezas simples) de formas e ideias abstratas, que não estão definidas na matéria ou são mal definidas. Quando falamos de formas, queremos simplesmente mencionar as leis e limitações do ato puro que organizam e constituem uma natureza simples, como a luz, o calor ou o peso, em todo tipo de material e objeto suscetível. A forma de calor, portanto, ou a forma de luz é a mesma coisa que a lei do calor ou a lei da luz; e nunca abstraímos ou nos retiramos das coisas em si nem da parte operacional. E assim, quando dizemos (por exemplo) sobre a pesquisa relacionada à forma do calor *"Rejeita-se* a rarefação", ou, "a rarefação *não é da forma do* calor", é o mesmo que se dissesse *"o Homem pode* induzir *calor em um corpo denso"*, ou, por outro lado, *"o Homem pode retirar ou afastar o calor de um corpo* rarefeito".

Alguém pode imaginar que nossas formas também aparentam possuir algo abstrato, porque elas misturam e combinam elementos heterogêneos (pois o calor dos corpos celestes e o calor do fogo parecem ser bastante heterogêneos; o vermelho da rosa ou de coisas desse tipo é muito diferente daquele que aparecer em um arco-íris, ou nos raios de uma opala ou de um diamante; o mesmo

---

21   Cf. I.51, 65.

acontece com a morte por afogamento, por incineração, por um golpe de espada, por derrame e pela fome e, ainda assim, são semelhantes por possuírem a natureza do calor, do vermelho e da morte). Quem pensa assim deve perceber que sua mente está cativa e é escrava do hábito, da aparência superficial das coisas e das opiniões. Pois é certo que, independentemente de quão heterogêneas e estranhas, elas são semelhantes na forma ou na lei que define seu calor, ou vermelhidão ou morte; e o poder humano não pode ser liberado e libertado do curso comum da natureza, nem aberto e elevado a uma nova eficácia e novas formas de operação, exceto pela descoberta e desvelo de tais formas. Após essa união da natureza, a qual é absolutamente o principal, falaremos mais tarde, no lugar adequado, sobre as divisões e as veias da natureza, em suas duas divisões, as comuns e aquelas que são internas e mais verdadeiras.

XVIII

E agora temos de dar exemplos de *exclusão* ou *rejeição* de naturezas que, de acordo com as *tabelas de apresentação,* não pertencem à forma do calor; comentamos de passagem que não apenas as *tabelas* individuais são suficientes para rejeitar uma natureza, mas também para *rejeitar* todas as instâncias individuais contidas nelas. Pois, de tudo que eu disse, é óbvio que cada *instância contraditória* destrói uma conjectura sobre uma forma. Às vezes, nós, entanto, fornecemos dois ou três casos de uma exclusão, por uma questão de clareza e para mostrar mais detalhadamente como as tabelas devem ser utilizadas.

Exemplo de *exclusão* ou rejeição de naturezas da forma do calor:

1. Pelos raios do sol, *rejeita-se* a natureza elementar.

2. Pelo fogo comum e particularmente fogos subterrâneos (que estão mais distantes e são menos afetados pelos raios dos céus), *rejeita-se* a natureza celestial.

3. Pelo fato de os corpos de todos os tipos (isto é, minerais, vegetais, as partes externas dos animais, a água, o ar, o óleo e assim por diante) serem aquecidos simplesmente por estar perto do fogo ou de outro corpo quente, *rejeita-se* a variação ou as texturas mais ou menos sutis dos corpos.

4. Pelo ferro aquecido e metais, que aquecem outros corpos, mas não diminuem de peso ou substância, *rejeita-se* a conexão ou a mistura da substância de outro corpo quente.

5. Pela água em ebulição, pelo ar e também pelos metais e outros sólidos que tenham sido aquecidos, mas não a ponto de pegarem fogo ou ficarem incandescentes, *rejeita-se* a luz e o brilho.

6. Pelos raios da lua e outras estrelas (exceto o sol), novamente *rejeita-se* a luz e o brilho.

7. Em *comparação* com o ferro incandescente e a chama do espírito de vinho (dentre os quais o ferro incandescente tem mais calor e menos luz, a chama do espírito de vinho tem mais luz e menos calor), mais uma vez *rejeita-se* brilho e a luz.

8. Pelo ouro aquecido e outros metais, os quais têm a mais densa massa no conjunto, *rejeita-se* a rarefação.

9. Pelo ar, que continua a ser rarefeito por mais frio que esteja, mais uma vez *rejeita-se* a rarefação.

10. Pelo ferro aquecido, que não aumenta de tamanho, mas mantém a mesma dimensão visível, *rejeita-se* o movimento local ou expansivo no todo.

11. Pela expansão do ar nos termômetros e semelhantes, que se move no espaço e, obviamente, de uma maneira expansiva, e ainda não adquire nenhum aumento óbvio de calor, uma vez mais se rejeita o movimento local ou movimento expansivo no todo.

12. Pelo aquecimento fácil de todos os corpos sem destruição ou alteração perceptível, *rejeita-se* a natureza destrutiva ou a adição violenta de qualquer nova natureza.

13. Pelo acordo e conformidade dos efeitos semelhantes exibidos pelo calor e frio, *rejeita-se* tanto o movimento de expansão quanto o de contração em seu todo.

14. Pela geração de calor por fricção dos corpos, *rejeita-se* a natureza fundamental. Por natureza fundamental, nos referimos àquela que existe em uma natureza e não é causada por uma natureza que a preceda.

Há também outras naturezas; não estamos compondo tabelas completas, mas apenas exemplos.

Nenhuma das naturezas listadas origina-se da forma do calor. Em uma operação com o calor, não devemos nos preocupar com qualquer uma das naturezas listadas anteriormente.

XIX

A verdadeira *indução* fundamenta-se na *exclusão*, mas não está concluída até atingirmos uma afirmativa. De fato, por si só, nenhuma *exclusão* está completa e não há como estar no início. Pois a *exclusão*, obviamente, é a *rejeição* das naturezas simples. Mas se ainda não temos noções boas e verdadeiras das naturezas simples, como podemos justificar uma *exclusão*? Algumas das noções mencionadas são vagas e mal definidas (por exemplo, a noção de uma natureza elementar, a noção de uma natureza celestial, a noção de rarefação). Reconhecemos e mantemos sempre em mente o tamanho da tarefa que estamos realizando (emparelhar o intelecto humano às coisas e à natureza) e, portanto, não paramos no estágio atual de nosso ensino. Nós vamos mais longe e elaboramos e fornecemos auxílios mais poderosos para o uso do intelecto; é isso que iniciamos agora. Na *interpretação da natureza*, com certeza, a mente deve ser formada e preparada para se contentar com um grau adequado de segurança e, ainda, reconhecer (especialmente no início) que o que está diante de nós depende muito do que está por vir.

XX

E ainda, tendo em vista que a verdade emerge mais rapidamente do erro que da confusão, acreditamos que é útil permitir ao intelecto, depois de ter compilado e considerado as três tabelas de *primeira apresentação* (como fizemos), preparar-se para tentar uma interpretação da natureza por afirmativas com base nas instâncias das tabelas e nas instâncias que ocorrem em outros lugares. Optamos por chamar tal de *primeira tentativa de autorização do intelecto*, ou de *primeira abordagem de uma interpretação*, ou a *primeira colheita*.

A primeira colheita da forma do calor

Note (como está bem claro por tudo que eu disse) que a forma de uma coisa está presente em cada uma das *instâncias* em que a coisa em si também está; caso contrário, não seria uma forma: e, portanto, não pode haver, de maneira alguma, qualquer instância contraditória. Além disso, a forma está muito mais óbvia e evidente em alguns casos do que em outros, ou seja, nos casos em que a natureza da forma está menos coibida, obstruída e limitada por outras naturezas. Optamos por chamar tais instâncias de *instâncias conspícuas ou reveladoras*.[22] Prossigamos, então, com a efetiva *primeira colheita* da forma do calor:

Em todas e em cada uma das instâncias, o movimento parece ser a natureza em que o calor é uma limitação. Isso fica mais evidente em uma chama, a qual está sempre em movimento; e também nos líquidos em ebulição ou borbulhantes, que também estão sempre em movimento. Aparece também na intensificação ou no aumento de calor produzido pelo movimento, como por foles e ventos (ver Instância 29 da Tabela 3). E similarmente no movimento de outros tipos (ver Instâncias 28 e 31 da Tabela 3). Aparece, uma vez mais, na extinção do fogo e do calor por qualquer forte compressão que faça frear o movimento e com que ele pare (ver Instâncias 30 e 32 da Tabela 3). Também está evidente no fato de que cada corpo é destruído ou, pelo menos, significativamente alterado por qualquer tipo de fogo ou calor forte e poderoso; daí, fica bastante óbvio que, nas partes internas de um corpo, o calor causa tumulto, agitação e movimento feroz que gradualmente o levam à dissolução.

---

22   Ver II.24.

O que dissemos sobre o movimento (ou seja, que é como um *gênero* em relação ao calor), não deve ser considerado como aquele que significa que o calor gera movimento ou que o movimento gera calor (embora seja verdade em alguns casos), mas que o calor em si, ou a quididade do calor, é o movimento e nada mais; limitado, porém, pelas *diferenças* que estabeleceremos em breve, após a adição de algumas ressalvas para evitar ambiguidades.

O calor que sentimos é algo relativo, não é universal, mas é relativo a cada indivíduo; e é corretamente considerado como o simples efeito do calor sobre o espírito animal. Além disso, é por si só algo variável, uma vez que um mesmo objeto dá origem à percepção de calor e de frio (de acordo com as condições dos sentidos), como mostra a Instância 41 da tabela 3.

A forma do calor não deve ser confundida com a comunicação do calor ou com sua natureza condutiva, através da qual um corpo é aquecido por contato com outro corpo quente. O calor é diferente do aquecimento. Ele é produzido por um movimento de fricção, sem qualquer calor anterior e isso exclui o aquecimento como forma do calor. Mesmo quando o calor é produzido pela proximidade ao calor, o efeito não é devido à forma do calor, mas depende inteiramente de uma natureza mais elevada e mais comum, a saber, da natureza da assimilação ou da multiplicação, a qual requer uma investigação separada.

O fogo é uma noção popular sem valor: é formada pela união do calor e da luz em um corpo, como em uma chama comum e em corpos que são aquecidos até se tornarem incandescentes.

Tendo afastado toda a ambiguidade, agora devemos, finalmente, examinar as verdadeiras *diferenças* que limitam o movimento e constituem-no como a forma do calor.

A *primeira diferença* é que o calor é um movimento expansivo, pelo qual um corpo procura dilatar-se e passar para uma esfera ou dimensão maior que a anteriormente ocupada. Essa diferença está mais evidente em uma chama; nela a fumaça ou exalação visivelmente turva se amplia e se abre em uma chama.

Também está evidente em todos os líquidos em ebulição, que visivelmente se expandem, sobem e emitem bolhas; e prosseguem o processo de sua própria expansão, até se transformarem em um corpo que é muito mais amplo e extenso que o líquido em si, ou seja, em vapor, ou fumaça, ou ar.

Está também evidente na madeira e em todo tipo de coisa combustível, onde há, por vezes, a transpiração e sempre a evaporação.

Está também evidente na fusão de metais, que (sendo de substância altamente compacta) não se expandem nem se dilatam facilmente; primeiro, o espírito deles fica dilatado e, assim, concebe o desejo para dilatar-se mais ainda; em seguida, visivelmente empurram e forçam as partes mais sólidas para que tomem uma forma líquida. Se o calor for ainda mais intensificado, ele dissolve e transforma grande parte do metal em uma substância volátil.

Está evidente, também, no ferro ou nas rochas; embora eles não derretam nem sejam fundidos, eles são suavizados. Isso também acontece com as varetas de madeira; elas tornam-se flexíveis quando são suavemente aquecidas em cinzas quentes.

Mas esse movimento é mais bem visto no ar, o qual, sob a influência de um pouco de calor, dilata-se imediata e perceptivelmente; como na Instância 38 da Tabela 3.

Aparece também na natureza contrária, a do frio. Pois o frio contrai toda substância e forçosamente a restringe, de modo que, em períodos de frio intenso, os pregos caem das paredes, os objetos de bronze racham e o vidro, quando aquecido e repentinamente mergulhado no firo, racha e quebra. De forma similar, o ar retira-se para um espaço menor, sob a influência de um pouco de esfriamento; como na Instância 38 da Tabela 3. Mas falaremos mais detalhadamente sobre isso na investigação sobre o frio.

E não é de admirar o fato de o calor e o frio exibirem várias ações semelhantes (ver Instância 32 da Tabela 2), uma vez que duas das seguintes *diferenças* (das quais estamos prestes a falar) pertencem a ambas as naturezas, embora nessa diferença (da qual estamos falando) as ações são diametralmente opostas. Pois o calor oferece um movimento expansivo, ao dilatar, e o frio resulta em uma contração, diminuindo o movimento.

A *segunda diferença* é uma variação da primeira, isso é, o calor é um movimento expansivo, ou o movimento no sentido de uma circunferência, com a condição de que o corpo se eleve com ele. Pois não há dúvida de que existem muitos movimentos mistos. Por exemplo, uma seta ou um dardo gira enquanto voa e voa em rotação. Da mesma forma, também o movimento do calor é tanto uma expansão e um movimento para cima.

Essa *diferença* pode ser vista em um par de pinças ou um atiçador de ferro colocado no fogo; porque se você colocá-lo em posição vertical, segurando-o de cima com a mão, ele rapidamente queima-a, mas, se você colocá-lo pelo lado ou por baixo, demorará mais para queimá-la.

É visível também na destilação por meio de uma retorta, que é utilizada para as flores delicadas que perdem facilmente o seu perfume. O processo de tentativa e erro revelou que se deve colocar a chama por cima, em vez de em baixo, de modo a queimar menos. Pois todo o calor, e não apenas o de uma chama, sobe.

Sobre esse assunto tente um experimento com a natureza contrária do frio para saber se este não contrai um corpo de cima para baixo, assim como o calor dilata um corpo de baixo para cima. Tome duas barras de ferro ou dois tubos de vidro (iguais, exceto por outros aspectos) e os aqueça um pouco; coloque uma esponja cheia de água fria ou neve sob uma e sobre a outra. Somos de opinião que o esfriamento nas suas extremidades será mais rápido na hastes com neve na parte de cima do que naquelas que estão com neve na parte de baixo; ao contrário do que acontece no caso do calor.

A *terceira diferença* é que o calor é um movimento que não é uniformemente expansivo ao longo de todo o corpo, mas é expansivo em suas menores partículas e é, ao mesmo tempo, reprimido, repelido e expulso, de modo que ele assume um movimento de ir e vir, sempre se agitando desordenadamente, e se esforçando e lutando, irritado com a surra que toma, daí a fúria do fogo e do calor.

Essa diferença está mais evidente em uma chama e em líquidos ferventes, os quais estão incessantemente agitados, expandindo-se em pequenos pontos e novamente deixando-se desinchar.

Surgem também em corpos que são tão duros e compactos que não se expandem ou ganham massa quando são aquecidos ou incendiados; como o ferro aquecido, no qual o calor é muito forte.

Está também evidente no fogo de lareira que queima de forma mais luminosa no clima mais frio.

Também aparece no fato de nenhum calor ser observável quando o ar se expande em um termômetro sem obstáculo ou pressão contrária, isto é, de modo uniforme e igual. E nenhum calor em particular é observável no caso de ventos que param e a seguir explodem com grande violência; isso ocorre porque o movimento é do todo e não há o movimento de vai e vem das partes. Tente fazer um experimento sobre isso para saber se uma chama não queima mais fortemente no sentido das bordas do que no meio.

Aparece também no fato de que toda a queima passa através dos minúsculos poros do corpo em chamas, de modo que ela penetra-as, apunhala e pica como se fosse milhares de pontas de agulha. Essa é também a razão pela qual todas as águas fortes (se estiverem relacionadas com corpo em que agem) têm o efeito do fogo devido à sua natureza corrosiva e penetrante.

Essa *diferença* de que estamos agora falando é compartilhada com a natureza do frio: no frio, o movimento de contração é impedido de se expandir pela pressão contrária, enquanto no calor, o movimento expansivo é impedido de se contrair pela pressão contrária.

Portanto, independentemente de penetrarem as partes do corpo em direção ao interior ou ao exterior, a explicação é a mesma, embora a sua resistência seja muito diferente em cada um dos dois casos. Isso porque não experimentamos, na superfície da terra, nada excessivamente frio. Ver Instância 27 da Tabela 1.

A *quarta diferença* é uma variação da anterior. O movimento de picada e de penetração deve ser muito rápido, não lento, e acontece no âmbito das partículas, por menores que sejam; e, mesmo assim, não nas partículas muito menores, mas naquelas que são um pouco maiores.

Essa diferença pode ser notada em uma comparação dos efeitos do fogo e daquelas que resultam do tempo ou da idade. Pois o tempo ou a idade consome, subverte e transforma em pó não menos do que o fogo; ou melhor, de maneira muito mais sutil. Mas porque esse movimento é muito lento e efetuado por partículas muito pequenas, nenhum calor é observável.

Está também evidente na comparação entre a dissolução do ferro e a do ouro. O ouro é dissolvido sem despertar o calor, mas o ferro com um violento despertar de calor, embora numa extensão muito semelhante de tempo. A razão é que, no ouro, a admissão do líquido de separação é suave, discreta e as partículas do ouro cedem com facilidade, mas no ferro a admissão é difícil, forçada e as partículas do ferro são mais refratárias.

Está evidente, também, em certa medida, em alguns tipos de gangrena e apodrecimento de carne, que causam pouco calor ou dor, porque a putrefação é delicada.

E essa é a *primeira colheita* ou *interpretação preliminar* da forma do calor, feita pela *licença do intelecto*.

Na base dessa *primeira colheita*, a verdadeira forma ou definição de calor (de calor como uma noção universal, não relativa apenas aos sentidos) é, em poucas palavras, como segue: *o calor é um movimento expansivo que é reprimido e luta em meio às partículas*. E a expansão é qualificada: *enquanto se expande para todos os lados, ele tem a tendência de subir*. E a luta em meio às partículas é assim qualificada: *ela não é completamente indolente, mas agitada e possui alguma força*.

Em relação à operação, o mesmo acontece. Segue o resumo: se, em qualquer corpo natural, você consegue despertar um movimento de dilatação ou expansão; e *se você consegue impedir tal movimento e remetê-lo de volta a si mesmo, de modo que a dilatação não ocorra igualmente, mas seja parcialmente bem-sucedida e em parte impedida, você com certeza irá gerar calor*. É irrelevante saber se o corpo é fundamental (assim chamado) ou imbuído de substâncias celestes; se é luminoso ou opaco; se rarefeito ou denso; se espacialmente expandido ou contido dentro dos limites de seu tamanho original; se tende para a dissolução ou está estável; se é animal, vegetal ou mineral, ou óleo, água ou ar, ou qualquer outra substância que seja capaz do movimento descrito. O calor para os sentidos é a mesma coisa, mas com a analogia pertencente aos nossos sentidos. Mas agora temos de avançar para outros auxílios.

XXI

Após as *Tabelas de primeira apresentação*, após a *rejeição ou exclusão*, e depois de fazermos a *primeira colheita* em função delas, devemos avançar para aos outros auxílios do intelecto na *interpretação da natureza* e na *indução* verdadeira e completa. Ao estabelecê-las, continuaremos a usar o calor e o frio quando precisarmos das tabelas, mas quando quisermos apenas alguns exemplos, também faremos uso de outros para que possamos dar uma maior abrangência ao nosso ensino sem deixar a investigação confusa.

Então, em primeiro lugar, falaremos das *instâncias privilegiadas*;[23] em segundo lugar, dos *auxiliares da indução*; em terceiro, do *refinamento da indução*; em quarto, da *adaptação da investigação à natureza do assunto*; em quinto, das *naturezas que são privilegiadas* apenas na medida da investigação, ou sobre quais inquéritos devemos fazer primeiro e quais depois; em sexto, dos *limites da investigação*, ou do resumo de todas as naturezas de forma universal; em sétimo, da *dedução à prática*, ou de como ela se relaciona com o homem; em oitavo, dos *preparativos para a investigação* e, finalmente, da *escala ascendente e descendente de axiomas*.

XXII

Entre as *instâncias privilegiadas* vamos primeiro apresentar as *instâncias solitárias*.[24] As *instâncias solitárias* são aquelas em que a natureza investigada está presente em objetos que não têm nada em comum com outros, a não ser a natureza; ou ainda, que a natureza sob investigação não está presente em indivíduos que são semelhantes aos outros em todas as coisas, exceto naquela natureza. É evidente que esse tipo de instância exclui a divagação e é uma via rápida para confirmar uma *exclusão*, de modo que algumas poucas delas valem por muitas.

Por exemplo: em uma investigação da natureza da *cor*, são *instâncias solitárias* os prismas, os cristais, e também o orvalho e coisas do tipo, os quais produzem cores por si mesmos e as lançam para fora de si em uma parede. Pois exceto a própria cor, eles não têm nada em comum com as cores inerentes às

---

23   *Praerogativae instantiarum*: assim denominadas a partir do *centuria praerogativa*, a classe aristocrática das *comitia centuriata* em Roma, que possuíam o privilégio de votar primeiro nas reuniões e de anunciar o seu voto antes das outras centúrias votarem; indicando aos outros de que maneira deveriam votar. As Assembleias das Centúrias, *comitia centuriata*, eram as reuniões públicas dos cidadãos romanos.

24   *Instantiae solitariae.*

flores, pedras preciosas coloridas, metais, madeiras etc. Por isso, é fácil inferir que a cor não é nada mais do que a modificação de um raio de luz introduzido e recebido, no primeiro caso, através de diferentes graus de incidência, no segundo, através de várias texturas e estruturas do corpo. E essas são *instâncias solitárias* de semelhança.

Mais uma vez, na mesma investigação, os veios distintos de preto e branco no mármore e as variações de cor nas flores da mesma espécie são *instâncias solitárias*. Pois o branco e o preto do mármore e as manchas de vermelho e de branco nos cravos concordam em quase tudo, exceto na própria cor. Daí a conclusão fácil de que a cor não tem muito em comum com as naturezas intrínsecas de um corpo, mas relaciona-se com o posicionamento mais grosseiro e quase mecânico das partes. E essas são as *instâncias solitárias* de diferença. Optamos por chamar os dois tipos de *instâncias solitárias*; ou *instâncias selvagens*, um termo retirado dos astrônomos.

XXIII

Entre as *instâncias privilegiadas*, colocaremos em segundo lugar as *instâncias de transição*.[25] Essas são as instâncias em que a natureza buscada, se não existia antes, está em processo de transição para passar a existir e, se já existia, está no caminho da não existência. E, por conseguinte, nesses dois movimentos opostos, tais instâncias são sempre duplas; ou melhor, é uma única instância que se prolonga em seu movimento ou passagem para o ponto oposto do círculo. Tais exemplos não são apenas uma maneira rápida para se confirmar uma *exclusão*, mas também confinam a *afirmação*, ou a própria *forma*, a uma pequena área. Pois a forma deve ser algo que é introduzido através de um tipo de transição ou, por outro lado, removido e destruído por outro tipo. E, embora toda exclusão encoraje uma *afirmação*, pode-se obtê-la mais diretamente por meio de um mesmo objeto que por diferentes. E a forma (como está muito evidente em minha discussão) que se revela em um único caso nos incita a vê-la em todos os outros. Quanto mais simples for a transição, mais devemos valorizar a instância. Novamente, as *instâncias de transição* são bastante úteis para a função operativa; porque, quando apresentam a forma combinada com a causa que a faz ser o que é ou a impede de ser algo, elas fornecem uma luz brilhante para certos casos de uma atividade e, a partir disso, facilitam a transição para a próxima coisa. Mas há um perigo nelas que requer cuidado; elas podem deixar a forma muito próxima da causa eficiente e encharcar ou, pelo menos, prender o intelecto com uma falsa visão da forma em relação à causa eficiente. A causa

---

25   *Instantiae migrantes*. Instâncias migrantets, segundo Andrade (1973).

eficiente é sempre definida como nada mais do que o veículo ou o portador da forma. A cura fácil desse problema é a exclusão bem conduzida.

Devemos agora dar um exemplo de *instância de transição*. Pesquisemos a natureza do branco ou da brancura; a instância em transição para produzi-la é o vidro inteiriço e o pó de vidro, também a água pura e a água agitada até ficar espumada. Pois o vidro inteiriço e a água pura são transparentes e não brancos, mas vidro em pó e água espumada são brancos, não transparente. Assim há de se perguntar o que aconteceu ao vidro ou à água como resultado da transição. Pois é evidente que a forma da brancura é importada e introduzida pela trituração do vidro e pela agitação da água. Nada mais ocorreu, a não ser a fragmentação do vidro e da água em pequenas partes e a introdução de ar. E não constitui um pequeno passo para a descoberta da forma da brancura saber que, devido à refração desigual dos raios de luz, dois corpos em si mais ou menos transparentes (ou seja, o ar e a água, ou o ar e o vidro) exibem a brancura logo que são fragmentados em pedaços minúsculos.

Mas sobre essa questão deve-se também dar um exemplo do perigo e do cuidado já mencionados. Sem dúvida, a mente que foi desviada por esse tipo de causa eficiente concluirá com muita facilidade que o ar é sempre necessário para a forma da brancura, ou que a brancura só é gerada por corpos transparentes; o que é completamente falso e assim foi provado por muitas exclusões. Na verdade, estará bem claro (deixando de lado o ar e afins) que os corpos que são bastante iguais (em suas partes que afetam a visão) produzem transparência, enquanto os corpos que são desiguais e de textura simples produzem a brancura; os corpos desiguais e de estrutura composta, mas regular, produzem outras cores, menos o preto; e os corpos desiguais e de estrutura composta, mas totalmente irregular e desordenada, produzem o preto. E assim demos um exemplo de uma *instância de transição* para a geração da brancura em uma natureza investigada. Uma *instância de transição* que se dirige para a não existência na mesma natureza da brancura é a espuma em dissolução ou a neve derretida. A água perde a brancura e assume a transparência após voltar ao seu estado integral, sem ar.

Também não se deve, de maneira alguma, deixar de incluir entre as *instâncias de transição* não apenas aquelas ligadas à geração e ao desaparecimento, mas também as que tendem para o aumento e diminuição, já que estas também tendem a revelar uma forma, como está bem claro na definição de forma dada acima e pela *tabela de graus*. E, assim, existe uma explicação análoga à dos exemplos dados acima a respeito do papel e porque ele é branco quando está seco e é menos branco quando molhado (por causa da exclusão do ar e da recepção de água), tendendo e mais para a transparência.

XXIV

Entre as *instâncias privilegiadas*, em terceiro lugar colocaremos as *instâncias reveladoras*,[26] que já mencionamos na primeira colheita do Calor;[27] também as chamamos de *instâncias conspícuas, ou instâncias libertadas ou dominantes*. São instâncias que revelam a natureza investigada nua e independente, e também em seu apogeu e no grau supremo de seu poder; ou seja, liberta e livre de impedimentos, ou pelo menos prevalecendo sobre eles pela força de sua virtude, suprimindo e restringido-os. Todo corpo está suscetível a muitas formas de combinação e de composição de naturezas que diminuem, deprimem, quebram e se ligam umas às outras; e, assim, as formas individuais ficam obscurecidas. Mas há alguns objetos em que a natureza investigada se destaca das outras por seu vigor, seja porque não há obstáculos, seja porque a sua virtude é dominante. Tais instâncias são extremamente reveladoras da forma. Mas mesmo nessas instâncias é necessário cuidado e precisamos conter a precipitação do intelecto. Devemos suspeitar de qualquer coisa que imponha uma forma a nós e a faça destacar-se muito, de tal modo que ela pareça ter simplesmente surgido na mente, por isso insistimos que o procedimento de exclusão seja rigoroso e cuidadoso.

Por exemplo: suponha que a natureza seja o calor. A instância reveladora do movimento de expansão é (como dito antes) o termômetro de ar. Enquanto uma chama mostra claramente expansão, ela não revela, por causa de sua extinção imediata, o progresso da expansão. Água em ebulição também não revela a expansão da água tão bem no seu próprio corpo, devido à conversão rápida da água em vapor e ar. E o ferro em brasa e afins estão muito longe de revelar qualquer progresso; pelo contrário: a supressão e a fragmentação do espírito por suas partículas densas e compactas (que subjugam e freiam a expansão) impedem que a efetiva expansão se torne totalmente evidente para o sentidos. Mas um termômetro revela claramente expansão no ar e também como conspícua, progressiva, permanente e não transitória.

Outro exemplo: suponha que a natureza buscada seja o peso. A instância reveladora do peso é mercúrio. Com exceção do ouro, que é um pouco mais pesado, ele excede, em muito, o peso de qualquer outra coisa. O mercúrio é uma instância melhor que o ouro para revelar o peso, porque o ouro é sólido e compacto, o que parece ser devido à sua densidade, enquanto o mercúrio é líquido e está intumescido de espírito e, além disso, excede o peso do diamante e das coisas que são reconhecidas como mais sólidas. Isso revela que a forma do peso é regulada simplesmente pela quantidade de matéria e não por seu grau de compactação.

---

26   *Instantiae ostensivae.*

27   Em II.20.

XXV

Entre as *instâncias privilegiadas*, colocamos em quarto lugar as *instâncias ocultas*,[28] que optamos também por chamar de instâncias do crepúsculo. Elas são quase o oposto das *instâncias reveladoras*, pois exibem a natureza investigada em sua força mínima, como se estivesse em suas origens ou em seus primeiros esforços, tentativas e experiências para aparecer, mas estão ocultas sob uma natureza contrária e subjugadas por ela. Mesmo assim, essas instâncias são de extrema importância para a descoberta das formas, porque, como as *instâncias reveladoras*, elas facilmente mostram as diferenças; desse modo, as *instâncias ocultas* são os melhores guias para os *gêneros*, ou seja, àquelas naturezas comuns de que as naturezas investigadas são simplesmente as limitações.

Por exemplo: suponha que a natureza investigada seja a solidez ou o limitado, o oposto ao líquido ou ao fluído. As *instâncias ocultas* são aquelas que exibem um grau muito baixo e fraco de solidez em um fluido; por exemplo, a bolha de água, que é como uma espécie de pele sólida e limitada feita da substância da água. O mesmo serve para as gotas de água: se a água continua sua vazão, ela forma um fio fino, de modo que o fluxo de água é contínuo, mas se não há água suficiente para manter a vazão, ela cai em gotas arredondadas, que é a melhor forma para evitar o colapso da água. Mas no momento efetivo em que ela deixa de ser um fio de água e começa a cair em gotas, a própria água se retrai para evitar a sua descontinuidade. Os metais fundidos são líquidos e muito viscosos; e suas gotas muitas vezes se retraem em si mesmas e assim permanecem. O mesmo é verdade a respeito dos espelhos das crianças, os quais são feitos por elas colocando-se saliva em juncos; aqui também se vê uma película sólida de água. Mas isso pode ser muito mais bem percebido em um outro jogo infantil, no qual elas pegam água, a tornam um pouco mais viscosa com sabão e a sopram com um canudo oco e, assim, transformam a água em algo como um reservatório de bolhas; e por meio da mistura com ar ganha solidez de tal forma a ponto de poder ser jogada até certa distância no ar sem se romper. Isso pode ser mais bem visto na espuma e na neve, que assumem tamanha solidez a ponto de quase poderem ser cortadas; e ainda assim, ambos os corpos são formados de ar e água, que são ambos líquidos. Tudo isso claramente indica que líquidos e sólidos são meras noções vulgares, adaptadas aos sentidos; que na realidade existe em todos os corpos a tendência de evitar e fugir da dissolução; que isso é fraco e frágil nas substâncias homogêneas (os líquidos), mas mais vivo e poderoso nos corpos compostos por substâncias heterogêneas; a razão é que a adição da heterogeneidade une os corpos, enquanto que a admissão da homogeneidade os dissolve e dispersa.

---

28 *Instantiae clandestinae*. Instâncias clandestinas, segundo Andrade (1973).

Outro exemplo: suponha que a natureza investigada seja a Atração, ou a aproximação de corpos. A mais notável *instância reveladora* dessa forma é o ímã. A natureza contrária à natureza de atração é a natureza de não atração, mesmo na substância idêntica. O ferro, por exemplo, não atrai ferro, tal como o chumbo não atrai o chumbo, nem a madeira atrai a madeira, nem água, a água. Uma *instância oculta* é o ímã armado com ferro, ou melhor, o ferro em um ímã armado. Sua natureza é tal que um ímã armado não atrai o ferro distante de modo mais forte que um ímã desarmado. Mas se o ferro estiver suficientemente próximo a ponto de tocar o ferro do imã armado, então o ímã armado passa a ter um peso muito maior do que o ferro de um ímã simples desarmado, por causa da semelhança da substância, ferro contra ferro; essa atividade estava completamente *oculta* e latente no ferro antes de o ímã ser aproximado. E, assim, fica claro que a forma da aproximação é algo que está vivo e forte no ímã, fraco e latente no ferro. Da mesma forma, foi observado que as pequenas flechas de madeira, sem pontas de ferro e disparadas por grandes rifles, penetram mais profundamente objetos de madeira (por exemplo, os lados de navios ou afins) do que as mesmas flechas com pontas de ferro, devido à semelhança entre as substâncias (madeira em madeira), embora isso estivesse anteriormente oculto na madeira. Da mesma forma, embora corpos inteiros de ar obviamente não atraírem o ar, nem a água atrair a água, uma bolha que toca outra bolha dissolve-a mais facilmente do que se não houvesse uma segunda bolha, devido à inclinação que a água tem de unir-se com a água e o ar com o ar. Tais *instâncias ocultas* (que são muito úteis, como eu já disse) oferecem a melhor visão de si mesmas em pequenas porções de substâncias. Pois as massas maiores de coisas seguem as formas mais universais e gerais, como será explicado em seu devido tempo.

XXVI

Entre as *instâncias privilegiadas*, colocamos em quinto lugar as *instâncias constitutivas*;[29] resolvemos também chamá-las de *instâncias agrupadas*. Estes são exemplos que constituem uma espécie de natureza investigada como uma Forma Menor. As formas genuínas (que sempre são conversíveis com a natureza investigada) estão ocultas nas profundezas e não são facilmente descobertas e, portanto, a coisa em si e a fragilidade da compreensão humana exigem que não devemos negligenciar, mas observar cuidadosamente as formas particulares que reúnem certos de grupos de instâncias (embora não todas) em uma noção comum. Pois, seja o que for que une uma natureza, mesmo que imperfeitamente, abre caminho para a descoberta de formas. E, portanto, as situações que são úteis para esse fim têm valor considerável, mas nenhum privilégio.

---

29 *Instantiae constitutivae.*

No entanto, deve-se ter muito cuidado neste ponto para que o intelecto humano, depois de ter encontrado algumas dessas formas particulares e feito partições ou divisões da natureza investigada, não repouse nelas por completo e não se prepare para a verdadeira descoberta da grande forma, mas assuma que a natureza é radicalmente múltipla e dividida e despreze e rejeite qualquer outra unidade da natureza como algo de sutileza supérflua que beire a mera abstração.

Por exemplo: suponha que a natureza investigada seja a memória, ou qualquer coisa que provoque e ajude-a. As *instâncias constitutivas* são a ordem ou o arranjo, que claramente ajudam a memória; e também na memória artificial as *instâncias constitutivas* são os "lugares".[30] Os "lugares" podem ser os locais no sentido literal, tais como a porta, o canto, a janela e assim por diante, ou pessoas familiares e conhecidas, ou podem ser qualquer coisa (desde que estejam dispostas em certa ordem), como os animais ou as ervas; também as palavras, as letras, personagens, personalidades históricas etc., embora alguns sejam mais adequados que outros. Tais "lugares" oferecem uma notável assistência à memória e a elevam bem acima de suas competências naturais. Da mesma maneira que a poesia se prende mais facilmente à mente e é mais fácil de aprender do que a prosa. E uma espécie de assistência à memória é constituída a partir desse *grupo* de três instâncias, ou seja, a ordem, a memória artificial dos "lugares" e os versos. Essa espécie pode ser corretamente chamada de *redução do ilimitado*. Pois, quando tentamos recordar algo ou trazê-lo à mente, se não possuirmos qualquer noção prévia ou concepção do que buscamos, estaremos manifestamente buscando, lutando e correndo de lá para cá em um espaço aparentemente *ilimitado*. Mas se temos uma noção definida, o ilimitado é imediatamente reduzido e as variações da memória são mantidas dentro de certos limites. E há uma noção clara e definida nas três instâncias antes indicadas. Na primeira deve haver algo que concorde com a ordem; na segunda, deve haver uma imagem que tenha alguma relação ou congruência com os "lugares" específicos; no terceiro, devem haver palavras que tenham o ritmo do verso. E, dessa forma, o ilimitado é reduzido. Outras instâncias resultaram em outras espécies: qualquer coisa que faça que uma noção intelectual atinja os sentidos auxilia a memória (esse é o método mais preponderante da memória artificial). Outras instâncias resultaram em outras espécies: a memória é assistida por qualquer coisa que provoque alguma impressão, sob uma paixão poderosa, inspirando o medo, por exemplo, ou o espanto, a vergonha ou a alegria. Outras instâncias resultaram em outras espécies: as coisas impressas em uma mente que está clara e foi organizada antes ou depois – por exemplo, o que aprendemos na infância ou o que pensamos antes de ir dormir, ou a primeira experiência de algo – têm

---

30   *Loci*, que corresponde à palavra grega *topoi*, ou seja, "lugar retórico".

maior probabilidade de permanecer na memória. Outros exemplos produzem a seguinte espécie: uma grande variedade de circunstâncias ou truques ajuda a memória, por exemplo, a divisão de um texto em seções, ou a leitura ou recitação em voz alta. Outras instâncias, por fim, resultaram nessa última espécie: as coisas que são esperadas e atraem a atenção permanecem mais do que aquelas que apenas passam por nós. Portanto, ao ler um texto vinte vezes, não o decoraremos com a mesma facilidade de quando o lemos dez vezes e, de tempos em tempos, tentamos recitá-lo; somente consultando o texto quando a memória falha. Assim, há cerca de seis formas menores de coisas que ajudam a memória: ou seja, a redução do ilimitado; a redução do intelectual ao sensível; a impressão recebida sob uma forte paixão; a impressão em uma mente clara; uma grande variedade de truques; e a antecipação.

Outro exemplo semelhante: suponha que a natureza investigada seja o gosto ou o paladar. As seguintes *instâncias* são *constitutivas*: ou seja, as pessoas que não conseguem sentir cheiros e são desprovidas desse sentido por natureza, não conseguem perceber ou distinguir pelo gosto se o alimento está rançoso ou podre, ou, por outro lado, o sabor do alimento cozido em alho ou água de rosas ou afins. As pessoas cujas narinas estão acidentalmente bloqueadas pelo catarro que desce delas não conseguem perceber ou distinguir qualquer coisa que esteja podre, rançosa ou polvilhada com água de rosas. Mas, ao estar aflitos com tal catarro, caso essas pessoas assoem-no no momento exato em que o alimento rançoso ou perfumado está na boca ou palato delas, nesse momento, elas têm uma clara percepção do ranço ou do perfume. Essas instâncias resultaram e constituirão essa espécie, ou melhor, essa parte, sobre o gosto; de modo que a sensação do paladar é, em parte, simplesmente a olfação interior, que desce dos tubos nasais mais elevados até a boca e o palato. Por outro lado, todos os sabores – salgado, doce, picante, ácido, azedo, amargo e assim por diante – oferecem igual sensação àquele cujo sentido do olfato está ausente ou bloqueado e a qualquer outra pessoa. Por isso, está claro que o sentido do paladar é composto da olfação interna e de uma espécie de tato extremamente sensível; mas este não é o lugar para discutir isso.

Outro exemplo semelhante: suponha que a natureza investigada seja o transporte de uma qualidade sem que haja mistura de substâncias. A instância da luz resultará ou constituirá uma espécie de transporte; o calor e o magnetismo, outra. Pois o transporte da luz é virtualmente instantâneo e desaparece assim que a fonte de luz é removida. Mas o calor e a força magnética são transmitidos, ou melhor, estimulados em outro corpo, e depois permanecem e persistem por bastante tempo após a fonte ser removida.

Finalmente, o privilégio das *instâncias constitutivas* é muito grande de fato, na medida em que contribuem sobremaneira para a formação tanto das

XXVII

Entre as instâncias privilegiadas, colocamos em sexto lugar as *instâncias de semelhança*[31] ou *instâncias análogas*, que também optamos por chamar de *paralelas*, ou *similaridades físicas*. São instâncias que revelam similaridades e conexões entre as coisas, não nas formas menores (que é o papel de *instâncias constitutivas*), mas no objeto real e concreto. Assim, elas são como os primeiros passos e os degraus mais baixos da unidade da natureza. Elas não estabelecem nenhum axioma diretamente, desde o início, mas apenas indicam e apontam para algum tipo de conformidade entre os corpos. Mas embora não contribuam muito para a descoberta das formas, elas são extremamente úteis para a descoberta da estrutura das partes de um todo e realizam uma espécie de dissecação de seus membros; consequentemente, elas, às vezes, nos levam passo a passo a axiomas sublimes e nobres, particularmente aos axiomas relativos à estrutura do mundo, em vez das formas e naturezas simples.

Alguns exemplos de *instâncias de semelhança* são o olho e o espelho, a estrutura do ouvido e os locais que produzem eco. Além da efetiva observação da semelhança, que é muito útil por si mesma, a produção e formação do seguinte axioma a partir da semelhança é algo simples: que os órgãos dos sentidos têm natureza similar à dos corpos que emitem reflexos para os sentidos. Tomando este fato como exemplo, o entendimento, por sua vez, eleva-se sem dificuldade a um axioma mais alto e mais nobre: ou seja, as conformidades ou simpatias entre os corpos dotados de sentidos e entre os objetos inanimados sem sentidos diferem apenas no fato de que, no primeiro caso, um espírito animal está presente em um corpo preparado para recebê-lo, o qual não está presente no último. Em consequência, os sentidos nos animais seriam tantos quanto fossem as conformidades existentes em corpos inanimados, se houvessem perfurações no corpo animado para a difusão do espírito animal em um membro devidamente preparado ou em um órgão adequado. E há, sem dúvida, tantos movimentos em um corpo inanimado, sem espírito animal, como há sentidos nos animais, embora deva haver mais movimentos nos corpos inanimados que sentidos nos corpos animados, porque existem poucos órgãos do sentido. Um exemplo óbvio e pronto disso é a dor. Embora existam muitos tipos de dor nos animais, com características diferentes (as dores da queimadura, do frio intenso, do formigamento, da pressão, do alongamento e assim por diante são bem diferentes uma

---

31 *Instantiae conformes.* Instâncias Conformes, segundo Andrade (1973).

das outras), é certo que, tendo em vista que são movimento, todos eles ocorrem nos corpos inanimados; como na madeira ou na pedra quando são queimadas ou contraídas pelo frio, ou furadas, cortadas, dobradas ou esmagadas; e o mesmo ocorre com outras coisas; muito embora as sensações não façam parte por causa da ausência de espíritos animais.

Da mesma forma, as raízes e os ramos das plantas (mesmo que seja estranho dizer isso) são instâncias de semelhança. Pois todos os vegetais crescem e criam membros em seu ambiente tanto para cima como para baixo. A única diferença entre as raízes e ramos é que a raiz está encerrada na terra e os galhos, expostos ao ar e sol. Pegue um broto novo e vivo de uma árvore, dobre-o e o coloque em um punhado de terra, mesmo que não se fixe ao próprio solo; ele irá imediatamente produzir uma raiz, não um ramo. Se, por outro lado, cobrirmos uma planta com terra e a obstruímos com uma rocha ou substância dura que a impeça de desenvolver folhas em seu topo, ela irá criar ramificações no ar que está na parte de baixo.

As resinas das árvores e a maioria das pedras preciosas também são *instâncias de semelhança*. Pois ambas são simplesmente exsudações e filtrações de sucos: no primeiro caso, dos sucos de árvores; na segundo, de rochas, de modo que ambas são claras e brilhantes por causa da filtração íntima e cuidadosa. Essa também é a razão pela qual o couro dos animais não é tão bonito e colorido como a plumagem de muitas aves, porque os sucos não se infiltram tão delicadamente através da pele como o fazem através das penas.

Outras *instâncias de semelhança* são o escroto dos machos e o útero das fêmeas. Daí essa notável estrutura que diferencia os sexos (no que diz respeito aos animais terrestres) parece ser uma questão entre o interno e o externo; porque, no sexo masculino, a maior força do calor obriga os órgãos genitais para fora, enquanto no feminino, tendo em vista que calor é muito fraco para fazer o mesmo, os órgãos genitais permanecem no interior.

Da mesma forma, as barbatanas dos peixes e os pés dos quadrúpedes, ou os pés e asas de aves, são *instâncias de semelhança*; e Aristóteles adicionou as quatro ondulações do movimento das cobras. E, portanto, na estrutura geral de coisas, o movimento dos seres vivos muitas vezes parece depender de conjuntos de quatro articulações ou flexões.

Da mesma forma, os dentes dos animais terrestres e os bicos dos pássaros são instâncias de semelhança; a partir disso, fica claro que em todos os animais acabados, um tipo de substância dura se junta na boca.

Da mesma forma, não é absurdo a similaridade e semelhança entre o homem e uma planta invertida. Pois a cabeça é a raiz dos nervos e das faculdades dos animais; as partes das sementes estão na parte inferior (ignorando as extremidades das pernas e dos braços), enquanto que, em uma planta, a raiz (que é como a cabeça) está normalmente localizada na parte inferior e as sementes estão no topo.

Finalmente, devemos insistir com firmeza e lembrar com frequência que a atenção dos homens para a pesquisa e para a compilação da história natural precisa ser completamente diferente a partir de agora e precisa ser transformada em algo oposto do que é praticado atualmente. Até agora, os homens trabalharam muito e atenciosamente com a observação da variedade de coisas, explicando com minúcia as características distintivas dos animais, plantas e fósseis; mas a maioria dessas coisas são mais brincadeiras da natureza que diferenças reais de alguma utilidade para as ciências. Essas coisas certamente são prazerosas e até mesmo, às vezes, têm uso prático, mas contribuem pouco ou nada para uma visão íntima da natureza. E por isso devemos voltar toda a nossa atenção à busca e observação das semelhanças e das analogias das coisas, tanto do todo quanto das partes. Pois estas são as coisas que unem a natureza e começam a constituir as ciências.

Mas, em tudo isso, devemos ser rigorosos, muito cautelosos e aceitar como semelhantes e *análogas* apenas as *instâncias* que denotam semelhanças físicas (como temos dito desde o início), isto é, as semelhanças reais e substanciais que são fundamentadas na natureza e não as acidentais e aparentes; muito menos os tipos de semelhanças supersticiosas ou curiosas que são constantemente apresentadas por escritores de magia natural (homens de mente fraca e não dignos de serem mencionados em assuntos tão sérios como o que estamos discutindo agora), como quando, com muita vaidade e loucura, descrevem, e até mesmo, por vezes, inventam semelhanças e simpatias vazias entre as coisas.

Deixando isso de lado, as *instâncias de semelhança* não devem ser ignoradas em questões maiores, nem mesmo a respeito do efetivo contorno da Terra; como a África e a região do Peru que se estende até o estreito de Magalhães. Pois ambas as regiões têm istmos e promontórios semelhantes e isso não acontece sem uma razão.

O mesmo serve para o Novo e o Velho Mundo: ambos são imensamente largos no Norte, tornando-se estreitos e pontudos em direção ao Sul.

Casos bastante notáveis de instâncias de semelhança são o frio intenso na região conhecida como intermediária do ar, e os incêndios extremamente ferozes, que vemos muitas vezes irromper de locais subterrâneos; as duas coisas insuperáveis e extremas: os extremos da natureza do frio dirigem-se para o circuito do céu e os da natureza do calor para as entranhas da terra; por oposição, ou pela rejeição da natureza contrária.

Finalmente, a semelhança das instâncias nos axiomas da ciência merece atenção. O tropo retórico chamado de *contrário às expectativas*[32] se asseme-

---

32 *Praeter Expectatum.*

lha à figura musical conhecida como fuga da cadência.[33] De maneira similar, o postulado matemático de que "as coisas que são iguais a uma terceira coisa são iguais entre si" correspondem à estrutura do silogismo na lógica, que une as coisas que concordam com um termo médio. Finalmente, é muito útil que o maior número possível de pessoas tenha um sentido apurado para rastrear e monitorar as semelhanças e similaridades físicas.

XXVIII

Entre as instâncias privilegiadas, colocamos em sétimo lugar as *instâncias únicas*;[34] que optamos por chamar também de *instâncias irregulares* ou *heteróclitas* (termo dos gramáticos). Essas instâncias se revelam em concreto e formam corpos que parecem ser extraordinários e estar isolados na natureza, tendo muito pouco em comum com outras coisas do mesmo tipo. As *instâncias de semelhança* são iguais umas às outras; já as *instâncias únicas* são *sui generis*. As *instâncias únicas* são usadas como as *instâncias ocultas*, isto é, servem para elevar e unir a natureza com a finalidade de descobrir tipos ou naturezas comuns, que serão depois delimitados por meio de diferenças genuínas. O inquérito deve prosseguir até que as propriedades e qualidades encontradas nas coisas, que podem ser consideradas como maravilhas da natureza, sejam reduzidas e compreendidas sob alguma forma específica ou lei. Assim, toda irregularidade ou peculiaridade dependerá de alguma forma comum; e a maravilha, finalmente, está apenas nas pequenas diferenças, no grau e na combinação incomum, não na própria espécie; enquanto isso, o raciocínio atual dos homens não vai além do nomear essas coisas de segredos da natureza ou de monstruosidades, de coisas sem causa e de exceções às regras gerais.

Exemplos de *instâncias únicas* são o sol e a lua entre as estrelas, o ímã entre as pedras; o mercúrio entre os metais, o elefante entre os quadrúpedes; a sensação sexual entre os tipos de tato; a sutileza do faro dos cães entre os tipos de olfatos. Também a letra S é tomada como única pelos gramáticos, por causa da facilidade com que ela se combina com consoantes, por vezes com duas, por vezes com três, como nenhuma outra letra o faz. Tais instâncias devem ser valorizadas, porque elas aguçam e aceleram a investigação, revigorando a mente envelhecida pelo hábito e pelo curso normal das coisas.

XXIX

Entre as *instâncias privilegiadas*, em oitavo lugar, colocamos as *instâncias desviantes*,[35] que são erros de natureza, extravagâncias e monstruosidades, des-

---

33   *Declinatio Cadentiae.*

34   *Instantiae Monodicae.* Instâncias monádicas, segundo Andrade (1973).

35   *Instantiae Deviantes.*

vios e declínios do curso normal da natureza. Os erros da natureza diferem das *instâncias únicas*, porque estas são espantos da espécie, enquanto os erros da natureza são espantos dos indivíduos. Mas o uso das duas é praticamente o mesmo, porque elas fortalecem o intelecto em face do lugar-comum e revelam as formas comuns. Aqui também devemos prosseguir a investigação até que a causa do desvio seja descoberto. No entanto, a causa não se torna uma forma, mas é um mero *processo latente* para chegar-se a esta. Aquele que conhece os caminhos da natureza conseguirá reconhecer mais facilmente os desvios. E, em inverso, quem reconhece os desvios descreve os caminhos com maior precisão.

Elas também diferem das instâncias únicas, porque preparam o caminho para a prática e aplicação de forma muito melhor. Pois seria muito difícil criar novas espécies; mas menos difícil variar as já conhecidas e, assim, desenvolver várias coisas raras e incomuns. É uma transição fácil ir dos espantos da natureza para os espantos da arte. Pois uma vez que uma natureza foi observada em sua variação e a razão para isso está clara, será uma tarefa fácil trazer essa natureza pela arte ao ponto que ela alcançou ao acaso. E não apenas a esse ponto, mas para outros fins também; pois, os erros em uma direção mostram e apontam o caminho dos erros e desvios em todas as outras direções. Para isso não há necessidade de exemplos, uma vez que há muitos. Devemos fazer uma coleção ou uma história natural particular de todos os monstros e produtos prodigiosos da natureza, de toda novidade, raridade ou anomalia da natureza. Mas isso deve ser feito com a maior discrição, para mantermos a credibilidade. Devemos, sobretudo, suspeitar das coisas que dependem de alguma forma da religião, como os prodígios de Tito Lívio; bem como o que encontramos em escritores de magia natural ou alquimia ou homens desse tipo que têm uma paixão por fábulas. Os fatos devem ser tomados de uma história séria e crível e, também, de relatórios confiáveis.

XXX

Entre as *instâncias privilegiadas*, colocamos em nono lugar as *instâncias limítrofes*,[36] que resolvemos também chamar de *instâncias de compartilhamento*.[37] São instâncias que exibem espécies de corpos que parecem ser compostos de duas espécies, ou elementos, que se encontram entre uma e outra espécie. Essas instâncias podem ser justamente consideradas como *instâncias únicas* ou *heteróclitas*, uma vez que são raras ou extraordinárias no esquema geral das coisas. No entanto, elas devem ser classificadas e discutidas em separado por

---

36 *Instantiae Limitaneae.*

37 *Participia*, analogia gramatical. O *participium* é assim chamado porque participa da natureza tanto dos substantivos como dos adjetivos.

causa de seu valor: elas são excelentes indicadores da composição e da estrutura das coisas, apontam para as razões do número e da qualidade das espécies regulares em todo o mundo e dirigem o intelecto das instâncias que são para as que podem ser consideradas como *instâncias únicas* ou *heteróclitas*, uma vez que, em toda a natureza, elas são raras e extraordinárias.

São exemplos: o musgo, que está situado entre a putrefação e o vegetal; alguns cometas, entre as estrelas e os meteoros em chamas; o peixe-voador, entre as aves e os peixes; os morcegos, entre os pássaros e os quadrúpedes; e também "o macaco, criatura repulsiva, quão semelhante a nós;"[38] e a prole dos animais mestiços, bem como as misturas de diferentes espécies e coisas semelhantes.

XXXI

Entre as *instâncias privilegiadas* colocamos em décimo lugar as *instâncias de poder,*[39] ou do *cetro* (tomamos o vocábulo de um dos emblemas do governo); resolvemos também chamá-las de *artifícios ou ferramentas dos homens*. Elas são as obras mais nobres e mais perfeitas, os produtos acabados de todas as artes. Porque se o principal objetivo é que a natureza contribua para as questões humanas e para o benefício humano, o primeiro passo nesse sentido é notar e enumerar as obras que já estão em poder do homem (as províncias já ocupadas e subjugadas); particularmente as obras mais refinadas e acabadas, pois elas fornecem o caminho mais fácil e rápido às coisas novas e ainda não descobertas. Se refletíssemos cuidadosamente sobre elas e, em seguida, fizéssemos um esforço entusiasmado e persistente para desenvolver o projeto, com certeza ou o melhoraríamos de alguma forma, ou o modificaríamos para algo intimamente relacionado, ou até mesmo o aplicaríamos e transferiríamos para um propósito ainda mais nobre.

E isso não é tudo. Como as obras raras e incomuns da natureza despertam e estimulam o intelecto para a busca e descoberta de formas suficientemente amplas para contê-las, o mesmo acontece com as obras proeminentes e admiráveis das artes; e, mais ainda, porque a maneira de realizar e alcançar tais maravilhas da arte é, em sua maior parte, bastante simples, enquanto a busca das maravilhas da natureza é com frequência bastante obscura. Mas aqui também temos de tomar muito cuidado para não refrear a mente, acorrentando-a ao chão.

Pois há o perigo de que tais obras de arte, que parecem com os cumes e pontos altos da atividade humana, possam atordoar o intelecto, prendê-lo e lançar seu próprio feitiço especial sobre ele para que se torne incapaz de obter

---

38 Ênio, citado por Cícero em *Sobre a Natureza dos Deuses*, I.35.

39 *Instantiae Potestatis.*

mais conhecimentos, uma vez que pensa que nada disso pode ser feito, exceto da mesma forma como as coisas foram feitas, com apenas um pouco mais de trabalho e uma preparação mais cuidadosa.

Ao contrário, deve ser considerado como certo que as caminhos e os meios até agora descobertos e relatados de se fazer as coisas e desenvolver produtos são, em sua maior parte, acontecimentos bastante insignificantes; todo grande poder depende das formas e é produzido em ordem a partir delas; elas são as fontes e nenhuma delas já foi descoberta.

E, portanto (como já dissemos em outro lugar), ninguém que refletisse sobre as máquinas e aríetes dos antigos chegaria à invenção do canhão de pólvora, por mais que persistisse e dedicasse sua vida a isso. Ninguém que mantivesse permanentemente seus pensamentos e observações sobre a manufatura da lã e das linhas de origem vegetal iria, por este meio, descobrir a natureza do bicho-da-seda ou mesmo da seda dele derivada.

E, assim (quando pensamos nisso), tudo o que consideramos como as invenções mais notáveis vieram à tona, de certo modo, por acaso, e não por meio de pequenos refinamentos e extensões das artes. Apenas a descoberta das formas exibe-as mais prontamente,[40] move-se mais rapidamente do que o acaso (cujo modo de realização leva séculos).

Não há necessidade de dar exemplos específicos de tais instâncias, porque há muitas delas. O que é absolutamente necessário fazer é um estudo aprofundado e um exame de todas as artes mecânicas e das demais artes liberais (quando possam resultar em obras) e, em seguida, preparar uma compilação ou história particular das grandes realizações, das realizações magisteriais e das obras acabadas de cada arte, juntamente com os seus modos de funcionamento ou operação.

No entanto, o trabalho difícil e necessário relacionado ao preparo de uma compilação desse tipo não deve ficar limitado ao relato detalhado das reconhecidas obras-primas e dos segredos de uma arte que desperta a nossa admiração. Pois a admiração é filha da raridade; e as coisas raras causam admiração mesmo quando seu tipo fizer parte das naturezas comuns.

Por outro lado, as coisas que são verdadeiramente admiráveis pelas diferenças de sua espécie quando comparadas com outras mal são percebidas quando, para nós, são de uso comum. Devemos tomar nota das *instâncias únicas* da arte, bem como dos fenômenos únicos da natureza, como já dissemos antes. Assim como incluímos o Sol, a Lua, o ímã e outros entre as *instâncias únicas* da natureza, que apesar de ser muito comuns possuem uma natureza quase única, então, do mesmo modo, devemos incluir as *instâncias únicas* das artes.

---

40 *Repraesentat.*

Por exemplo: o papel é uma *instância única* da arte; mesmo sendo algo bem comum. Mas vejamos o assunto com mais detalhes. Os materiais artificiais ou são simplesmente entrelaçados por fios verticais e horizontais, como o pano feito de seda, linho, lã etc.; ou são feitos de líquidos secos, tal como o tijolo, ou a cerâmica, ou o vidro, ou o esmalte ou a porcelana, e assim por diante; eles brilham quando estão bem compactados; caso contrário, eles endurecem, mas não brilham. Agora, tudo o que é feito de líquidos secos é frágil e não é nada adesivo ou firme. O papel, porém, é uma substância firme que pode ser cortada e rasgada, de modo que imita e quase rivaliza com a pele ou a membrana de um animal, ou a folhagem de um vegetal e outros produtos naturais similares. Não é frágil como o vidro, nem trançado como o tecido; ele certamente possui fibras como em outros materiais naturais, mas não há filamentos distintos. E assim descobrimos que o papel não tem quase nenhuma semelhança com outros materiais artificiais, sendo, assim, absolutamente único. Os melhores tipos de materiais artificiais são certamente os que imitam a natureza com maior fidelidade, ou, por outro lado, a excluem com habilidade e a transformam completamente.

Mais uma vez, entre os artifícios e ferramentas do homem, não devemos condenar imediatamente os truques e os brinquedos. Suas aplicações são triviais e frívolas, mas alguns deles podem ser úteis para obtermos informações.

Finalmente, não devemos ignorar completamente a superstição e (desde que a palavra seja tomada em seu sentido comum) a magia. Essas coisas estão profundamente entulhadas sob grandes montes de fábulas e mentiras, mas ainda assim devemos dar-lhes um pouco de atenção para saber se há, talvez, alguma operação natural com vida latente em qualquer uma delas; por exemplo, nos feitiços, nas fortificações da imaginação, nas simpatias entre objetos distantes, nas transmissões de impressões de um espírito a outro, como de um corpo a outro, e assim por diante.

XXXII

De tudo que foi dito, é óbvio que os cinco últimos tipos de instâncias discutidos (isto é, *instâncias de semelhança, instâncias únicas, instâncias desviantes, instâncias limítrofes e instâncias de poder*) não devem ser deixadas de lado até que se investigue uma natureza particular, de modo que devemos deixar de lado as primeiras instâncias listadas e algumas das seguintes. Em vez disso, devemos fazer, logo no início, uma coleção delas, uma espécie de história particular, de forma que elas possam organizar o que entra no intelecto e melhorar a própria condição débil deste, que simplesmente não consegue evitar ser impressionado e desvirtuado e, no fim, torcido e distorcido pelo ataque constante das impressões diárias.

160 | NOVO ÓRGANON

Devemos empregar essas instâncias como um treinamento preliminar, para corrigir e purificar o intelecto. Qualquer coisa que afasta o intelecto das coisas comuns suaviza e lustra sua superfície para a recepção da luz clara e seca das ideias verdadeiras.

Tais instâncias também abrem e pavimentam a estrada que leva à aplicação prática, conforme argumentaremos no ponto apropriado quando discutirmos as deduções para a prática.[41]

XXXIII

Entre as instâncias privilegiadas, colocamos em décimo primeiro lugar as *instâncias de associação* e *de aversão,*[42] as quais resolvemos também chamar de *instâncias de proposições imutáveis*. Essas instâncias exibem uma substância ou coisa concreta em que a natureza investigada ou a segue inevitavelmente, como uma companheira inseparável, ou, por outro lado, sempre se desvia, foge e é excluída da associação, como uma inimiga e estrangeira. Com base em tais instâncias, formamos proposições certas e universais, positivas ou negativas, das quais o sujeito será um corpo em forma concreta e o predicado será a natureza buscada. Pois as proposições particulares não são *imutáveis*; são proposições onde a natureza buscada é tida como fluida e instável em um objeto concreto, ou seja, é uma natureza que está se aproximando ou foi adquirida, ou, por outro lado, está partindo ou foi perdida. Assim, as proposições particulares não têm grande privilégio, exceto somente no caso da transição que discutimos anteriormente.[43] No entanto, mesmo as proposições particulares são valiosas quando examinadas e comparadas às proposições universais. Sobre isso falaremos no ponto apropriado. Mas, mesmo em relação às proposições universais, não exigimos a total ou absoluta afirmação ou negação. Elas são adequadas para os seus fins, mesmo que admitam alguma exceção única ou rara.

Assim, a função das *instâncias de associação* é delimitar o escopo da proposição *afirmativa* de uma forma. Nas *instâncias de transição*, a afirmativa de uma forma é delimitada para que possamos entender a forma de uma coisa como algo que é aceito ou rejeitado pelo ato de *transição*. Da mesma forma, nas *instâncias de associação*, a *afirmativa* de uma forma é delimitada para que sejamos compelidos a reconhecer a forma da coisa como algo que entra na composição de tal corpo, ou por outro lado, recusa-se a fazê-lo, de modo que qualquer um que esteja familiarizado com a estrutura ou com a figura de tal corpo estará próximo de trazer à luz a forma da natureza buscada.

---

41 Bacon não publicou tal discussão.

42 *Instantiae Comitatus, atque hostile*. Instâncias de acompanhamento e hostis, segundo Andrade (1973).

43 II.23.

Por exemplo: suponha que a natureza buscada seja o calor. A *instância associada* é a chama. Pois o calor é algo móvel para a água, o ar, a pedra, o metal e para muitas outras coisas, podendo ir e vir; mas toda chama é quente, de modo que o calor está sempre associado com a formação de chamas. Nenhuma *instância de aversão* ao calor ocorre em nossa experiência. Nós não possuímos nenhuma experiência, por nossos sentidos, das entranhas da terra; mas não conhecemos nenhuma massa de corpos que não seja suscetível ao calor.

Ou suponha que a natureza buscada seja a Solidez. Uma *instância de aversão* é o ar. O metal pode estar fundido ou sólido; o mesmo serve para o vidro; até mesmo a água pode ser sólida quando se congela: mas é impossível que o ar se solidifique, ou perca a sua fluidez.

Restam duas advertências sobre as *instâncias de proposições imutáveis* relevantes para a nossa discussão. Primeiro, caso não haja uma universal absoluta, *afirmativa* ou *negativa*, devemos, com cuidado, anotar que o próprio fato é inexistente, assim como fizemos no caso do calor, em que a universal negativa (em entidades que fazem parte de nossa experiência) não existe na natureza. Da mesma forma, se a natureza investigada é eterna ou incorruptível, a universal afirmativa não estará disponível para nossa experiência. Pois o *eterno* ou *incorruptível* não pode ser predicado de qualquer substância sob os céus, ou acima do interior da terra. A segunda advertência é que as proposições universais, tanto as negativas como as afirmativas, sobre uma coisa concreta têm coisas concretas que lhes são inerentes e que parecem se aproximar do inexistente. No caso do calor, as chamas muito suaves que mal chegam a queimar; no caso da incorruptibilidade, temos o ouro, que é a coisa mais próxima. Tudo isso aponta para os limites naturais entre ser e não ser; e ajuda a definir os limites das formas para que elas não inflem e se dispersem para além das condições da matéria.

XXXIV

Entre as instâncias privilegiadas, colocamos em décimo segundo lugar as *instâncias*[44] *acessórias*[45], das quais falamos no aforismo anterior; resolvemos também chamá-las de *instâncias do fim ou instâncias terminais*. Tais instâncias não são apenas úteis quando ligadas a proposições imutáveis, mas também em si e por sua própria natureza. Pois elas claramente marcam as verdadeiras divisões da natureza, as medidas das coisas, o limite *até onde* uma natureza pode fazer ou sofrer algo e a transição de uma natureza para outra. Tais são o ouro em relação ao peso; o ferro, à dureza; a baleia, ao tamanho dos animais; o

---

44 *Subjunctiva*, analogia gramatical: modo "subjuntivo". *Subjunctivus* é um adjetivo latino: conectado, ligado, unido.

45 *Instantiae Subjunctivae*. Instâncias subjuntivas, segundo Andrade (1973).

cão, ao olfato; a descarga da pólvora, à rapidez da expansão, e assim por diante. Elas mostram os graus finais da parte inferior da graduação tanto quanto a da superior; desse modo, temos o espírito do vinho em relação ao peso; a seda, à suavidade; as larvas da pele, ao tamanho do animal, e assim por diante.

XXXV

Entre as *instâncias privilegiadas*, colocamos em décimo terceiro lugar as *instâncias de aliança* ou *de união*.[46] Tratam-se de instâncias que fundem e unem naturezas julgadas como heterogêneas e marcadas como tal nas distinções atualmente aceitas.

As *instâncias de aliança* revelam que as operações e efeitos que são classificados como pertencentes a uma natureza heterogênea também pertencem a outras naturezas heterogêneas, e isso prova que a suposta heterogeneidade não é genuína ou essencial, mas simplesmente uma modificação de uma natureza comum. O maior valor delas está, portanto, em fazer que a mente se eleve e ascenda das diferenças até os *gêneros* para se livrar dos fantasmas e das falsas imagens de coisas, já que, nas substâncias concretas, elas se apresentam disfarçadas a nós.

Por exemplo: suponha que a natureza investigada seja o calor. Parece haver uma distinção bastante comum e autêntica entre três tipos de calor, ou seja, o calor dos corpos celestes, o calor dos animais e o calor do fogo; e tais tipos de calor (especialmente um deles em comparação a outros dois) são diferentes e bastante heterogêneos em sua efetiva essência e espécie, ou em sua natureza específica; pois o calor dos corpos celestes e dos animais cria e nutre, enquanto o calor do fogo corrompe e destrói. Uma *instância de aliança*, portanto, é a experiência bastante comum de levar um ramo de vinha para uma casa onde haja fogo a queimar em uma lareira para que as uvas amadureçam um mês antes do que do lado de fora, de modo que se possa acelerar o amadurecimento da fruta, mesmo quando ela está pendurada na árvore, por meio do fogo, embora essa pareça ser a função apropriada do sol. A partir desse início a mente rejeita a heterogeneidade essencial e, prontamente, se eleva para perguntar quais são as reais diferenças entre o calor do sol e o do fogo que fazem que suas operações sejam tão diferentes, apesar de partilharem uma natureza comum.

As diferenças são quatro: em primeiro lugar, o calor do sol, quando comparado ao calor do fogo, é muito mais suave e de grau mais leve. Em segundo lugar (especialmente ao atingir-nos através do ar), possui uma qualidade muito mais úmida. Em terceiro lugar (e esta é a principal diferença), é extremamente

---

46 *Instantiae Foederis sive unionis.*

LIVRO II | **163**

inconstante, em um momento se aproxima e aumenta, em outro se afasta e diminui; e isso é o que mais contribui para a geração de corpos. Aristóteles afirmou justamente que, aqui na superfície da Terra, a causa principal pela qual as coisas ganham existência e desaparecem é o caminho oblíquo do Sol através do zodíaco; como resultado disso, o calor do sol é, de fato, surpreendentemente inconstante, em parte pela alternância entre dia e noite e, em parte, pela sucessão de verões e invernos. No entanto, Aristóteles nunca deixa de torcer e distorcer imediatamente aquilo que realmente descobriu. Em seu papel habitual de árbitro da natureza, ele magistralmente determina que a aproximação do Sol é a causa do vir a ser e sua recessão a causa da extinção; e que ambas as coisas (ou seja, a aproximação e a recessão do Sol) são indistintamente tanto a razão do vir a ser, quanto da extinção, não respectivamente, já que a desigualdade de calor faz que as coisas nasçam e morram, enquanto a igualdade de calor favorece apenas a preservação. Há também uma quarta diferença entre o calor do sol e do calor do fogo, uma diferença de enorme importância: a saber, o Sol implementa suas operações através de longos espaços de tempo, enquanto as operações de fogo (sob pressão da impaciência do homem) dão resultados em um período relativamente curto. No entanto, devemos ter atenção constante com o controle do calor de um fogo e reduzi-lo a uma temperatura amena e moderada (há muitas maneiras de fazer isso); além disso, também podemos polvilhá-lo e misturá-lo com umidade e, em particular, podemos imitar a inconstância do Sol, finalmente, seja paciente e aceite o tempo que leva (que certamente não será um período como o das obras do Sol, mas um tempo maior do o utilizado normalmente pelos homens nas operações com fogo). Se fizermos tudo isso, descartaremos com facilidade a [noção de] heterogeneidade do calor e irá, a partir do calor do fogo, se aproximar, ou igualar ou, em alguns casos, até ultrapassar as operações do Sol. Uma *instância de aliança* semelhante é a da reanimação, utilizando um pouco do calor de um fogo, de borboletas atordoadas e quase mortas pelo frio; por esse exemplo podemos ver que o fogo está apto tanto a reviver animais como a amadurecer vegetais. Também a famosa invenção de Fracastoro[47] da panela muito quente, com a qual os médicos envolvem a cabeça das vítimas de apoplexia cujas vidas estão por um fio, obviamente amplia os espíritos animais que foram reprimidos e quase extintos por humores e obstruções do cérebro; isso os estimula a entrar em atividade; funciona da mesma forma como o fogo na água ou no ar e, no entanto, tem o efeito de restabelecer a vida. Por vezes, também o calor do fogo choca ovos, em imitação direta do calor animal; há vários outros casos semelhantes, de modo que ninguém deve duvidar que

---

47   Girolano Fracastoro (1483-1553), médico e poeta, autor do poema *Syphilis* (1530).

o calor do fogo pode ser, em muitos casos, temperado para ser uma imagem do calor dos corpos celestes e animais.

Da mesma forma, suponha que as naturezas visadas sejam o movimento e o descanso. Parece haver uma divisão comum, que também foi retirada do coração da filosofia: os corpos naturais ou giram, ou se movem em linha reta, ou ficam e permanecem em repouso. Pois existe o movimento sem fim, ou o repouso ao fim, ou o movimento em direção a um fim. O movimento perpétuo de rotação parece ser peculiar aos corpos celestes; a parada ou o descanso aparenta pertencer ao globo da terra em si; mas os outros corpos, que são chamados de pesados e leves, ou seja, os corpos que estão fora de seus lugares naturais, movimentam-se em um linha reta em direção às massas ou acumulações de coisas semelhantes a si mesmos: as coisas leves, para cima em direção ao circuito dos céus, as coisas pesadas, para baixo em direção à terra. Estas são coisas boas para se dizer.

Um cometa baixo é uma *instância de aliança*; mesmo estando muito abaixo do céu, ele tem rotação. E a ficção de Aristóteles de que um cometa está ligado ou em busca de uma estrela em particular está desacreditada já a um longo tempo; não só por não ser uma explicação provável, mas pelo fato observado do movimento errante e irregular dos cometas em diferentes áreas do céu.

Novamente, outra *instância de aliança* nesse assunto é o movimento do ar, que parece girar do leste para o oeste entre os trópicos (onde os círculos de rotação são maiores).

Outra *instância*, ainda, seria o fluxo e o refluxo do mar, já que as águas são vistas como tendo um movimento de rotação (ainda que lentamente e de difícil observação) do leste para oeste; e, de tal forma, que elas refluem de volta duas vezes por dia. Se esse for o caso, é óbvio que o movimento de rotação não se limita aos céus, mas é compartilhado com o ar e com a água.

A capacidade de os objetos leves se moverem para cima varia um pouco. Tomemos uma bolha de água como uma *instância de aliança* nesse caso. O ar sob a água sobe rapidamente em direção à superfície por causa do movimento de "choque" (como Demócrito o chama), por meio do qual a água descendente o atinge e faz que suba, e não pela luta ou esforço por parte do próprio ar. Ao atingir a superfície da água, o ar é impedido de subir ainda mais pela leve resistência que encontra na água, a qual não se deixa separar; assim, a própria tendência de ascensão do ar é muito fraca.

Da mesma maneira, suponha que a natureza buscada seja o peso. Há uma distinção muito bem aceita de que os objetos densos e sólidos tendem para o centro da Terra, enquanto os objetos leves e rarefeitos tendem para o circuito do céu, como seus lugares próprios. E no que diz respeito a lugares, é muito tolo e infantil pensar (embora pensamentos desse tipo sejam predominantes nas escolas) que o lugar possui qualquer tipo de influência. Daí, os filósofos falam bobagem quando dizem que, se um buraco fosse feito na terra, os corpos pesados iriam parar quando atingissem seu centro. Pois isso seria com certeza um tipo maravilhosamente poderoso e eficaz de nada ou ponto matemático, o qual teria efeito sobre outras coisas e outras coisas o buscariam; pois um corpo só pode ser afetado por outro. Todavia, a tendência para se deslocar para cima e para baixo está ou na estrutura do corpo em movimento, ou na simpatia ou acordo com um outro corpo. Se for encontrado um corpo que, apesar de ser denso e sólido, não tenda para o chão, tal distinção ficará abalada. Se aceitarmos a opinião de Gilbert de que a força magnética da Terra para atrair objetos pesados não se estende além do círculo de seu próprio poder (que opera sempre até uma certa distância e não fora dela) e se isso for verificado por alguma instância, tal fato passará a ser uma *instância de aliança* nesse assunto. No entanto, até agora, não foi observada nenhuma instância certa e óbvia sobre esse ponto. A coisa mais próxima disso parece ser as trombas-d'água que são frequentemente vistas em viagens pelo Oceano Atlântico a uma das duas Índias. A massa e a força das águas subitamente liberadas são, aparentemente, tão gigantescas que parece ter havido uma acumulação prévia de água suspensa e parada nesses lugares e que, em seguida, é arremessada e forçada para baixo por alguma causa violenta, em vez de caírem pelo movimento natural de seu peso. Por isso, pode-se conjeturar que uma massa física densa e compacta a uma grande distância da Terra irá ficar suspensa, como a própria Terra, e não cairá, a menos que seja derrubada. Mas nós não reivindicamos nenhuma certeza aqui. E por esse e muitos outros casos, percebe-se facilmente como é pobre a nossa história natural, tendo em vista que, às vezes, somos obrigados a apresentar suposições em vez de casos certos.

Da mesma maneira, suponha que a natureza buscada seja o movimento discursivo da mente. Parece ser bastante correto fazer uma distinção entre a razão humana e a inteligência dos animais. E, mesmo assim, ainda existem alguns casos de ações feitas por animais que sugerem que estes parecem passar por uma cadeia de raciocínio: conta-se a história de um corvo que estava quase morto de sede por causa de uma grande seca. Ele vislumbrou um pouco de água dentro de um tronco oco de árvore e, uma vez que o tronco era muito estreito para entrar, ele jogou pedregulhos um após o outro para que o nível da água subisse e ele pudesse bebê-la: isso se tornou proverbial.[48]

Da mesma maneira, suponha que a natureza buscada seja o visível. Parece haver uma diferença verdadeira e perfeitamente determinada entre a luz, que

---

48 Aviano, *Fábulas*, 27, "O Corvo e o Jarro". Há uma versão em português europeu de Jorge Manuel Tribuzi Correia de Melo, *As Fábulas de Aviano. Introdução, versão do latim e notas.* Universidade de Aveiro, 2001.

parece ser a manifestação original e a fonte primária da visão, e a cor, que é a manifestação secundária, já que não pode ser vista na ausência de luz, de modo que parece ser nada mais do que uma imagem ou modificação da luz. E, mesmo assim, existem *instâncias de aliança* disso em ambos os casos: ou seja, a neve em grandes quantidades e uma chama de enxofre; no caso da neve, parece haver uma cor que está se tornando luz e, no outro, uma luz beirando a cor.

XXXVI

Entre as *instâncias privilegiadas*, colocamos em décimo quarto lugar as *instâncias cruciais*;[49] o termo foi retirado das placas erigidas em bifurcações de estradas para indicar e marcar para onde cada caminho levará.[50] Decidimos também chamá-las de *instâncias decisivas, instância de vereditos* e, em alguns casos, de *instâncias oraculares e de comando*. Elas funcionam do seguinte modo: às vezes, na busca de uma natureza, o intelecto fica estancado no equilíbrio e não consegue decidir qual de duas ou (ocasionalmente) mais naturezas deve atribuir ou designar à causa da natureza investigada, porque muitas naturezas habitualmente ocorrem juntas. Nessas circunstâncias, as *instâncias cruciais* revelam que a comunhão de uma das naturezas com a natureza investigada é constante e indissolúvel, enquanto a outra é descontínua e ocasional. Isso resolve a pesquisa, já que uma natureza é tomada como causa e a outra é descartada e rejeitada. Assim, as instâncias desse tipo são muito esclarecedoras e possuem grande autoridade; de modo que, algumas vezes, o curso da interpretação termina nelas e torna-se completo por meio delas. Outras vezes, as *instâncias cruciais* simplesmente ocorrem, sendo encontradas entre instâncias muito familiares, mas, na maioria das vezes, elas são novas, formuladas e aplicadas de forma deliberada e especifica; é preciso zelo árduo e constante para descobri-las.

Por exemplo, suponha que a natureza investigada seja o fluxo e refluxo do mar, repetidos duas vezes por dia, com seis horas para cada maré entrante e vazante, com alguma diferença que corresponde aos movimentos da lua. A bifurcação da estrada dessa natureza é o seguinte:

Esse movimento tem de ser causado ou pelo movimento de avanço e recuo das águas, como a água que se agita para trás e para a frente em uma vasilha, deixando um lado da bacia mais vazio enquanto cobre o outro; ou pelas águas que sobem e descem das profundezas, como a água que sobe ao ferver e, em seguida, baixa. Mas o pesquisador tem dúvidas a respeito de qual dentre as duas causas atribuir o fluxo e refluxo. Se a primeira for aceita, então quando a maré

---

49 *Instantiae Crucis.*

50 "Crucial" deriva de *crux*, "cruz".

estiver alta em um dos lados do mar deverá haver uma maré baixa do outro lado do mar ao mesmo tempo. E, assim, essa é a forma que a investigação deverá prosseguir. Acosta[51] e muitos outros observaram (depois de uma investigação cuidadosa) que ocorrem marés altas ao mesmo tempo nas costas da Flórida e nas costas opostas da Espanha e da África; e, do mesmo modo, marés baixas ao mesmo tempo, e não o contrário, isto é, quando a maré está alta na costa da Flórida, ela está baixa nas costas da Espanha e da África. No entanto, se considerarmos o assunto de forma ainda mais cuidadosa, veremos que isso não prova o movimento de elevação e refuta o movimento de avanço. Pois pode acontecer que as águas avancem, inundando ambas as margens de um trecho de água ao mesmo tempo, ou seja, se essas águas estão sujeitas às forças e à pressão de outra direção, como acontece nos rios, onde o fluxo e refluxo em ambas as margens ocorre ao mesmo tempo, mesmo que o movimento seja claramente o de avanço, o movimento das águas que entram na foz do rio pelo mar. E assim é possível, de forma similar, que as águas que chegam em grande massa do oceano Índico oriental sejam lançadas na bacia do oceano Atlântico, inundando, assim, ambos os lados ao mesmo tempo. Como consequência, devemos perguntar se há uma outra bacia de onde as águas possam ao mesmo tempo fluir e refluir. E há o mar do Sul, que não é menor do que o Atlântico, mas mais largo e mais vasto, o qual se adequaria bem para a finalidade.

E assim chegamos à *instância crucial* desse assunto. Aqui está: se tivermos certeza de que, quando a maré está alta nas costas opostas da Flórida e da Espanha, então no oceano Atlântico haverá ao mesmo tempo uma maré alta na costa do Peru e próximo do continente chinês no mar do Sul; então, por essa *instância decisiva*, devemos certamente rejeitar a afirmação que o fluxo e refluxo do mar (o assunto da investigação) ocorre por um movimento de avanço; não há nenhum outro mar ou lugar restante onde lá poderia haver um recuo ou vazante ao mesmo tempo. Isso poderia ser conhecido de modo mais conveniente se o inquérito fosse feito com os habitantes do Panamá e de Lima (onde os dois oceanos, o Atlântico e o Sul, se separam por um pequeno istmo) para sabermos se o fluxo e refluxo do mar dos dois lados do istmo ocorrem ao mesmo tempo ou não. Agora esse veredito ou rejeição definitiva parece correto se postulássemos que a Terra não se move. Entretanto, se a Terra gira, talvez aconteça que a Terra e as águas do mar girem de forma desigual (desigual quanto à velocidade ou à força), a consequência seria a existência de uma pressão violenta que forçaria as águas para cima em um monte, que seria a maré alta, e a subsequente queda das águas (quando não conseguem mais manter-se em um

---

51 José de Acosta (c. 1539-1600), jesuíta espanhol e missionário no Peru. Publicou *História Natural e Moral das Índias* (1590; traduzido para o inglês em 1604).

monte), que seria a vazante. E tal fato precisa de uma investigação separada. Mas sobre essa suposição também permanece igualmente verdadeiro que deve haver um refluxo do mar em algum lugar ao mesmo tempo porque há marés altas em outro lugar.

Da mesma forma, suponha que a natureza investigada seja o último dos dois movimentos que nós imaginamos primeiramente, ou seja, o movimento de subida e queda do mar; após o exame cuidadoso, nós, de fato, rejeitamos o outro movimento mencionado, o movimento de avanço. Haverá então uma trifurcação na estrada: o movimento pelo qual as águas sobem e descem em seus fluxos e refluxos, sem a adição de outras águas que fluem nelas, tem de ocorrer em uma de três maneiras. Talvez aconteça porque uma grande massa de água jorra do interior da terra e depois retorna a seu lugar de origem; ou porque não há uma quantidade maior de água, mas as mesmas águas (com nenhum aumento da quantidade) são expandidas ou diluídas de modo que ocupem um espaço e uma dimensão maiores, e depois se contraem; ou porque a quantidade e a extensão não são maiores, mas as mesmas águas (mesmas na quantidade, na densidade e na rarefação) se elevam e baixam de novo através de alguma força magnética de cima que as atrai e afasta por meio de algum acordo.[52] Deixemos de lado os dois primeiros movimentos e limitemos a pergunta (se quiser) a essa última [possibilidade]; e façamos a investigação sobre a existência do aumento das águas por acordo ou força magnética. E primeiramente, é evidente que todas as águas, uma vez que se encontram no fosso ou leito do mar, não podem se levantar todas ao mesmo tempo, porque não haveria nada para substituí-las no fundo; daí, se as águas tivessem uma tendência de se levantar, isso seria interrompido e contido pelos grilhões da natureza, ou (como geralmente dizem) para impedir a ocorrência de um vácuo. Sobra, assim, uma única explicação: as águas sobem em um lugar e, por essa razão, baixam e recedem em um outro lugar. De fato, seguirá necessariamente que, tendo em vista que a força magnética não pode operar sobre o todo, ela atua mais intensamente sobre o centro, de modo que faz subir as águas no meio e, quando estão levantadas, afastam-se das costas, deixando-as expostas e descobertas.

E assim, por fim, chegamos à *instância crucial* desse assunto. É esta: se se descobrir que, nas vazantes do mar, a superfície de suas águas está mais arqueada e arredondada porque as águas elevam-se no meio do mar e afastam-se das bordas, que são as costas; e descobrir-se que nos fluxos a mesma superfície está mais plana e lisa quando as águas retornam a sua posição anterior; então por esta *instância decisiva*, podemos certamente aceitar a elevação pela força magnética; se não for

---

52 Referente a *consensus*; Bacon contrasta *consensus* com *sympathia*. (*Termo rejeitado por ele* em II.50(6)).

assim, tal fato deve ser totalmente rejeitado. E isso não é difícil de descobrir pela utilização de cabos de sondagem nos Estreitos; isso é, para descobrirmos se, na direção do centro do mar, a água se eleva mais ou é mais profunda nos refluxos ou nos fluxos. E nós devemos anotar tal fato se for verdadeiro, o fato (contrário à opinião) é que as águas se elevam nas vazantes e baixam somente nos fluxos para cobrir e inundar as praias.

De modo similar, suponha que a natureza investigada seja o movimento espontâneo da rotação e, particularmente, queremos saber se o movimento diário pelo qual o Sol e as estrelas se elevam e baixam em nossa vista é um movimento verdadeiro da rotação dos céus, ou outro aparente dos céus, mas verdadeiro da Terra. Uma instância *crucial* para esse assunto seria o seguinte: se nós encontrarmos no oceano um movimento do leste para o oeste, mesmo que seja fraco e lento; e se nós encontrarmos o mesmo movimento um pouco mais rápido no ar, especialmente entre os trópicos, onde é mais fácil de ser detectado por causa de sua maior circunferência; se encontrarmos o mesmo movimento nos cometas mais baixos, agora em uma forma forte e vívida; se nós encontrarmos o mesmo movimento nos planetas, devendo esse ser distribuído e graduado do seguinte modo: quanto menor a distância deles à Terra, mais lento é seu movimento; quanto mais distante, mais rápido é, e os mais velozes estão no céu das estrelas: então devemos certamente reconhecer a verdade do movimento cotidiano dos céus e negar o movimento da Terra; porque estará claro que o movimento do leste para o oeste acontece em todo o cosmos, está baseado no acordo do universo inteiro e é mais rápido nas alturas dos céus, enfraquece aos poucos até, finalmente, tornar-se débil e cessar em um ponto sem movimento, ou seja, na Terra.

Da mesma forma, seja a natureza investigada o outro movimento de rotação que os astrônomos citam frequentemente, que corre contrário ao movimento diário e a ele resiste, ou seja, o movimento de oeste para leste; que os astrônomos antigos atribuem aos planetas e ao céu das estrelas, mas Copérnico[53] e seus discípulos atribuem-no também à Terra; e perguntemos se tal movimento pode ser encontrado na natureza, ou se isso é um pouco de ficção e uma suposição para acelerar e encurtar os cálculos e apoiar aquela bela teoria que explica os movimentos celestes por círculos perfeitos. Pois esse movimento não é certamente mostrado como um movimento verdadeiro e real dos céus, ou pelo fato de que um planeta não retorna ao mesmo ponto do céu estrelado em seu movimento diário, ou pela diferença entre os polos do zodíaco e os polos da Terra; que são as duas coisas que incentivaram a ideia de tal movimento. O primeiro

---

53   Nicolau Copérnico (1473-1543) publicou *De Revolutionibus orbium coelestium* em 1543, que inclui a descrição heliocêntrica do Sistema Solar.

fenômeno pode ser salvo pela precedência e derrelicção;[54] e o segundo, por linhas espirais; de modo que a desigualdade do retorno e a inclinação no sentido dos trópicos possam ser devidas mais às modificações de um movimento diário verdadeiro do que aos movimentos resistentes ou aqueles em torno dos diferentes polos. E é praticamente certo, se considerarmos por um momento as ideias do homem comum (descartando as ficções dos astrônomos e dos professores, que têm o hábito de fazer agressões injustificadas ao senso comum, preferindo obscuridades), que, para os sentidos, o movimento funciona do modo como o descrevemos; cuja imagem nós representamos (como em uma máquina) certa vez por meio de cabos de ferro.

Mas uma *instância crucial* sobre esse assunto poderia ser a seguinte: se encontrarmos uma história digna de crença dizendo que há um cometa, mais alto ou mais baixo, que não gira em evidente acordo (mesmo que seja um pouco irregular) com o movimento diário, mas que sua rotação ocorre no sentido contrário a dos céus, então certamente devemos admitir a existência de tal movimento na natureza. Mas se não encontrarmos nada do tipo, devemos considerá-lo como suspeito e recorrer a outras *instâncias cruciais* sobre esse ponto.

Similarmente, suponha que a natureza investigada seja o peso ou a carga. A bifurcação da estrada nessa natureza é a seguinte: as coisas pesadas e carregadas devem necessariamente ambas tender, por sua própria natureza, para o centro da Terra por causa de sua própria estrutura; ou ser atraídas e empurradas pela massa física da própria Terra – como por uma aglomeração de corpos que possuem a mesma natureza – e carregadas em direção a ela pelo acordo. Mas se o último for a razão, segue que quanto mais próximas as coisas pesadas estão da Terra, maior é força que as arrasta para ela, e maior o ímpeto delas; quanto mais distantes estão da Terra, mais fraca e lenta é a força (como é o caso da atração magnética); segue também que isso ocorre a partir de uma certa distância; de modo que se as coisas estiverem tão longes da Terra a ponto de tal força não poder agir sobre elas, então permanecem suspensas, que é o caso da própria Terra; e nunca cairão.

E, consequentemente, uma *instância crucial* sobre essa matéria pode ser a seguinte: tome um daqueles relógios que se movem por meio de pesos de chumbo e um daqueles que se movem por meio da compressão de uma mola do ferro; e os testemos com precisão para não deixar que um deles seja mais rápido ou mais lento do que o outro; deixemos, então, que o relógio que se move por meio de pesos seja colocado no topo de uma igreja muito alta, o

---

54 "By supposing that the fixed stars outrun the planets, and leave them behind" (Ellis), traduzida por Andrade (1973) como: "pelo adiantamento do céu estrelado que deixa para trás os planetas". Todavia o original em latim menciona: *per anteversionem et derelictionem*.

outro mantido no chão; e notemos se o relógio que está no alto se move mais lentamente do que antes porque seus pesos estão com menor força. Façamos a mesma experiência na profundidade das minas abaixo da Terra, para ver se esse tipo de relógio não se move mais rapidamente do que antes, porque seus pesos estão com maior força. Se descobrirmos que a força dos pesos diminui em uma altura e aumenta sob a Terra, a atração de sua massa física pode ser tomada como a causa do peso.

Do mesmo modo, seja a natureza investigada a polaridade de uma agulha de ferro tocada por um ímã. Em tal natureza, a bifurcação da estrada será o seguinte: o toque de um ímã deve necessariamente ou conceder polaridade, para o norte e para o sul, à própria agulha, ou simplesmente excitar o ferro e deixá-lo predisposto; o movimento deve ser concedido pela presença da Terra, conforme Gilbert imagina e, assim, tenta arduamente provar. Desse modo, todos os casos coletados por ele com diligência perceptiva resumem-se a isto: um alfinete de ferro, que se encontre por muito tempo em uma posição norte-sul, ganha polaridade pelo longo lapso de tempo, sem ser tocado por um ímã; como se fosse a própria Terra; a qual atua de forma fraca por causa da distância (pois, de acordo com ele, a superfície ou crosta exterior da Terra não possui virtude magnética), mas, apesar disso, passa a atuar depois de certo tempo como o toque de um ímã, excita o ferro, conforma-se a ele em seu estado de excitação e o faz girar. Outra vez, seu trabalho mostra que se um pedaço de ferro, aquecido até a incandescência, for colocado, enquanto esfria, em uma posição norte-sul, ele também ganhará polaridade sem o toque de um ímã: como se as partes do ferro que foram postas em movimento pelo aquecimento e mais tarde contraídas pelo resfriamento, nesse exato momento, se tornassem mais suscetíveis e sensíveis à força que emana da Terra do que em outras vezes, e disso decorreria a excitação delas. Mas embora tudo isso tenha sido bem observado, não consegue provar completamente o que alega.

Uma *instância crucial* sobre o assunto poderia ser a seguinte: pegue uma bússola magnética e marque seus polos; faça que os polos da bússola estejam na posição leste-oeste, e não norte-sul; e os deixe assim; então coloque nela uma agulha de ferro intocada e deixe-a ali seis ou sete dias. Quando a agulha fica sobre um ímã (disso não há nenhuma dúvida) ela ignorará os polos da Terra e se alinhará com os polos do ímã; e, assim, contanto que permaneça como está, continuará voltada para o sentido leste-oeste do mundo. Mas quando removermos a agulha do ímã e a ajustarmos em um pivô, se a virmos girando imediatamente para a posição norte-sul, ou até mesmo movendo-se aos poucos para esse sentido, então devemos aceitar a presença da Terra como causa. Mas se girar (como o fez antes) para o leste e o oeste ou perder sua polaridade, nós deveremos tratar essa razão como suspeita e fazer uma investigação mais aprofundada.

Da mesma forma, seja a natureza buscada a substância física da Lua, da qual desejamos saber se é tênue, ígnea ou aérea, como a maioria dos velhos filósofos acreditava, ou ainda, se é sólida e densa, como Gilbert e muitos dos modernos acreditam juntamente com alguns dos antigos. As razões para o último ponto de vista é baseado especialmente no fato de que a lua reflete os raios do sol; e parece que a reflexão da luz ocorre somente nos sólidos.

E assim as *instâncias cruciais* relacionadas a esse assunto serão aquelas (se houver alguma) que demonstram a reflexão de um corpo tênue, tal como a chama, contanto que seja suficientemente densa. Com certeza uma das causas do crepúsculo, entre outras, é a reflexão dos raios do sol na parte superior do ar. Nós também vemos, às vezes, os raios do sol refletidos, em tardes boas, nos filetes de nuvens rosadas, com brilho não menor, de fato com um brilho mais desobstruído e mais glorioso do que aquele emitido pelo corpo da lua; mas não se estabelece, por isso, que aquelas nuvens se formaram em um denso corpo de água. Também vemos na noite que o ar escuro reflete a luz de uma vela em uma janela, assim como um corpo denso o faria. Poderíamos tentar a experiência de deixar os raios de sol incidirem por um buraco sobre uma chama azulada. Certamente quando os raios do sol incidem em chamas não muito brilhantes, eles parecem destruí-las, e assim elas ficam parecendo mais como uma fumaça branca que chamas. Essas são as coisas que me ocorrem como exemplos de *instâncias cruciais* nesta matéria; provavelmente há outras melhores. Mas devemos sempre ter em mente o seguinte: a menos que a chama tenha alguma espessura, não devemos esperar nenhuma reflexão desta; caso contrário, ela beira a transparência. O que deve ser considerado como certo é que a luz em um corpo uniforme sempre será recebida e o atravessará, ou será refletida.

Do mesmo modo, seja a natureza investigada o movimento dos mísseis através do ar, por exemplo, dardos, flechas e esferas. A Escola (em sua maneira usual) trata disso com bastante desleixo, estando satisfeita em distingui-lo, sob o nome de movimento violento, daquilo que chamam de movimento natural; já em relação ao primeiro ataque ou impulso, fica satisfeita em dizer: "para que não haja uma penetração de dimensões, dois corpos não podem estar em um mesmo lugar" e não examina nenhum outro progresso do movimento. Mas a bifurcação da estrada nessa matéria é como segue: o movimento é causado ou porque o ar carrega o corpo que está sendo propelido e acumula-se atrás dele, como um rio faz com um barco, ou o vento com a palha; ou porque as partes do próprio corpo, por não resistirem ao primeiro golpe, correm umas adiante das outras com o objetivo de fugir dele. Fracastoro aceita o primeiro ponto de vista e, assim, também, quase todos aqueles que fizeram mais do que apenas uma investigação apressada sobre o movimento; e não há nenhuma dúvida de que o ar atua de alguma forma nisso; mas o outro movimento é indubitavelmente verdadeiro, porque foi provado por um número infinito de experiências. Uma *instância crucial*, entre outras, nesse assunto é como segue: dobre ao meio uma folha de ferro ou um pedaço forte de arame de ferro, ou um junco ou pena de ave, pressione-a entre um dedo e o polegar e ela saltará para longe. É óbvio que tal fato não pode ser atribuído ao ar que se aglomera atrás do corpo, porque a fonte do movimento está no meio da folha ou do junco, não nas extremidades.

Do mesmo modo, seja a natureza investigada o movimento expansivo, rápido e poderoso da pólvora em chamas que destrói muitos objetos maciços e consegue disparar imensos pesos como podemos ver nas minas e nos canhões. A bifurcação nesta natureza é a seguinte: ou o movimento é iniciado pela tendência simples do corpo em expansão quando ele é incendiado ou, além disso, pela tendência do espírito cru, que foge rapidamente do fogo e, quando se derrama em torno dele, escapa de forma violenta, como um cavalo no portão de largada. Mas a Escola e a opinião comum tratam somente da primeira tendência. Pois os homens imaginam ser um raciocínio muito elegante a afirmação de que, por causa da forma de seu elemento, a chama está dotada de certo tipo de necessidade de ocupar um espaço maior do que aquele que havia ocupado quando estava na forma de pó; e essa seria a razão desse movimento. Entretanto, não observam que embora isso seja verdade (já que a chama foi efetivamente gerada), ainda assim, sua geração pode ser impedida por uma massa de material que a comprima e a sufoque, de modo que o processo não alcance a necessidade de que falam. Pois eles estão corretos em pensar que, se a chama foi gerada, deverá ocorrer a expansão e a emissão ou a ejeção do corpo que a obstrui. Mas essa necessidade fica obviamente impedida se alguma massa sólida suprimir a chama antes mesmo de ela ser gerada. E nós vemos que uma chama, especialmente em sua primeira geração, é delicada e calma e requer espaço para poder experimentar e brincar. E, consequentemente, não podemos atribuir tanta força à coisa em si mesma. Mas isso é verdade: a geração dessas chamas explosivas e ventos de fogo acontecem como resultado de uma luta entre duas substâncias cujas naturezas são totalmente contrárias. Uma é altamente inflamável, a natureza que floresce no enxofre; a outra, abomina o fogo, como é a do espírito cru de nitro. O resultado é um conflito maravilhoso, pois o enxofre ateia fogo a si mesmo o quanto puder (a terceira substância, a saber, o carvão vegetal do salgueiro, faz pouco mais que juntar as outras duas substâncias e as unir de forma apropriada), e o espírito de nitro foge para o mais longe possível e, ao mesmo tempo, se expande (o ar também e todas as substâncias cruas, bem como a água, reagem ao calor por meio da expansão) e, enquanto foge e explode, sopra a chama do enxofre para todas as direções, como se fosse um fole oculto.

Dois tipos de instâncias cruciais podem existir aqui. Uma consiste nas substâncias que são as mais inflamáveis, como o enxofre, a cânfora, a nafta e assim por diante, com suas misturas; as quais se inflamam mais rápida e facilmente do que a pólvora se não forem obstruídas; e isso nos esclarece que não é a simples tendência para incendiar-se que gera aquele efeito estupendo. A outra consiste nas substâncias que evitam e recuam diante do fogo, tal como todos os sais. Pois percebemos que, se um espírito aquoso for jogado no fogo, ele se quebra com um ruído de crepitação antes de pegar fogo; e isso acontece também de uma maneira mais delicada até mesmo com as folhas se forem um pouco resistentes, porque a parte aquosa quebra antes que a parte oleosa pegue fogo. Mas isso pode ser mais bem percebido no mercúrio, que é bem chamado de água mineral. Pois, deixando de lado a inflamação, ele quase se iguala à força da pólvora em erupção e expansão; e quando é misturado com pólvora, dizem que ambos combinam suas forças.

Da mesma forma, seja natureza investigada a natureza transitória da chama e sua extinção imediata. Pois a natureza da chama parece não ser fixa e estável aqui na Terra, mas é gerada em cada momento e logo depois extinguida. Pois é evidente que, no caso das chamas, em nossa experiência, que perseveram e resistem, a duração delas não é a mesma da chama individual, mas são mantidas por uma sucessão de novas chamas geradas constantemente e o número idêntico de chamas dura somente por um curto período de tempo; e isto pode ser facilmente verificado pelo fato de que a chama se apaga assim que removemos seu combustível ou alimento. A bifurcação nesse assunto é a seguinte: a natureza momentânea ocorre ou porque a causa que a gerou primeiramente torna-se menos extrema, como no caso da luz, dos sons e dos supostos movimentos violentos; ou porque a chama poderia, por sua natureza, resistir aqui na Terra, mas sofre a violência das naturezas contrárias em torno dela e, assim, é destruída.

Consequentemente, uma *instância crucial* nesta matéria pode ser a seguinte: em grandes incêndios, vemos como as chamas mais altas saltam. Pois, quanto maior a base da chama, mais elevado o seu cume. E assim parece que a extinção começa a ocorrer nas bordas, onde a chama está oprimida pelo ar e é mais fraca. Mas as partes centrais da chama, onde o ar não toca e que são cercadas por outras chamas, permanecem numericamente as mesmas e não são extintas até que estejam espremidas pouco a pouco pelo ar em torno das bordas. E essa é a razão de toda chama ser piramidal, mais larga na base na região próxima do combustível e pontuda no topo (onde o ar a ameaça e o combustível não consegue manter seu fornecimento). A fumaça, por outro lado, a qual é mais estreita na base, torna-se mais larga porque se eleva e toma a forma de uma pirâmide invertida; isso ocorre porque o ar aceita a fumaça e comprime a chama (que ninguém pense que o ar seja o ar em chamas, pois são substâncias completamente heterogêneas).

Poderia haver uma *instância crucial* mais precisa e apropriada para essa matéria se a coisa pudesse, por acaso, ser exibida por meio de chamas de duas cores. Assim, imagine um candelabro pequeno de metal, fixe nele uma pequena vela acesa; coloque o candelabro em uma vasilha rasa e larga, derrame nela uma quantidade moderada de espírito do vinho, mas não muito, até alcançar o bocal do candelabro; acenda, então, o espírito do vinho. O espírito do vinho apresentará uma chama azulada, enquanto a vela, uma amarelada. Observe então se a chama da vela (que é fácil de distinguir da chama do espírito de vinho pela cor; pois as chamas, assim como os líquidos, não se misturam imediatamente) permanece piramidal, ou se, em vez disso, tende mais à forma de um globo, já que não há nada lá que a possa destruir ou comprimir. E, se o último ocorrer, devemos aceitar o fato de que a chama permanece numericamente idêntica contanto que esteja inserida na outra chama.

E isso é tudo sobre as *instâncias cruciais*. Deliberadamente, tomamos um longo tempo para lidar com elas para que os homens aprendam gradualmente o hábito de dar forma aos julgamentos de uma natureza por meio de *instâncias cruciais* e de experiências esclarecedoras e não pelo raciocínio provável.

XXXVII

Entre as *instâncias privilegiadas*, colocamos em décimo quinto lugar as *instâncias de divergência*,[55] as quais indicam separações de naturezas que ocorrem com maior frequência. Elas diferem das instâncias adicionadas às *instâncias de associação*[56] porque declaram a separação entre uma natureza e um objeto concreto com o qual ela é normalmente encontrada, enquanto a última aponta para a separação entre uma natureza e outra. São também diferentes das *instâncias cruciais*; porque elas não estabelecem nada, mas meramente apontam uma separação entre uma natureza e outra. Seu valor encontra-se em expor as formas falsas e em dissipar as reflexões precipitadas, inspiradas por objetos passageiros; de modo que, podemos dizer, elas acrescentam chumbo e pesos ao intelecto.[57]

Por exemplo: sejam as naturezas investigadas as quatro consideradas como *companheiras da mesma casa* por Telésio[58] ou, poderíamos dizer, do mesmo quarto, ou seja, o calor, o brilho, a sutileza e a mobilidade ou prontidão para o movimento. Entre elas, podemos encontrar muitíssimas *instâncias de separação*. Pois, o ar é sutil e apto a mover-se, mas não é quente ou brilhante; a lua é brilhante, mas sem calor; a água em ebulição é quente, mas sem luz; o

---

55   *Instantiae Divortii*. Instâncias de divórcio, segundo Andrade (1973).

56   Ver anteriormente 33 ou 34.

57   Sobre essa imagem, cf. I.104.

58   Telésio: ver I.116.

movimento da agulha de ferro presa em um eixo é trêmulo e ágil, embora seja uma substância fria, densa e opaca; há muitos outros exemplos.

Da mesma forma, sejam as naturezas investigadas o corpo físico e a ação natural. A ação natural parece ocorrer somente quando ela existe em um corpo. Mesmo assim, talvez haja aqui uma *instância de divergência*. Essa seria a ação magnética, pela qual o ferro é atraído por um ímã e objetos pesados pelo globo da Terra. Podemos ainda acrescentar algumas outras operações feitas a distância. Pois tais ações acontecem tanto no tempo, em intervalos e não em um ponto do tempo, como no espaço, por graus e através das distâncias. Há consequentemente algum momento no tempo e algum intervalo no espaço em que a força ou a ação fica em suspenso entre dois corpos que estão causando o movimento. Daí nossa reflexão passa a concentrar-se na seguinte questão: os corpos, que são os terminais do movimento, afetam ou alteram os corpos intermediários, de modo que a força se mova de um terminal para o outro pela sucessão e pelo contato real, subsistindo por um momento no corpo intermediário? Ou não há nada ali, a não ser corpos, forças e espaços? E nos raios de luz, nos sons, no calor e em algumas outras coisas que atuam a distância, é provável que os corpos intermediários sejam afetados e alterados: e de forma mais intensa, já que isso requer um meio adequado para sustentar tal operação. Mas a força magnética ou conectiva é indiferente ao meio e não sofre impedimentos por nenhum tipo de meio. Mas se a força ou a ação não tem nada em comum com o corpo interveniente, segue que é uma força ou ação natural, que subsiste por algum tempo e em algum espaço sem um corpo, uma vez que não subsiste nos terminais ou no meio. E assim a ação magnética pode ser uma *instância de divergência* entre uma substância física e uma ação natural. Devemos adicionar a isso como um corolário ou benefício que não pode ser deixado de lado: que mesmo ao filosofar com base nos sentidos, podemos obter provas da existência de entidades e substâncias separadas e incorpóreas. Isso porque se a força e a ação natural que emanam de um corpo podem subsistir em certo momento e lugar sem nenhum corpo, estão próximas, também, de poder emanar, em sua origem, de uma substância incorpórea. Pois a substância física parece ser tão pouco necessária para sustentar e transportar a ação natural quanto para iniciá-la ou gerá-la.

XXXVIII

Na sequência, teremos cinco grupos de instâncias que resolvemos chamar por um nome geral: *instâncias da lâmpada* ou *de primeira informação*. São aquelas que oferecem ajuda aos sentidos. Tendo em vista que toda interpretação da natureza começa pelos sentidos e segue por uma estrada bem-feita, reta e plana que vai das percepções dos sentidos às do intelecto, que são as noções e os axiomas verdadeiros, então tudo correrá necessariamente com maior sucesso e facilidade, na medida em que as apresentações ou as exibições dos próprios sentidos estiverem mais completas e exatas.

Dentre os cinco tipos de *instâncias da lâmpada*, o primeiro grupo reforça, amplia e corrige as ações imediatas do sentido; o segundo torna sensível o não sensível; o terceiro aponta os processos contínuos ou séries das coisas e dos movimentos que (no geral) são observados somente quando são iniciados ou estão em seus pontos altos; o quarto fornece um substituto para os sentidos quando estes estiverem impotentes; o quinto atrai a atenção e a observação dos sentidos e, ao mesmo tempo, limita a sutileza das coisas. E agora devemos falar de cada individualmente.

XXXIX

Entre as instâncias privilegiadas, colocamos em décimo sexto lugar as *instâncias que abrem portas ou portões*;[59] esse é o nome dado por nós às instâncias que ajudam as ações diretas dos sentidos. É evidente que a visão assume o primeiro lugar entre os sentidos, quando estamos preocupados com as informações; e assim esse é o sentido para o qual devemos primeiramente proporcionar auxílios. Parece haver três tipos dos de auxílios: ou para ver o que ainda não foi visto; ou para ver mais longe; ou para ver com maior exatidão e mais distintamente.

Exceto os óculos e afins, cuja função é simplesmente corrigir e diminuir a fraqueza da visão debilitada, não fornecendo, assim, qualquer informação nova, uma instância do primeiro tipo são os microscópios recentemente inventados, que (ao aumentar, de forma notável, o tamanho dos espécimes) revelam as pequenas partes ocultas e invisíveis dos corpos e suas estruturas latentes e movimentos. Por esse instrumento enxergamos a forma exata e as características do corpo da pulga, da mosca e dos vermes, assim como as cores e os movimentos que, para nossa grande surpresa, estavam anteriormente invisíveis. Além disso, dizem que uma linha reta feita por uma pena ou por um lápis é vista através de tais lentes como algo bastante desigual e ondulado; evidentemente, porque nem os movimentos da mão, mesmo quando ajudados por uma régua, nem a impressão da tinta ou da cor são realmente precisos; apesar disso, as irregularidades são tão pequenas que não podem ser vistas sem o auxílio de tais microscópios. No mesmo assunto, os homens forneceram um tipo de comentário supersticioso (como é o costume em assuntos novos e estranhos), a saber, que tais microscópios ilustram as obras da natureza, mas desacreditam as obras da arte. Mas isto acontece simplesmente porque as texturas naturais são muito mais sutis do que as artificiais. Pois o microscópio é bom apenas

---

59 *Instantiae januae sive portae*. Instâncias de porta ou entrada, segundo Andrade (1973).

para coisas minúsculas; se Demócrito tivesse visto um, talvez tivesse pulado de alegria, imaginando que havia sido inventado um meio para ver o átomo (que ele afirmou ser completamente invisível). Mas a inadequação de tais microscópios, exceto para as coisas minúsculas (e não para as minúsculas que estão em um corpo maior), destrói o uso da coisa. Isso porque se a invenção pudesse ser estendida aos corpos maiores, ou às partes pequenas de corpos maiores, de modo que pudéssemos ver a textura do pano de linho como uma rede e, por isso, compreender as características e irregularidades minúsculas e ocultas das pedras preciosas, dos líquidos, da urina, do sangue, das feridas e de muitas outras coisas, então poderíamos indubitavelmente obter grandes benefícios dessa invenção.

No segundo tipo encontramos a outra lente de aumento, a grande invenção de Galileu,[60] o telescópio, com cuja ajuda podemos iniciar e praticar uma aproximação mais estreita com as estrelas, como se estivéssemos utilizando uma balsa ou um bote. Pois ele estabelece que uma galáxia é uma aglomeração ou um amontoado de pequenas estrelas, as quais estão clara e distintamente separadas; fato de que os antigos apenas suspeitavam. Parece também demonstrar que os espaços entre as supostas órbitas dos planetas não são completamente vazios de outras estrelas, mas que o céu começa a ficar estrelado antes mesmo de podermos ver o próprio céu estrelado; muito embora, com estrelas menores do que as que podem ser vistas sem o telescópio. Por ele, podemos ver o coral de pequenas estrelas em torno do planeta Júpiter (e podemos conjecturar sobre a existência de mais de um centro dos movimentos das estrelas). Com ele, as irregularidades nas áreas claras e escuras da Lua podem ser vistas e localizadas com maior distinção; de modo que podemos fazer um tipo de mapa lunar. Com ele, podemos ver as manchas solares e coisas desse tipo: é verdade que essas descobertas são todas muito nobres, se pudermos, com segurança, dar crédito a tais demonstrações. Mas suspeitamos bastante de tais coisas, porque as experiências terminam nessas poucas coisas e, pelos mesmos meios, não foram descobertas muitas outras que mereceriam igual investigação.

No terceiro tipo temos as réguas métricas para medir a Terra, os astrolábios e assim por diante, que não ampliam o sentido da visão, mas o corrigem e focalizam. Mesmo que haja outras instâncias que auxiliam os outros sentidos em suas ações diretas e individuais, eles não contribuem para o nosso projeto a menos que sejam de um tal tipo que aumente o efetivo estoque de informações que já possuímos. E, por esse motivo, não os mencionei.

---

60 Galileu Galilei (1564-1642) de Pádua. Bacon dá a ele crédito pela invenção do telescópio. Galileu apresentou um ao doge de Veneza em 1609.

XL

Entre as *instâncias privilegiadas* colocamos em décimo sétimo lugar as *instâncias de intimação*,[61] cujo vocábulo retiramos dos tribunais civis, porque elas intimam as coisas que não apareceram anteriormente a se apresentarem; resolvemos também chamá-las de *instâncias de citação*. Elas tornam sensível o não sensível.

As coisas escapam aos sentidos ou porque o objeto está colocado a certa distância, ou porque os sentidos estão obstruídos por corpos entre eles e o objeto, ou porque os objetos não são capazes de causar uma impressão nos sentidos, ou porque a quantidade do objeto não é suficiente para atingir os sentidos, ou porque o tempo é insuficiente para ativar os sentidos, ou porque os sentidos não suportam o efeito do objeto, ou porque um objeto encheu e possuiu previamente os sentidos de modo que não há espaço para outro movimento. Esses fatores pertencem primariamente à visão e, secundariamente, ao tato. Esses dois sentidos são extremamente informativos sobre os objetos ordinários; visto que os outros três mal fornecem qualquer informação, exceto diretamente e sobre objetos peculiares a cada sentido.

(1) no primeiro caso, uma coisa é transmitida aos sentidos somente se, ao objeto que não pode ser visto, for adicionado ou substituído algo que possa alertar e afetar os sentidos a distância: tal como o envio de informações por meio de fogueiras, sinos etc.

(2) No segundo caso, a transmissão ocorre quando as coisas que estão ocultas pela obstrução de um corpo e não podem ser facilmente exibidas são trazidas para os sentidos pelas coisas que estão na superfície, ou que vêm do interior: por exemplo, a condição do corpo humano é revelada pelo pulso, pela urina e assim por diante.

(3, 4) As transmissões dos terceiro e quarto tipos aplicam-se a muitos objetos; na investigação da natureza devemos sempre estar alertas para elas. Eis alguns exemplos. É evidente que o ar, o espírito e as coisas desse tipo são completamente tênues e sutis e não podem ser vistos ou tocados. É absolutamente necessário empregar o uso das transmissões para investigar tais substâncias.

Suponha que a natureza investigada seja a ação e o movimento do espírito confinado em um corpo tangível. Pois todo corpo tangível na Terra contém um espírito invisível e intangível; o corpo o envolve e cobre. Essa é a fonte poderosa de três efeitos, o processo maravilhoso do espírito em um corpo tangível: quando o espírito que habita uma coisa tangível é liberado, ele faz que os corpos se contraiam e sequem; quando é mantido no interior deles, ele os amacia e dissolve;

---

61 *Instantiae citantes.* Instâncias de citação, segundo Andrade (1973).

e quando não é nem completamente liberado nem mantido completamente no interior, dá-lhes forma, dá-lhes membros, absorve, consome, organiza e assim por diante. Tudo isso é transmitido aos sentidos pelos efeitos visíveis.

Pois em todo corpo tangível e inanimado, o espírito encerrado primeiramente se multiplica e se alimenta das partes tangíveis que estão mais prontas e disponíveis, então, os digere, dissolve e os transforma em espírito e, por fim, escapam juntos. Tal multiplicação e dissolução efetuada pelo espírito são transmitidas aos sentidos pela perda de peso. Pois quando uma coisa seca totalmente, algo é perdido em sua quantidade; e a perda não é tanto do espírito que estava previamente nela, mas da substância que era anteriormente tangível e que foi apenas convertida; pois o espírito não tem nenhum peso. A saída ou a liberação do espírito é transmitida aos sentidos pela oxidação dos metais e por outros tipos da decomposição que param antes de alcançar os rudimentos da vida; pois esse último pertence ao terceiro tipo de processo. Isso porque, em substâncias compactas, o espírito não encontra poros ou caminhos por onde sair e é compelido, consequentemente, a forçar e empurrar as partes tangíveis para fora, de modo que saiam com ele; e isso é como a oxidação e tais coisas ocorrem. A contração das partes tangíveis após a liberação de alguma parte do espírito (que é seguida pela dessecação) é transmitida aos sentidos pelo aumento da dureza da coisa, mas muito mais pelas rachaduras, encolhimento, enrugamento e dobragem dos corpos. Os pedaços de madeira murcham e encolhem; as peles ficam enrugadas; e não somente isso, mas (depois de uma liberação repentina de espírito pelo calor do fogo) ficam tão dispostos a se contraírem que se enrolam em torno deles mesmos e se encaracolam.

Em contraste, quando o espírito, ao ser expandido e estimulado pelo calor ou por algo semelhante (como no caso das substâncias que são bem sólidas ou tenazes), é mantido internamente, então os corpos se tornam macios, como o ferro incandescente; eles se liquefazem, como a goma, a cera e outros. Assim, os efeitos contrários do calor (algumas coisas são endurecidas por ele e outras liquefeitas) são facilmente explicados; no primeiro caso, o espírito é liberado, no último ele é estimulado, mas mantido no interior do corpo. O segundo caso constitui a ação do calor e do espírito; o primeiro, a ação das partes tangíveis em que a libertação do espírito é apenas um acontecimento.

Mas quando o espírito não está nem mantido por completo internamente nem liberado ao todo, mas tão somente se esforça e reluta dentro de seus limites, tendo a possessão das partes tangíveis que são obedientes e manejáveis, de modo que sempre que o espírito as orienta elas o seguem imediatamente, o resultado é a formação de um corpo orgânico, o desenvolvimento de membros e outras atividades da vida, em vegetais e em animais. Estas coisas são mais bem transmitidas aos sentidos por meio de observações diligentes dos começos e dos rudimentos ou tentativas de vida nas criaturas minúsculas que nascem da putrefação: como os ovos das formigas, os vermes, as moscas, as rãs após a chuva etc. Para que a vida ocorra, deve haver calor moderado e um corpo domável, de modo que o espírito não fuja apressadamente, nem seja impedido pela resistência das partes de dobrá-las e moldá-las como cera.

Além disso, muitas instâncias de transmissão mostram aos nossos olhos o mais notável e a mais ampla gama de distinções entre espíritos: espírito isolado, espírito com ramificação simples e espírito que é tanto ramificado como celular; dentre os quais, o primeiro é o espírito de todos os corpos inanimados, o segundo o dos vegetais e o terceiro, o dos animais.

Também fica óbvio que, embora os corpos sejam completamente visíveis ou tangíveis, as estruturas e as silhuetas mais sutis das coisas não podem ser percebidas nem tocadas. E, consequentemente, também nesses casos, a informação é passada por meio da transmissão. Mas a diferença mais radical e primária entre as estruturas depende da maior ou menor quantidade de matéria que ocupa o mesmo espaço ou dimensão. Todas as outras estruturas corporais (que são atribuíveis às características particulares das partes contidas no mesmo corpo, bem como seus lugares e posições relativos) são secundárias a essa.

Suponha que a natureza investigada seja a expansão ou a contração da matéria nos corpos, respectivamente: ou seja, desejamos saber quanta matéria preenche qual dimensão nas coisas individuais. Pois, na natureza, nada é mais verdadeiro que as duas seguintes proposições: "nada vem do nada" e "nenhum objeto pode ser reduzido ao nada",[62] pois uma quantidade determinada de matéria ou a quantidade total é constante, não aumenta nem diminui. Não é menos verdadeiro que "em uma determinada quantidade de matéria, o mesmo valor, mais ou menos, está contido dentro dos mesmos espaços e dimensões, de acordo com as diferenças entre o corpos"; por exemplo, há maior quantidade na água e menor no ar. Daí, afirmar que um volume dado de água pode ser transformado em um volume igual de ar é como dizer que algo pode ser reduzido a nada; e, por outro lado, afirmar que um volume determinado de ar pode ser transformado em um volume igual de água é como dizer que algo pode originar-se do nada. Assim, as noções de *densidade* e *rarefação*, que são utilizadas frouxamente e de várias maneiras, devem corretamente ser derivadas da quantidade maior e menor de matéria. Devemos recolher uma terceira declaração que também está bem correta: a quantidade de matéria que dizemos haver nesta ou naquela substância pode ser reduzida (por comparação) a números, em medidas exatas ou quase exatas. Por exemplo, não estaria errado dizer que em uma determinada quantidade de ouro existe certa acumulação de matéria que faz que o espírito

---

62   Axiomas escolásticos.

do vinho precise de um espaço vinte e uma vezes maior que o ocupado pelo ouro para poder igualar a quantidade de matéria.

Agora, a acumulação da matéria e suas medidas são transmitidas aos sentidos pelo peso. Pois o peso corresponde à quantidade de matéria no que diz respeito às partes tangíveis dela e desde que o espírito e sua quantidade material não entrem na computação como peso; pois eles fazem que o peso diminua em vez de fazê-lo aumentar. Montamos uma tabela bem correta sobre isso, na qual anotamos os pesos e os espaços de cada metal, das principais pedras, das madeiras, dos líquidos, dos óleos e da maioria dos outros corpos, naturais e artificiais: um instrumento de muitos usos,[63] pois tanto fornece informações esclarecedoras como também orientação para as operações; e revela muitas coisas que são completamente contrárias às expectativas. É também valoroso por demonstrar que os corpos tangíveis conhecidos por nós (os compactos, não os altamente porosos, ocos e, em sua maior parte, cheios de ar) não excedem a relação de 21:1; pois a natureza é assim limitada, ou pelo menos nessa parte que é a mais relevante para nossa experiência.

Também consideramos que vale a pena saber se podemos determinar a relação dos corpos intangíveis aos tangíveis. Tentamos descobrir isso por meio do seguinte artifício: tomamos um pequeno frasco de vidro com capacidade aproximada de uma onça (utilizamos um recipiente pequeno para que a consequente evaporação pudesse ser alcançada com menos calor). Enchemos a garrafa com espírito de vinho quase até o gargalo; escolhemos o espírito de vinho porque observamos, por meio de uma tabela já mencionada,[64] que este é o mais rarefeito dos corpos tangíveis (que são contínuos e não porosos) e, em relação a suas dimensões, é o que contém menos matéria. Em seguida, anotamos com precisão o peso do líquido juntamente com a garrafa. Em seguida, pegamos uma bexiga com capacidade aproximada de duas pintas. Na medida do possível, expelimos todo o ar da mesma, a tal ponto que todos os lados da bexiga se toquem; antes, untamos a bexiga com azeite, esfregando-o suavemente de forma que, caso haja alguma porosidade, esta será mais eficazmente selada pelo óleo. Após, colocarmos a boca da garrafa dentro da boca da bexiga, amarramos firmemente esta última em torno da boca da garrafa com um fio encerado para prender bem e melhor vedar. Por fim, colocamos a garrafa em um forno com carvão em brasa. Logo em seguida, o vapor ou bafo do espírito de vinho, expandido pelo calor e transformado em gás, inflou a bexiga lentamente e esticou a coisa toda em todas as direções como uma vela de barco. Assim que isso aconteceu, tiramos o vidro do fogo e o colocamos em um tapete para que não se quebrasse pelo

---

63   *Polychrestam*: ver II.50.

64   De acordo com Fowler, esta tabela é dada na *Historia densi et rari* (Ellis e Spedding, II.245-6).

frio; também fizemos, imediatamente, um orifício na parte superior da bexiga para que, quando cessasse o calor, o vapor não voltasse à forma líquida, evitando que ele escorresse para a garrafa, fato que atrapalharia nossas medições. Então, retiramos a bexiga e, novamente, pesamos o espírito de vinho que havia permanecido. Em seguida, calculamos o quanto tinha sido utilizado como vapor ou gás e fizemos uma comparação para sabermos quanto espaço da garrafa a substância tinha preenchido quando era espírito de vinho e, então, quanto espaço ocupou depois que havia se tornado gás na bexiga; calculamos a razão, e estava absolutamente claro que a substância assim convertida e modificada expandiu-se mais de cem vezes de seu estado anterior.

Da mesma forma, suponha que a natureza investigada seja o calor ou o frio em graduações demasiadamente fracas para serem percebidos pelos sentidos. Ambos são transmitidos aos sentidos por meio do termômetro, tal como já descrevemos anteriormente. Pois o calor e o frio não são em si perceptíveis ao tato, mas o calor expande o ar e o frio o contrai. E, por sua vez, não é a expansão ou a contração do ar que é perceptível à visão, mas o ar expandido força a água para baixo, enquanto o ar contraído a eleva; a transmissão para a visão ocorre somente nesse ponto, não antes e de nenhuma outra maneira.

Da mesma forma, suponha que a natureza investigada seja a mistura das substâncias: isto é, qual substância aquosa elas contêm, qual substância oleosa, qual espírito, qual cinza, sal e assim por diante; ou (para darmos um exemplo) o que o leite contém da manteiga, da coalhada, do soro e assim por diante. Tais naturezas são transmitidas aos sentidos por separações habilmente planejadas de seus elementos tangíveis. Nelas, a natureza do espírito não é percebida diretamente, mas detectada por vários movimentos e tendências exibidos pelas substâncias tangíveis na própria ação e no processo de sua separação e, também, por meio do amargor, da acidez, de diferentes cores, dos cheiros e do gosto das mesmas substâncias após a separação. E, para essa tarefa, os homens certamente empregaram esforços vigorosos por meio de destilações e por separações planejadas, mas com sucesso não maior do que o atingido por sua maneira usual de experimentação: métodos tateantes, maneiras cegas, mais esforço do que inteligência e (o que é pior) sem nenhuma imitação ou emulação da natureza, mas pela destruição (pelo calor elevado ou por forças excessivamente poderosas) de toda a estrutura mais sutil, em que os poderes ocultos das coisas e seus acordos encontram-se em sua maior parte. E a outra advertência que demos em outra parte[65] nunca incomoda seus pensamentos ou observações em tais separações, a saber, nas operações violentas que são executadas nos corpos, tanto pelo fogo como de outras maneiras, muitas qualidades são causadas pelo próprio fogo e pelas substâncias usadas

---

65   II.7.

para fazer a separação que, anteriormente, não faziam parte do composto. Daí os assombrosos erros. Por exemplo, nem todo o vapor que é liberado da água pelo fogo era vapor ou ar previamente na substância da água, mas foi formado em sua maior parte pela expansão da água causada pelo calor do fogo.

Da mesma forma, em geral, esse é o lugar para falarmos sobre todas as maneiras refinadas de testarmos substâncias, naturais ou artificiais, por meio das quais podemos distinguir as verdadeiras das adulteradas, a boa qualidade da ruim; pois transmitem o não sensível ao sensível. Por tudo isso, devemos buscá-las por toda parte com diligência e dedicação.

(5) Em relação à quinta maneira de as coisas se ocultarem, é óbvio que a ação dos sentidos ocorre como movimento e o movimento ocorre no tempo. Se o movimento de um corpo for muito lento ou muito veloz de modo a ser muito lento ou muito rápido para ajustar-se à velocidade com que a ação dos sentidos ocorre, o objeto deixa de ser percebido; como no movimento do ponteiro de um relógio, ou no movimento de uma bala disparada. O movimento que não é visto porque é demasiado lento é fácil, e comumente transmitido aos sentidos pela soma de seus movimentos; movimentos que são demasiado rápidos não puderam ser medidos corretamente em nossa época; entretanto, a investigação da natureza requer que o façamos em alguns casos.

(6) O sexto caso, no qual os sentidos são bloqueados pelo poder do objeto, pode ser transmitido ou pela remoção do objeto para mais longe dos sentidos, ou pelo entorpecimento de seu efeito, ao pôr alguma barreira na frente dele que o enfraqueça sem destruí-lo; ou pela admissão e recepção de seu reflexo, sempre que a força do golpe direto for demasiado forte, como a reflexão do sol em uma bacia de água.

(7) O sétimo caso em que um objeto não se apresenta é aquele em que os sentidos estão tão oprimidos por um objeto que não há nenhuma oportunidade para que qualquer outro possa ser sentido; esse caso está mais ou menos confinado nos cheiros e odores, e não é muito relevante à discussão. E isso é tudo em relação às maneiras em que o não sensível é transmitido ao sensível.

A transmissão é feita, às vezes, não aos sentidos de um homem, mas ao de algum outro animal que, em alguns casos, ultrapassa os sentidos humanos. Por exemplo, a transmissão de alguns cheiros ao sentido do cão; e da luz que existe latente no ar que não recebe iluminação de fora aos sentidos de um gato, de uma coruja e de outros animais que enxergam no escuro. Telésio percebeu corretamente que, de fato, há uma certa luminosidade original no próprio ar, embora fraca, débil e, em sua maior parte, inútil aos olhos dos homens ou da maioria dos animais, porque os animais cujos sentidos estão adaptados a esse tipo da luz enxergam no escuro; e não é muito crível que isso possa acontecer sem que haja luz ou luz interna.

Em todo o caso, notem que estamos lidando aqui apenas com os defeitos dos sentidos e seus remédios. Pois os erros dos sentidos devem ser atribuídos às efetivas investigações dos sentidos e do sensível; com exceção do grande erro dos sentidos: eles ajustaram os esquemas das coisas a partir do padrão humano, não do universo;[66] e isso somente pode ser corrigido pela razão universal e por uma filosofia universal.

XLI

Entre as instâncias privilegiadas, colocamos em décimo oitavo lugar as *instâncias de caminho*[67] que resolvemos também chamar de *instâncias de viagem* e *instâncias articuladas*. Elas são as instâncias que indicam os movimentos discretamente contínuos da natureza. Essas instâncias escapam mais à observação que aos sentidos. Os homens são espantosamente desatentos a elas. Na verdade, em vez de observar o funcionamento da natureza, eles somente a veem de maneira errática, casual e apenas após os corpos estarem prontos e completos. Se você quisesse ver as habilidades de um artesão e observar seu trabalho, você não gostaria de ver somente as matérias-primas de seu ofício, mas também iria querer estar lá, no momento em que ele estivesse trabalhando e dando forma ao seu produto. Devemos fazer a mesma coisa em relação à natureza. Por exemplo, ao investigar o crescimento das plantas deve-se observá-las desde a semeadura (isso pode ser facilmente feito pela retirada, mais ou menos diária, de algumas sementes que estiveram no solo por dois, três, quatro dias e assim por diante e, logo em seguida, estudando-as diligentemente); deve ser observado como e quando a semente começa a ter protuberâncias, inchar e ser preenchida com o espírito (por assim dizer); e então quando começa a quebrar a casca e a lançar ramos para fora e, ao mesmo tempo, a pressioná-los aos poucos para cima, a menos que o solo seja muito pesado; e de que modo lança seus ramos para fora, alguns para baixo que formarão as raízes e alguns para cima que formarão o caule e, ainda, às vezes, rasteja lateralmente quando consegue encontrar o solo aberto e, nesse sentido, mais fácil; e há diversas outras coisas que devem ser observadas. Deve-se fazer o mesmo com a incubação de ovos, em que o processo da vida que está começando e tomando forma se oferece facilmente à visão; o que e quais partes provêm da gema e quais provêm da clara do ovo e assim por diante. Os animais originados da putrefação oferecem um método semelhante. Seria desumano fazer tais experimentos em animais bem formados e prontos para o nascimento, extraindo-se o feto do útero, com exceção de abortos acidentais, na caça e situações semelhantes. E, portanto, deve-se manter um tipo de observação

---

66 Cf. I.41, I.59.

67 *Instantiae viae.*

ininterrupta da natureza, já que ela se oferece melhor para inspeção à noite do que de dia. Assim, essas observações podem ser consideradas como noturnas, porque mesmo que sua fonte de luz seja tão pequena, está sempre acesa.

O mesmo deve ser feito no caso de coisas inanimadas, como procedemos ao investigar a expansão dos líquidos por meio do fogo.[68] Pois há um modo de expansão para a água, outro para o vinho, outro para o vinagre, outro para o suco de uvas e um muito diferente para o leite, óleo e assim por diante. Isso seria de fácil visualização se os fervêssemos em um recipiente de vidro em fogo lento, onde tudo pode ser visto claramente. Estamos apenas passando apressadamente por esse assunto; vamos discuti-lo com mais detalhes e maiores minúcias quando chegarmos à descoberta do *processo latente* das coisas. Por que devemos sempre ter em mente que não estamos lidando com as coisas em si aqui, mas apenas dando exemplos.

XLII

Entre as *instâncias privilegiadas*, colocamos em décimo nono lugar as *instâncias suplementares* ou *de substituição*,[69] que decidimos também chamar de *instâncias de último recurso*. São as instâncias que fornecem informações quando os sentidos falham totalmente e, portanto, nós recorremos a elas quando somos incapazes de obter instâncias adequadas. Essa substituição ocorre de duas maneiras; ou por graus ou por meio de analogias. Por exemplo: não descobrimos nenhum meio que impeça completamente um ímã de mover o ferro; não se pode fazer isso pela interposição de ouro ou prata entre eles, nem pedra ou vidro ou madeira, água, óleo, pano ou materiais fibrosos, nem ar ou chama e assim por diante. E, mesmo assim, é possível que encontremos algum meio, testando diligentemente, que possa entorpecer seu poder mais do que qualquer outra coisa, relativamente e em certo grau: por exemplo, alguém talvez descubra que, quando uma barra de ouro de certa espessura é colocada entre um ímã e o ferro, há menos atração do que quando o objeto interposto apresenta a mesma distância de ar; ou quando é prata incandescente ou fria; e assim por diante em casos semelhantes. Não fizemos experiências desse tipo; estão aqui incluídas como exemplos. Da mesma forma, na experiência humana, não descobrimos nenhum corpo que não receba calor quando está próximo do fogo. Mas sabemos que o ar recebe calor muito mais rapidamente do que a pedra. Tal é a substituição por graus.

A substituição por analogia é certamente útil, mas menos segura e portanto deve ser utilizada com algum critério. Ocorre quando algo não sensível é trazido

---

68 II.40.

69 *Instantiae supplementi sive substitutionis.*

aos sentidos, não pela atividade sensível por parte da própria substância insensível, mas pela observação de um corpo sensível relacionado; por exemplo, na investigação da mistura de espíritos, que são corpos invisíveis, desejamos saber se aparece algum tipo de relacionamento entre os corpos e seu combustível ou nutrição. Aparentemente, o combustível do fogo são as substâncias oleosas e gordurosas; do ar, a água e as substâncias aquosas; isso porque as chamas se intensificam sobre os fumos do óleo e o ar se alimenta do vapor da água. Devemos, portanto, estudar a mistura de água e óleo, que é acessível aos sentidos, porque uma mistura de ar e fogo escapa os sentidos. No entanto, o óleo e água se misturam de forma muito imperfeita quando combinados ou agitados, mas na grama, no sangue e nas partes dos animais, as mesmas coisas se misturam totalmente e sem problemas. E, portanto, algo semelhante poderia ser o caso em uma mistura entre as chamas e o ar nos espíritos: as coisas que não conseguem manter uma mistura com facilidade quando são simplesmente derramadas juntas, parecem misturar-se com os espíritos das plantas e dos animais, especialmente porque todo espírito vivo recebe ambos os tipos de umidade, a aquosa e a gordurosa, como combustível.

Da mesma forma, em vez de uma mistura relativamente completa de espíritos, poderíamos investigar uma mera combinação, para descobrirmos se os espíritos incorporam-se facilmente uns aos outros, ou se (por exemplo) há alguns ventos, vapores ou outros corpos espirituosos que não se misturam com o ar comum, mas apenas ficam suspensos e flutuam nele, em glóbulos e gotas, e são esmagados e destroçados pelo ar, em vez de ser bem recebidos e incorporados. Os sentidos não conseguem perceber isso no ar comum e em outros corpos espirituosos, porque eles são muito sutis; no entanto, um tipo de imagem da coisa, na medida em que acontece, pode ser retirada de líquidos como o mercúrio, o óleo e a água; e também da separação do ar quando, na água, se rompe e sobe em pequenas partículas; também na fumaça espessa; e, finalmente, na poeira perturbada que flutua no ar; em todos esses casos não ocorre nenhuma incorporação. A apresentação que acabamos de fazer não é de todo mal, desde que tenha sido efetuada uma investigação prévia e cuidadosa para saber se é possível haver a mesma heterogeneidade entre os espíritos como a que podemos encontrar nos líquidos, pois, nesse caso, não será inapropriada a substituição dessas imagens por analogia.

Dissemos que podemos obter informações dessas *instâncias suplementares* como último recurso quando faltam instâncias diretas. Mas queremos que fique claro que elas também são muito úteis, mesmo quando as instâncias diretas estão disponíveis, para confirmar as informações juntamente com as instâncias diretas. Mas vamos explicá-las com maior exatidão quando o curso regular de nossa discussão nos levar ao tratamento dos *auxílios da indução*.

XLIII

Em vigésimo lugar entre as *instâncias privilegiadas* colocamos as *instâncias de clivagem*,[70] que decidimos também chamar de *instâncias pinçadoras*, mas por um motivo diferente. São instâncias pinçantes, porque elas "pinçam" a mente, cortantes porque elas "cortam" a natureza em pedaços; assim também, por vezes, as chamamos de *instâncias de Demócrito*.[71] São instâncias que fazem que o intelecto se lembre da sutileza requintada da natureza, para que ele permaneça animado e preparado para oferecer à natureza a atenção, a observação e o escrutínio merecidos. Por exemplo: de como uma pequena gota de tinta pode fazer tantas letras ou linhas; um pedaço de prata, brilhante apenas no exterior, dá origem a um fio dourado de grande comprimento; um pequeno verme, como o que é encontrado na pele, contém espírito e uma estrutura distinta em suas partes; um pouco de açafrão mancha e colore um barril inteiro de água; um pouco de perfume ou almíscar preenche uma quantidade muito maior de ar com seu cheiro; uma pequena quantidade de fumegante faz uma grande nuvem de fumaça; as discriminações precisas de sons articulados por vozes que falam, de alguma forma, são transportadas pelo ar e penetram até mesmo nos trechos e nos poros da madeira e da água (embora de forma reduzida) e são, de fato, ecoadas de volta tão rápida e distintamente; a luz e a cor rapidamente permeiam, mesmo a grande distância, substâncias sólidas como o vidro e a água e as preenchem com uma variedade tão requintada de imagens e são também refratadas e refletidas; um ímã mantém sua eficácia através de todos os tipos de corpos, mesmo os mais sólidos. Em todas essas coisas, mais espantoso ainda é que a ação de uma delas em um meio neutro, como o ar, não bloqueia muito a ação de outra; desse modo, ao mesmo tempo que os espaços de ar carregam tantas imagens de coisas visíveis, tantas reverberações de muitas vozes falando e tantos perfumes distintos, como o da violeta e da rosa; e também o calor, o frio e as forças magnéticas; todos (repito) ao mesmo tempo e sem obstruir uns aos outros, como se cada um possuísse seus próprios caminhos e atalhos particulares separados e nenhum tocasse ou cruzasse qualquer um dos outros.

Mas devemos adicionar um apêndice útil às *instâncias de clivagem*, às quais chamamos de *limites de dissecação*; nas coisas que acabamos de falar, uma ação não impede ou perturba um tipo diferente de ação, mas pode subjugar e extinguir outra ação do mesmo tipo: assim como a luz do sol faz com a de uma vela; o som de uma bomba, com a voz; ou como um odor mais forte supera outro mais delicado; e o calor mais intenso, o mais fraco; e as chapas de ferro colocadas entre um ímã e um outro pedaço de ferro impedem a ope-

---

70   *Instantiae persecantes.* Instâncias secantes, segundo Andrade (1973).

71   Cf. I.51.

ração do primeiro. O lugar adequado para lidar com tais limites estarão entre os *auxílios à indução.*

XLIV

Acabamos de tratar das instâncias que ajudam os sentidos. Elas possuem valor particular para a parte informativa de nossa empreitada. Isso porque as informações iniciam-se pelos sentidos. Mas o empreendimento como um todo deve gerar obras; esse é o fim, assim como a informação é o começo. As instâncias, então, seguirão aquelas que possuem valor particular para a parte aplicada. São de dois tipos, e há sete delas. Resolvemos dar a elas o nome geral de *instâncias práticas.* Em geral, existem duas falhas na parte operativa e o mesmo número de instâncias principais. Pois, ou uma operação falha ou dá muito trabalho. A principal razão pela qual uma operação falha (especialmente se a pesquisa das naturezas foi feita de forma diligente) é a determinação e mensuração impróprias das forças e ações dos corpos. As forças e as ações dos corpos são descritas e medidas por dimensões do espaço, ou por lapsos de tempo, ou por unidades de quantidade, ou pela preponderância de uma força;[72] se esses quatro fatores não foram honesta e diligentemente medidos, talvez surja uma ciência especulativa e bonita, mas vazia de resultados. Da mesma forma, às quatro instâncias correspondentes damos o nome único de *instâncias matemáticas* e *instâncias de mensuração.*

A prática torna-se trabalhosa devido a uma confusão de assuntos inúteis ou por causa do número excessivo de instrumentos, ou por causa da massa de matéria e substâncias exigidas por algumas tarefas. Portanto, devemos valorizar as instâncias que dirigem a função operativa para as coisas de maior valor aos homens, ou as que mantêm baixo o número de instrumentos, ou as que são econômicas em material ou equipamento. Chamamos as três instâncias que pertencem a esse ponto de *instâncias propícias* ou *benevolentes.* E, por conseguinte, devemos agora falar dessas sete instâncias uma por uma; e com elas encerramos a parte das instâncias privilegiadas ou principais.

XLV

Entre as *instâncias privilegiadas* colocamos em vigésimo primeiro lugar as *instâncias da haste* ou *da régua,*[73] que decidimos também chamar de *instâncias de alcance* ou *de limite máximo.* Pois as forças e os movimentos das coisas funcionam e têm efeito em distâncias que não são indeterminadas nem trata-se de uma questão de acaso, mas são fixas e definitivas. Há grande valor prático

---

72   Ver II.45, 46, 47 e 48.

73   *Instantiae virgae, sive radii.* Instâncias da vara ou do raio, segundo Andrade (1973).

em observá-las e notá-las em cada uma das naturezas pesquisadas, não apenas para evitarmos os erros da prática, mas também para melhorá-la e aumentar o seu poder. Isso porque, por vezes, há a oportunidade de ampliar os poderes e diminuir as distâncias, como é o caso de lentes de aumento.[74]

A maioria dos poderes opera e tem efeito sobre outras coisas somente pelo contato livre, como no caso da colisão de corpos, quando um corpo não move outro sem que o golpeador realmente toque o golpeado. Os medicamentos que são aplicados às partes externas, como pomadas e emplastros, também apenas exercem os seus poderes por contato corporal. Os objetos que atingem os sentidos do tato e do paladar somente os afetam quando estão próximos desses órgãos.

Há outros poderes que funcionam a distância, ainda que esta seja muito pequena. Poucos foram registrados até agora, embora existam mais do que os homens imaginam. Por exemplo (para citar exemplos de objetos comuns), o âmbar ou o azeviche atraem a palha; uma bolha estoura outra quando está perto dela; certos purgantes reduzem o catarro; e assim por diante. E a força magnética que atrai o ferro a um ímã ou atrai ímãs entre si possui um determinado alcance, embora este seja pequeno; em contraste, caso haja uma força magnética que venha da própria Terra (evidentemente apenas abaixo da superfície) e aja em uma agulha de ferro, afetando sua polaridade, então tal efeito estaria funcionando a uma grande distância.

Novamente, caso exista qualquer força magnética operando por acordo entre o globo terrestre e as coisas pesadas, ou entre o globo lunar e as águas do mar (algo que parece muito provável por causa das marés altas e baixas que ocorrem duas vezes por mês), ou entre o céu estrelado e os planetas, pela qual eles são convocados e se elevam até seus apogeus; todas essas coisas estariam operando a uma enorme distância. Há também alguns casos de incêndios que começam ou irrompem em materiais a distâncias bem grandes, como foi dito sobre a nafta na Babilônia. Pois o calor viaja grandes distâncias e o mesmo faz o frio: os habitantes do Canadá sentem de muito longe o frio emitido pelas massas ou blocos de gelo que se desprendem e flutuam no oceano Setentrional até o Atlântico em direção à sua costa. Os odores também são eficazes em distâncias notáveis (embora pareça haver também algumas emissões físicas nesse caso), conforme observado por marinheiros ao longo da costa da Flórida ou em algumas partes da Espanha, onde há florestas inteiras de limoeiros, laranjeiras e outras plantas perfumadas, como o alecrim, a manjerona etc. Finalmente, a radiação de luz e as impressões sonoras também operam a distâncias consideráveis.

Mas, independentemente da distância em que funcionam ser grande ou pequena, todas estas coisas certamente funcionam a distâncias fixas e conhecidas

---

74 Ver II.39.

pela natureza, de modo que há um tipo de *Limite Máximo* que é proporcional à massa ou à quantidade dos corpos; ou ao vigor ou à fraqueza de seus poderes, ou à assistência ou resistência do meio circundante; todos os quais devem entrar no cálculo e ser anotados. Além disso, devemos anotar as medidas dos supostos movimentos violentos, como os dos mísseis, canhões, rodas etc., já que eles também possuem limites fixos.

Há também certos movimentos e poderes que são contrários aos que operam por contato e não a distância: ou seja, os que operam a uma distância e não por contato e os que operam fracamente a curta distância e mais fortemente a uma distância maior. Por exemplo, a visão é bem comunicada pelo contato, mas precisa de um meio e de uma distância. Mas eu me lembro de ter ouvido uma história de uma pessoa que merece crédito: é dito que, ao ser tratado de sua catarata (o tratamento consistiu da inserção de uma pequena agulha de prata sob a primeira membrana do olho para retirar a película da catarata, empurrando-a para o canto do olho), ele pôde ver a agulha se movendo de forma muito clara sobre a sua pupila. Embora isso possa ser verdadeiro, é óbvio que objetos maiores não são bem ou claramente vistos, exceto no ponto do cone onde os raios vindos do objeto se encontram a uma certa distância. Além disso, em pessoas de idade o olho enxerga melhor quando o objeto é colocado um pouco mais longe, e não mais próximo. No caso dos mísseis, é certo que o impacto não é tão grande a uma distância muito curta quanto o é quando está um pouco mais longe. Essas e outras coisas semelhantes são o que devemos observar ao medirmos os movimentos em relação a distância.

Há também outro tipo de medida espacial do movimento que não deve ser ignorada. Ela pertence não aos movimentos lineares, mas aos movimentos esféricos, ou seja, à expansão dos corpos em uma esfera maior, ou a sua contração em uma menor. Entre essas medidas do movimento devemos perguntar quanta compressão ou expansão é fácil e livremente permitida pelos corpos (de acordo com as suas naturezas) e qual o ponto em que eles começam a resistir, até que, no extremo, atinjam o *limite máximo*; como quando uma bexiga inflada é comprimida, ela tolera alguma compressão de ar, mas depois de um ponto ela já não suporta mais e explode.

Nós testamos tal fato mais precisamente por meio de uma experiência sutil. Tomamos uma pequena campânula de metal, muito fina e leve, como a utilizada para saleiros, e a mergulhamos em uma bacia de água, de modo a levar consigo o ar retido em sua cavidade até o fundo da bacia. Anteriormente, havíamos deixado uma pequena bola no fundo da bacia sobre a qual colocaríamos a campânula. Os resultados foram: se a bola for muito pequena (em relação à cavidade) o ar escapa para uma área menor, comprime-se e não é expulso. Mas se a bola for muito grande para que o ar possa se movimentar livremente, então este não suporta o aumento da pressão, eleva parcialmente a campânula e vem à tona em bolhas.

Para descobrirmos a extensão (não menos que a compressão) permitida pelo ar, fizemos o seguinte experimento: tomamos um ovo de vidro com um pequeno orifício em uma de suas extremidades. Retiramos o ar através do orifício por uma forte sucção; imediatamente após, bloqueamos o orifício com o dedo e imergimos o ovo na água e, em seguida, removemos o dedo. O ar ficou sob pressão pela tensão induzida pela sucção, bem como intumescido para além de sua própria natureza; ao esforçar-se para voltar a ser o que era e contrair-se (de modo que se o ovo não houvesse sido imerso em água, ele teria sugado o ar para dentro com um pequeno assobio), ele suga uma quantidade suficiente de água para que o ar recupere sua antiga esfera ou dimensão.

Também é certo que os corpos mais tênues (como o ar) permitem certa contração visível, como já foi dito; mas as substâncias tangíveis (como a água) somente permitem a compressão com muito mais relutância e em menor grau. O objetivo dessa experiência foi estabelecer a quantidade dessa permissão.

Tomamos um globo oco feito de chumbo que pudesse conter o volume de mais ou menos duas pintas[75] e feito com paredes suficientemente grossas para suportar uma força considerável. Enchemos o globo de água por meio de um orifício; e depois de o termos enchido de água, selamos o orifício com chumbo líquido, tornando-se assim um globo completamente sólido. Então, com um martelo, achatamos as duas extremidades opostas; como resultado, a água deveria ser contraída a um espaço menor, uma vez que a esfera é a mais espaçosa das formas. E então, assim que o martelo deixou de ser eficaz por causa da resistência da água, passamos a utilizar um moinho ou prensa de parafuso; por fim, a água, por não conseguir mais tolerar a pressão, destilou-se através da superfície sólida do chumbo (como se fosse um leve orvalho). Em seguida, calculamos a quantidade de espaço reduzida pela compressão; e inferimos que a água (mas só quando submetida a tamanha força) havia sofrido aquela mesma quantidade de compressão.

Os materiais mais sólidos, secos ou compactos, como a pedra, a madeira e também os metais, toleram muito menos compressão ou extensão; na verdade, é quase imperceptível; eles se libertam por meio do rompimento, do movimento, ou outras manobras, como podemos notar no arqueamento da madeira ou do metal, nos relógios que se movem pelo enrolamento de uma mola, em projéteis, no martelar e em inúmeros outros movimentos. Todas essas coisas e suas medições devem ser observadas e testadas quando buscamos uma natureza, seja em sua própria forma exata, ou por estimativa ou por comparação, conforme surja a oportunidade.

---

75   Medida britânica de capacidade. (N.E.)

XLVI

Entre as *instâncias privilegiadas*, colocamos em vigésimo segundo lugar as *instâncias corridas*,[76] que também resolvi chamar de *instâncias da água*, tomando o termo dos antigos relógios de água, os quais utilizavam essa substância em vez de areia. Elas medem a natureza pelos lapsos de tempo, assim como as *instâncias da haste* a medem por meio de unidades de espaço. Isso porque todo movimento natural ou ação se passa no tempo, uns mais rapidamente, outros mais lentamente, ainda assim todos ocorrem em momentos certos e conhecidos pela natureza. Mesmo as ações que parecem acontecer de forma instantânea e em um piscar de olhos (como dizemos) envolvem um tempo maior ou menor.

Em primeiro lugar, vemos que as revoluções dos corpos celestes acontecem em intervalos calculáveis e o mesmo é verdade para o fluxo e refluxo do mar. O movimento das coisas pesadas para a terra e das coisas leves para o circuito do céu ocupam certos períodos determinados pelo corpo que está se movendo e pelo meio através do qual ele se move. Os caminhos dos navios, os movimentos dos animais, os cursos dos mísseis, todos, da mesma forma, ocupam certo comprimento de tempo que pode ser calculado (em termos arredondados). Em relação ao calor, vemos, no inverno, meninos lavando as mãos no fogo e ainda assim não serem queimados; malabaristas fazendo movimentos suaves e ágeis para virar jarros cheios de vinho ou água de cabeça para baixo e, rapidamente, para cima novamente sem derramar uma gota e muitas outras coisas do mesmo tipo. Da mesma forma, a compressão, expansão e erupção de corpos acontecem rápida ou lentamente, dependendo do tipo de corpo e do movimento, mas todos levam um certo tempo. Além disso, na explosão de vários canhões ao mesmo tempo, que, às vezes, pode ser ouvida a uma distância de até aproximadamente 48 mil quilômetros, as pessoas que estão perto do local onde ocorreu o som o ouvem antes daqueles que estão mais longe. E para a visão (cuja ação é muito rápida) também está bastante claro que são necessários certos lapsos de tempo para que ela possa agir; isso é provado a partir das coisas que são muito rápidas para serem vistas, como o trajeto de uma bala disparada por arma. Pois a bala voa muito rápido para que a impressão de sua espécie possa atingir o olho.

Essas e outras coisas, por vezes, geram uma dúvida muito espantosa, a saber: se vemos a face do céu estrelado e sereno no mesmo tempo de sua real existência, ou algum tempo mais tarde; e se (no que diz respeito à visão de corpos celestes) existe mesmo um tempo verdadeiro e um tempo de percepção, como é o caso das paralaxes, nas quais os astrônomos observam que há o local verdadeiro e o local percebido. A nós, pareceria muito incrível caso as espécies ou os raios dos corpos celestes conseguissem, a partir de tais imensas distâncias de quilômetros,

---

76 *Instantiae curriculi*. Instâncias de currículo, segundo Andrade (1973).

atingir imediatamente a vista, em vez de viajar por um lapso observável de tempo. Mas essa dúvida (sobre o considerável intervalo de tempo existente entre o tempo verdadeiro e o tempo percebido) desapareceu completamente mais tarde, conforme refletimos sobre as infinitas perdas e diminuições das quantidades, em relação às aparências, entre o corpo verdadeiro da estrela e a imagem percebida, a qual é causada pela distância; observou-se também a qual distância (um mínimo de cerca de 96 mil quilômetros) os corpos meramente brancos são imediatamente vistos aqui da Terra, uma vez que não há nenhuma dúvida de que a luz dos corpos celestes muitas vezes excede, em vigor de radiação, não apenas o brilho do branco, mas também a luz de toda chama conhecida por nós aqui neste planeta. Também, a imensa velocidade do corpo propriamente dito, conforme visto em seu movimento diário (que espantou até mesmo os pensadores sérios que preferiam acreditar no movimento da Terra), faz que o movimento de emissão dos raios (maravilhosamente rápido, como dissemos) se torne mais crível. Mas o ponto mais convincente é que se algum intervalo observável de tempo fosse colocado entre a realidade e a observação, a espécie seria frequentemente bloqueada e atrapalhada por nuvens que surgissem e distúrbios semelhantes do meio. Isso é tudo sobre as medições simples de tempo.

Mas devemos investigar a medição dos movimentos e ações não só em si, mas, muito mais, comparativamente; isso é extremamente útil e serve para muitas finalidades. Percebemos que o relampejo de um disparo de arma é visto antes de o som ser ouvido, muito embora a bala deva ter atingido o ar antes que a chama por trás dela pudesse sair; e isso deve acontecer porque o movimento da luz segue uma trilha mais rápida que a do movimento do som. Vemos também que as imagens visíveis são recebidas pela visão mais rapidamente do que são descartadas; é por isso que as cordas do violino, quando tocadas com o dedo, parecem duplicadas ou triplicadas, uma vez que a nova imagem é recebida antes que a antiga seja descartada; daí, os anéis rotativos parecerem como um globo e uma tocha ardente levada rapidamente à noite parece ter uma cauda. Sobre esse fundamento das velocidades desiguais dos movimentos, Galileu construiu sua concepção sobre o fluxo e refluxo do mar: a Terra gira mais rapidamente e a água menos rapidamente e, assim, as águas se amontoam e, em seguida, por sua vez desabam novamente, como pode ser visto ao movimentarmos uma vasilha grande. Ele chegou a essa ficção ao conceder a si mesmo o inconcebível (ou seja, que a Terra se move) e sem estar bem informado sobre o movimento que ocorre a cada seis horas no oceano.

Estamos discutindo a medida comparativa dos movimentos, em si e na sua utilidade eminente (sobre a qual acabamos de falar). Um exemplo notável ocorre nas minas cheias de pólvora colocadas sob a terra; uma pequena quantidade de pólvora solapa e joga ao ar imensas massas de terra, edifícios e assim por diante.

Isso certamente ocorre porque o movimento expansivo da pólvora, que é a força estimulante, é muitas vezes mais rápido do que o movimento da gravidade, a qual poderia oferecer alguma resistência; assim o primeiro movimento termina sua tarefa pouco antes de se iniciar o movimento contrário; desse modo, no início, há ausência de resistência. Essa é também a razão pela qual em todo míssil, o golpe, o qual é mais rápido e veloz do que forte, tem um poder de emissão muito elevado. E a única razão por que uma pequena quantidade de espírito animal, especialmente nos animais de grande envergadura, como as baleias ou os elefantes, consegue orientar e controlar tal massa corporal imensa é porque o movimento do espírito é muito rápido e o movimento físico demora muito para exercer resistência.

Finalmente, esse é um dos principais fundamentos dos experimentos mágicos, que discutiremos mais tarde, ou seja, sempre que uma pequena quantidade de matéria domina e controla uma quantidade muito maior; isso, eu digo, ocorre se um antecipa-se ao outro por meio de sua velocidade de movimento antes que o outro se mova.

Mais uma coisa: deve notar-se o *antes* e o *depois* de cada ação natural. Por exemplo, em uma infusão de ruibarbo, primeiro ocorre a força purgativa e depois, a adstringente; já vimos algo semelhante em uma infusão de violetas e vinagre, em que o perfume doce e delicado da flor é notado primeiro e, em seguida, sua parte mais terrosa, que sobrepuja o seu perfume. Daí, se as violetas forem infundidas durante um dia inteiro, o perfume torna-se muito mais fraco para os sentidos; mas se são infundidas somente por um quarto de hora e então retiradas e (por existirem poucos espíritos de perfume dentro de uma violeta) violetas novas e frescas são infundidas por mais um quarto de hora cada, por seis vezes; Então, finalmente, a infusão se torna tão forte que, embora as violetas tenham estado ali (um grupo por vez) por um período total de uma hora e meia, ainda assim, um perfume muito agradável como o da violeta real dura um ano inteiro. No entanto, deve-se observar que o perfume só atinge sua força plena após um mês da infusão. E em uma destilação de especiarias aromáticas, embebidas em espírito de vinho, é evidente que, em primeiro lugar, surge um líquido aquoso e inútil e, então, água com mais espírito de vinho nela e somente depois a água com mais aroma. Muitas dessas coisas são encontradas em destilações e merecem ser observadas. Mas já temos um número suficiente de exemplos.

XLVII

Entre as *instâncias privilegiadas* colocamos em vigésimo terceiro lugar as *instâncias de quantidade*,[77] que decidimos chamar *doses da natureza* (tomando

---

77 *Instantiae quanti.*

o termo emprestado da medicina). Essas são as instâncias que medem os poderes por meio das quantidades dos corpos e indicam qual quantidade de um corpo resulta em qual *quantidade de poder*. E, em primeiro lugar, há alguns poderes que só existem em *quantidade cósmica*, ou seja, em uma quantidade que é consistente com a forma e a estrutura do universo. Desse modo, a Terra está firme, mas suas partes caem. A água do mar flui e reflui, mas não a água dos rios, exceto quando o mar flui até eles. Mais uma vez, o efeito de quase todos os poderes depende da existência de *muita* ou *pouca* substância. As grandes massas de água não são facilmente poluídas, mas as pequenas, rapidamente. O vinho e a cerveja amadurecem e se tornam potáveis muito mais rapidamente em pequenos sacos de couro do que em grandes tonéis. Se colocamos erva em uma quantidade maior de líquido, esta é infundida e o álcool não é absorvido; em caso de uma quantidade menor, não ocorre infusão e o líquido é absorvido. Em seu efeito sobre o corpo humano, um banho é uma coisa, um leve borrifo, outra. O orvalho leve que flutua no ar nunca cai; são dissipados e incorporados ao ar. Ao baforar em uma joia, podemos ver que a pequena quantidade de umidade é imediatamente dissolvida, como uma pequena nuvem levada pelo vento. Também um pequeno pedaço de ímã não atrai tanto o ferro como um ímã inteiro. Há também poderes em que uma pequena *quantidade* tem maior efeito: ao fazermos furos, uma ponta afiada fura mais rapidamente que uma cega, um diamante pontiagudo burila o vidro, e assim por diante.

Mas não devemos nos demorar muito tempo nisto; devemos investigar também a *proporção da quantidade* do corpo em relação à quantidade de energia. Seria natural imaginar que as proporções de quantidade se igualam às proporções de força; desse modo, se uma bola de chumbo de uma onça leva certo tempo para cair, uma bola de duas onças deve cair duas vezes mais rápido, mas isso está bastante errado. As mesmas proporções não são mantidas em todos os diferentes tipos de força, mas são muito diferentes. E, por conseguinte, devemos buscar tais medidas nas coisas em si, não com base na probabilidade ou na conjectura.

E, por fim, em toda investigação sobre a natureza devemos observar *quanto* de um corpo é necessário para cada determinado efeito; e devemos estar sempre advertindo a nós mesmos sobre aquilo que é *demasiado* e o que é *muito pouco*.

XLVIII

Entre as *instâncias privilegiadas*, colocaremos em vigésimo quarto lugar as *instâncias de luta*,[78] que decidimos também chamar de *instâncias de predominância*. Elas apontam para a alternância entre domínio e submissão dos

---

78 *Instantiae luctae.*

poderes, indicam qual deles é mais forte e prevalece, e qual é mais fraco e sucumbe. Pois os movimentos e esforços dos corpos são arranjados, desarranjados e combinados uns com os outros, não menos que os próprios corpos. Primeiro, portanto, prestaremos conta dos principais tipos de movimento ou poder ativo, a fim de oferecer uma comparação mais clara de suas respectivas forças e, com essa base, expor e demarcar as *instâncias de luta* e *de predominância*.

(1) Seja o primeiro movimento o movimento de *indestrutibilidade* da matéria, o qual existe em cada pequena parte dela, pelo qual ela se recusa absolutamente a ser aniquilada; para que nenhum fogo, nem peso, nem pressão ou violência, nem idade nem tempo, possam reduzir, nem mesmo a menor partícula de matéria, a nada; ela é sempre alguma coisa, ocupa algum espaço e (sob necessidade) ou se liberta, alterando sua forma ou lugar, ou (se não tem chance de fazê-lo) permanece como está e nunca chega ao ponto de ser nada, ou de estar em lugar nenhum. A Escola (que quase sempre nomeia e define as coisas mais por seus efeitos e consequências negativas do que por suas causas internas) ou denota esse movimento pelo axioma "dois corpos não podem estar em um lugar"; ou o chama de "movimento que não permite a interpenetração das dimensões". Não precisamos dar exemplos desse movimento; ele se encontra em todas as substâncias.

(2) Seja o segundo movimento aquele que chamamos de *conexão*; pelo qual os corpos se recusam a ter qualquer de suas partes separadas pelo contato com outro corpo, como se eles gostassem do contato e da ligação mútua. A esse movimento a Escola chama de *movimento para evitar o vácuo*; como quando a água é atraída por sucção ou por meio de uma seringa, ou a carne, por ventosas; ou quando a água fica parada e resiste a sair pelo orifício feito no pote de água, a menos que a boca do frasco seja aberta para deixar que o ar entre; e inúmeras coisas semelhantes.

(3) Seja o terceiro movimento o movimento de *liberdade* (como o chamamos); pelo qual os corpos se esforçam para libertar-se da pressão ou tensão não naturais, bem como restaurar as dimensões adequadas ao seu corpo. Há inúmeros exemplos desse movimento: como (em relação à libertação de pressão) o exemplo da água no nado, do ar no voo; da água no remo, do ar nas rajadas de vento; da mola nos relógios. O movimento do ar comprimido se mostra de forma bem peculiar nas armas infantis de pressão; as crianças escavam um furo ao longo de um pedaço de carvalho ou madeira semelhante e obstruem as duas extremidades com um pedaço de qualquer raiz carnuda, ou algo do tipo; em seguida, com uma vareta de arma de fogo, elas o enchem com raízes ou coisas que sirvam como bucha em uma extremidade; a raiz do outro lado é forçada a sair e é expulsa com um ruído audível, antes de ser tocada pela raiz ou bucha na extremidade mais próxima, ou pela vareta. Quanto à fuga da

tensão, esse movimento se mostra no ar que permanece nos ovos de vidro após sua extração e nas cordas de couro e de pano que retomam sua forma quando o alongamento está concluído, a menos que ele tenha durado tempo suficiente para se tornar permanente etc. Esse movimento é conhecido pela Escola sob o nome de movimento da *forma do elemento*: de modo suficientemente ignorante, uma vez que esse movimento tem a ver não só com o ar, água ou fogo, mas com todo o espectro de corpos sólidos, como a madeira, o ferro, o chumbo, o pano, o pergaminho etc.; cada corpo possui o limite de sua própria dimensão característica e somente com muita dificuldade pode ser forçado a ir além dele de forma perceptível. Mas já que o movimento de libertação é o mais evidente e tem um número infinito de formas, é conveniente fazermos algumas distinções boas e claras. Isso porque alguns homens, sem nenhum cuidado, confundem esse movimento com o duplo movimento de *indestrutibilidade* e de *conexão*; ou seja, eles confundem a liberação da pressão com o movimento de *indestrutibilidade* e a libertação da tensão com o movimento de *conexão*; como se corpos sob compressão aceitassem ou se expandissem para evitar a *interpenetração das dimensões* e os corpos sob tensão recuassem e se contraíssem para evitar o vácuo. No entanto, se o ar comprimido tentasse se contrair à densidade da água, ou a madeira à densidade da pedra, não haveria nenhuma necessidade de interpenetração de dimensões e, ainda assim, haveria uma compressão muito maior do que qualquer um deles possa aguentar. Da mesma forma, se água tentasse se expandir e alcançar a rarefação do ar, a pedra a rarefação da madeira, não haveria nenhuma necessidade de um *vácuo* e, ainda assim, haveria uma extensão muito maior deles do que eles de qualquer forma poderiam suportar. Portanto, esse não é um caso de *interpenetração de dimensões* e *vácuo*, exceto nos últimos estágios da condensação e da rarefação. Esses movimentos permanecem e param muito antes daqueles estágios serem atingidos e consistem apenas nos esforços dos corpos para manter sua própria consistência (ou, como eles[79] preferem, suas próprias formas) e não perdê-las repentinamente, a menos que eles sejam alterados por meios suaves e por seu próprio consentimento. Mas é muito mais essencial (por causa das muitas consequências) fazer que os homens entendam que o movimento violento (ao qual chamamos de *mecânico* e Demócrito – que, por sua explicação dos primeiros movimentos, deveria ser posto em uma posição inferior a dos filósofos medíocres, chamou de movimento de *golpe*) é apenas o movimento de liberdade, ou seja, aquele que vai da compressão ao relaxamento. Pois seja ele um simples impulso ou um voo através do ar, não há nenhum deslocamento ou movimento espacial até que as partes do corpo recebam artificialmente a compressão do impulsor. Então assim como cada parte

---

79 "Eles": os escolásticos.

empurra a outra sucessivamente, todo o corpo se move; e isso não apenas o move para frente, mas também faz que ele gire ao mesmo tempo; para que, dessa forma, as partes também possam ser capazes de escapar ou repartir o fardo de modo mais igualitário. Isso é tudo sobre esse movimento.

(4) Seja o quarto movimento aquele a que chamamos de *matéria*.[80] Esse movimento é, de alguma forma, o inverso do movimento de liberdade que acabamos de discutir. No movimento de liberdade os corpos abominam, rejeitam e evitam uma nova dimensão, ou uma nova esfera, ou uma nova expansão ou a contração (estas palavras diferentes significam a mesma coisa) e lutam com toda sua força para ressaltar e recuperar a sua velha consistência. Por outro lado, esse movimento da matéria procura uma nova esfera ou dimensão e a procura livremente, ansiosa e, às vezes, com o mais poderoso esforço (como no caso da pólvora). Os instrumentos desse movimento, não os únicos com certeza, mas os mais potentes ou pelo menos os mais frequentes, são o calor e o frio. Por exemplo: se ar for expandido por tensão (como na sucção feita nos ovos de vidro), ele fará grandes esforços para restaurar-se. Mas se aplicarmos calor, pelo contrário, ele terá um desejo claro de se expandir, ele cobiça uma nova esfera e a ela passa e chega livremente como se fosse uma nova forma (conforme as pessoas chamam isso); e depois de alguma expansão já não quer mais retornar, a menos que seja provocado a assim fazer, por meio da aplicação do frio; que não é um retorno, mas uma segunda transformação. Da mesma forma também, se a água for restringida por compressão, ela se recupera e tenta voltar a ser o que era, ou seja, mais difusa. Mas ao receber frio intenso e contínuo, ela se transforma livre e voluntariamente na matéria densa do gelo; e se o frio continua sem a interrupção de um período quente (como acontece em grutas e cavernas de qualquer profundidade), ela se transforma em cristal, ou uma substância semelhante e nunca volta a ser o que era.

(5) Seja o quinto movimento o movimento de *coesão*. Não nos referimos à coesão primária e simples com outro corpo (que é o movimento de *conexão*), mas à autocoesão em um único corpo. É certo que os corpos abominam a dissolução de sua coesão, alguns mais, outros menos, mas todos em algum grau. Nos corpos rígidos (como aço ou vidro) a resistência à dissolução é muito forte e vigorosa, mas também nos líquidos, nos quais parece não existir esse movimento ou pelo menos parece ser muito fraco, sabemos que não estão totalmente ausentes, mas existe neles em um grau muito baixo e se revela em muitas experiências, por exemplo, as bolhas, o arredondamento das gotas, os finos fios de água que caem do telhado, a rigidez de corpos viscosos e assim por diante. Essa tendência se mostra melhor quando tentamos quebrar algo muito

---

80 *Hyle.*

pequeno. Pois o pilão pode fazer mais em um almofariz, depois que a substância foi esmagada até um certo ponto; a água não entra nas rachaduras mais finas; e o mesmo acontece com o ar; apesar da sutileza de seu próprio corpo, ele não atravessa instantaneamente os poros dos recipientes razoavelmente sólidos, mas o faz por por um longo escoamento.

(6) Seja o sexto movimento aquele que chamamos de movimento para o *lucro*, ou o movimento de *carência*. Nesse movimento, se os corpos estiverem envolvidos com coisas que são completamente diferentes em espécie uma das outras e quase hostis, e eles tiverem a chance e a oportunidade para evitar esses corpos antipáticos e unir-se a coisas mais agradáveis (mesmo que essas coisas agradáveis não tenham nenhum acordo consigo mesmas), então eles instantaneamente as abraçarão e as preferirão como melhores. Eles parecem considerá-las como um lucro (e, daí, a palavra escolhida) como se carecessem desses corpos. Por exemplo: a folha de ouro, como outros metais em forma de folha, não gosta de estar rodeada por ar. Daí, se ela puder se apossar de um corpo grosso e tangível (dedo, papel, qualquer que seja), ela instantaneamente se liga a ele e não é facilmente retirada. O mesmo ocorre com o papel ou pano e coisas do tipo que não gostam que o ar entre neles e se misture em seus poros. E, por conseguinte, eles alegremente absorvem água ou líquido e excluem o ar. O mesmo acontece com os pedaços de açúcar ou esponjas embebidas em água ou vinho que, gradualmente e aos poucos, atraem a água ou o vinho, mesmo quando estão longe da superfície.

Daí, obtemos a melhor regra para abrir e dissolver corpos. Deixando de lado os corrosivos e os ácidos, que possuem suas próprias maneiras de abrir, se pudermos encontrar um corpo adequado que seja mais agradável e parecido com algum corpo sólido do que aquele com o qual está forçosamente unido, o corpo relaxa e se abre instantaneamente, tomando-o para si e excluindo o outro. O movimento por *lucro* não opera ou tem efeito apenas pelo contato. Isso porque a operação elétrica (sobre a qual Gilbert e outros depois dele espalharam tais histórias) é simplesmente o apetite de um corpo, excitado por uma leve fricção, que não tolera a ar e prefere qualquer outro corpo tangível que esteja por perto.

(7) Seja o sétimo movimento o movimento de *maior agregação* (como o chamamos), pelo qual um corpo é atraído para uma massa de corpos de natureza semelhante: substâncias pesadas para o globo da Terra, coisas leves para o circuito do céu. A Escola o nomeou de movimento natural, pela razão trivial, aparentemente, de que não há nada visível no exterior para iniciar esse movimento (e assim ele deve, imaginaram, ser inato e congênito às próprias coisas); ou talvez porque ele nunca cessa. E não é de se admirar: porque o céu e a terra estão sempre aí; considerando que, por outro lado, as causas e as origens da maioria dos outros movimentos às vezes estão presentes e às vezes ausentes. E, portanto,

a Escola definiu esse movimento como nativo e perpétuo e o restante como artificial, porque não são intermitentes, mas começam instantaneamente após os outros cessarem. Mas, na verdade, esse movimento é bastante fraco e frágil, já que (exceto se houver uma grande massa corporal) dá forma e sucumbe aos outros movimentos. E, embora esse movimento tenha ocupado tanto os pensamentos dos homens, a ponto de deixar os outros movimentos na sombra, mas, mesmo assim, os homens o conhecem pouco e se envolvem em muitos erros a respeito dele.

(8) Seja o oitavo movimento o movimento de *menor agregação*, pelo qual as partes homogêneas de um corpo se separam das heterogêneas e se aglutinam entre si; pelo qual corpos inteiros também se juntam e abraçam uns aos outros, porque sua substância é semelhante e às vezes caminham juntas a distância, são atraídas e se unem: assim como o creme gradualmente sobe até a parte superior do leite e as borras e resíduos do vinho afundam até a base. Essas coisas não são causadas tanto pelo peso ou pela leveza, de modo que algumas partes subam, enquanto outras tendam para baixo, mas muito mais pelo desejo das coisas homogêneas a se unir e combinar umas com as outras. Esse movimento difere do movimento de *carência* de duas maneiras. Em primeiro lugar, no movimento de carência, o principal estímulo é aquele de uma natureza má e contrária, mas nesse movimento (desde que não haja nenhum obstáculo ou conexão) as partes se unem através da amizade, mesmo que não haja nenhuma natureza estrangeira para causar conflito; em segundo lugar, a união é mais íntima e mais uma questão de escolha. Pois, no movimento de *carência*, os corpos que não estão intimamente relacionados se combinam, evitando apenas os corpos estranhos, enquanto que, no presente movimento, há uma união de corpos que estão conectados por semelhança total e estão fundidos em um só. Esse movimento acontece em todos os corpos compostos e seria fácil observar em cada um se não estivessem ligados e amarrados por outras tendências e necessidades dos corpos que perturbem a união.

Esse movimento é geralmente inibido de três maneiras: pela lentidão dos corpos, pela restrição de um corpo dominante e por um movimento externo. Quanto à lentidão: é certo que há nos corpos tangíveis uma espécie de preguiça de maior ou menor grau e uma aversão ao movimento espacial; desse modo, a menos que estimulados, eles ficam contentes com seu próprio estado (seja como for), em vez de ter o trabalho de conseguir um estado melhor. Esse tipo de lentidão é perdido por três maneiras diferentes: pelo calor, pelo poder superior de um corpo relacionado ou pelo movimento vigoroso e poderoso. Em relação à assistência do calor: esta é a razão por que disseram que o calor *separa coisas heterogêneas e une* as coisas homogêneas. Gilbert, com razão, rejeitou essa definição dos Peripatéticos,[81] com desprezo. É como se, diz ele,

---

81   Aristóteles e sua escola.

afirmássemos ou definíssemos o homem como uma coisa que semeia trigo e planta as vinhas; pois é uma definição meramente por meio dos efeitos e efeitos específicos. Mas a definição é ainda mais vulnerável, porque os efeitos (seja lá quais forem) não provêm das propriedades do calor, exceto acidentalmente (já que o frio tem o mesmo efeito, como argumentaremos mais tarde); eles vêm do desejo das partes homogêneas de se combinar, onde o calor apenas ajuda a livrar-se da lentidão, que era o que havia anteriormente feito cessar o desejo. Quanto à ajuda de um poder oferecido por uma substância relacionada: há uma maravilhosa ilustração disso nos ímãs armados, que excita no ferro a virtude de retê-lo porque sua substância é semelhante; a lentidão do ferro é retirada pelo poder do ímã. Quanto à assistência do movimento, isto é mais bem-visto nas flechas de madeira, que também tem pontas de madeira; após o rápido movimento ter retirado a lentidão da madeira, eles penetram mais profundamente em outros pedaços de madeira que se elas estivessem armadas com ferro, porque a substância é a mesma. Já discutimos esse experimento no aforismo sobre as *instâncias ocultas*.[82]

A restrição do movimento de *menor agregação* é causada pelo impedimento feito por uma substância dominante e pode ser vista na dissolução do sangue e da urina pelo frio. Contanto que essas substâncias estejam preenchidas por um espírito ativo, que é o mestre do todo e regula e restringe suas partes individuais de todo tipo, as diferentes partes não se misturarão, porque elas têm esse impedimento sobre elas. Mas quando o espírito evapora, ou é sufocado pelo frio, então as partes são liberadas da contenção e, seguido sua vocação natural, se unem. Eis porque todos os corpos que contêm um espírito picante (como os sais e coisas desse tipo) não são dissolvidos, mas continuam separados, devido à retenção permanente e durável do espírito dominante e mandante.

Já a restrição do movimento de *menor agregação* causado por um movimento externo é mais bem-visto pela perturbação dos corpos que impedem a putrefação. Pois toda putrefação baseia-se em uma combinação de partes homogêneas; e, como resultado, a natureza anterior (como eles a chamam) é gradualmente corrompida e uma nova é gerada. Pois a putrefação que pavimenta o caminho da geração de novas formas geralmente é precedida pela dissolução das formas antigas e é, em si, uma combinação para criar homogeneidade. Se ela não está impedida, uma dissolução simples ocorre; se ocorrerem obstruções de vários tipos, ocorrem putrefações, o que é o início de uma nova geração. No entanto, se houver perturbação frequente de um movimento externo (que é a nossa preocupação presente), o movimento de combinação (que é sensível e delicado e precisa de proteção contra movimentos externos) fica perturbado

---

82   II.25.

e cessa. Vemos isso acontecer em inúmeros casos: o chacoalho e a descarga diária de água impedem a putrefação; os ventos bloqueiam a pestilência do ar; os grãos em celeiros permanecem puros se forem virados e agitados; na verdade, qualquer coisa que recebe alguma perturbação externa não apodrece facilmente em seu interior.

Resta lidar com a combinação de partes de corpos, que é a principal causa de endurecimento e secagem. Pois em um corpo poroso (madeira, osso, pergaminho etc.), depois que o espírito ou a umidade que se transformou em espírito tenha evaporado, as partes mais densas se contraem e combinam com maior força, e os resultados são o endurecimento e a secagem. Isso acontece, pensamos, não tanto por um movimento de conexão para evitar o vácuo, mas mais como um movimento de amizade e união.

Quanto à combinação a distância, é incomum e rara, mas ocorre em mais casos do que é reconhecido. Eis algumas imagens disso: quando uma bolha se dissolve; quando os medicamentos retiram os humores porque sua substância é semelhante; quando as cordas de um instrumento de cordas fazem que as cordas de outro soem a mesma nota e assim por diante. Pensamos também que esse movimento é vigoroso nos espíritos dos animais, embora isso não seja completamente reconhecido. Está certamente evidente no ímã e no ferro magnetizado. No entanto, quando falamos de movimentos magnéticos, temos de fazer uma distinção. Pois existem quatro poderes ou operações em um ímã que não devem ser confundidos, mas mantidos distintos; embora a admiração e perplexidade dos homens os tenha misturado. O primeiro é a união de ímã com ímã, ou de ferro com ímã ou de ferro magnetizado com ferro. O segundo é a sua polaridade sul-norte e seu desvio. O terceiro é a sua penetração através de ouro, vidro, pedra, tudo. O quarto é a comunicação do poder da pedra ao ferro e do ferro ao ferro sem comunicação de substância. Aqui estamos falando apenas de seu poder primário, o da combinação. É também notável o movimento de combinação do mercúrio e do ouro; pelo qual o ouro atrai o mercúrio, mesmo quando faz parte de pomadas; e os homens que trabalham entre os vapores do mercúrio têm o hábito de segurar um pedaço de ouro na boca para recolher as emissões de mercúrio, que, caso contrário, invadirão suas cabeças e ossos; por esse motivo, também, o pedaço de ouro logo fica branco. Isso é tudo sobre o movimento de *menor agregação*.

(9) Seja o nono movimento o *movimento magnético*; ele é, em geral, um movimento de *menor agregação*, mas já que opera a grandes distâncias e em grandes massas de coisas, então ele merece uma investigação separada, especialmente porque não se inicia pelo contato como a maioria dos movimentos, nem continua à ação até que o contato ocorra, como todos os movimentos de agregação, mas apenas eleva os corpos ou os fazem inchar e nada mais. Pois

se a Lua eleva as águas, ou faz que as coisas úmidas inchem ou se expandam; se o céu estrelado atrai os planetas para seus apogeus; ou o Sol mantém as estrelas de Vênus e Mercúrio a uma certa distância do seu corpo e não mais, não parece adequado listá-los como movimentos de maior ou menor agregação. Eles parecem ser formas intermediárias e imperfeitas de agregação e, portanto, devem formar sua própria espécie.

(10) Seja o décimo movimento o *movimento de evasão*; esse é um movimento que contraria o movimento de *menor agregação*. No *movimento de evasão*, os corpos fogem por antipatia e se dispersam dos corpos hostis, separam-se deles e se recusam a se misturar. Esse movimento pode parecer, em algumas maneiras, ser apenas um movimento acidental e, consequentemente, parasitário do movimento de *menor agregação*, porque as coisas homogêneas não podem se separar sem excluir nem livrar-se das coisas heterogêneas. Mas deve ser classificado como um movimento em si mesmo e elevado à uma espécie, porque, em muitas coisas, o desejo de *evasão* é visto como substituto do apetite para a combinação.

Esse desejo é muito proeminente no caso das excreções dos animais e não menos no caso de objetos ofensivos para alguns dos sentidos, especialmente para o olfato e o paladar. Pois um odor fétido é tão ferozmente rejeitado pelo sentido do olfato que até mesmo induz, por acordo, um movimento de expulsão na boca do estômago; e um sabor desagradável e amargo é tão ferozmente rejeitado pela boca ou garganta que, por acordo, provoca uma agitação da cabeça e arrepio. Esse movimento também ocorre em outras coisas. É observado em algumas oposições,[83] como na região intermediária do ar, cujo frio parece ser uma exclusão da natureza do frio nos confins dos corpos celestes; assim como os grandes calores ardentes e incêndios que são encontrados nas regiões subterrâneas são exclusões da natureza do calor no interior da Terra. Pois o calor e o frio, em pequenas quantidades, exterminam-se mutuamente; mas se eles ocorrem em grandes massas, em pleno vigor por assim dizer, então, na verdade eles lutam para se excluir e ejetar para outros lugares. Também é dito que a canela e coisas de cheiro doce conservam mais seu aroma quando colocadas ao lado de latrinas e manchas fétidas, porque elas se recusam a sair e se misturar com os cheiros asquerosos. Certamente, o mercúrio é impedido de retornar à sua forma integral, como ele faria em outros casos, pela saliva humana, ou graxa de eixo,[84] ou terebintina e afins, que impedem que suas partes se unam por causa de sua falta de acordo com esses tipos de corpos. Quando rodeado por eles, eles se retiram; e assim a sua evasão das substâncias intermediárias é

---

83 *Antiperistasis*; cf. II.12 (24) e II.27.

84 Feita de banha de porco.

mais forte que seu desejo de unir-se com as partes que são como eles; isso é o que eles chamam de *mortificação* do mercúrio. O fato de que o óleo não se mistura com água não ocorre só por causa da diferença de peso, mas também porque há pouco acordo entre eles; como pode ser visto no espírito de vinho, que é mais leve que o óleo, mas mistura-se bem com água. Mais notável de todos é o movimento de *evasão* do nitro e dos corpos brutos semelhantes, que têm horror ao fogo; como a pólvora, o mercúrio e também o ouro. No entanto, a *evasão* do ferro de um polo do ímã, como foi bem notado por Gilbert, não deve ser entendida como *evasão* em sentido próprio, mas conformidade e aceitação de uma posição mais adequada.

(11) Seja o décimo primeiro movimento o *movimento de assimilação* ou de *automultiplicação*, ou *geração simples*. Por *geração simples* não nos referimos à geração de corpos inteiros, como plantas e animais, mas de corpos semelhantes. Por esse movimento, corpos semelhantes alteram outros corpos que são semelhantes a eles, ou pelo menos simpáticos e preparados, em sua própria substância e natureza: como a chama, que se multiplica em substâncias vaporizadoras e oleosas e gera novas chamas; o ar, que se multiplica sobre a água e substâncias aquosas e gera novo ar; o espírito dos vegetais e o dos animais, que se multiplicam sobre as partes mais delicadas das substâncias aquosas e oleosas dos alimentos e geram novos espíritos; as partes sólidas das plantas e dos animais, como folhas, flores, carne, osso e assim por diante, cada qual assimila e gera uma nova substância todos os dias a partir dos sucos de seu alimento. Ninguém deve ter o prazer de compartilhar a conversa louca de Paracelso; ele estava certamente embriagado por suas próprias destilações ao tentar manter que a nutrição ocorre apenas pela separação; e que o olho, nariz, cérebro e fígado estão latentes no pão; as raízes, as folhas e as flores, na umidade da terra. Pois, da mesma forma que um artesão faz surgir de um bloco bruto de pedra ou madeira, a folha, flor, olho, nariz, mão, pé e assim por diante, separando e rejeitando o que ele não precisa, assim também, ele afirma, Arqueu, o Artesão interno dos corpos, faz surgir membros individuais e partes por meio da separação e da rejeição. Mas, brincadeiras à parte, é certo que as partes individuais, tanto similares como orgânicas, dos vegetais e animais primeiro recebem, com alguma seleção, os sucos dos seus alimentos quase da mesma forma que os outros ou com muito pouca diferença e, em seguida, cada um os assimila e transforma em sua própria natureza. A *assimilação* ou *geração simples* não ocorre apenas em corpos animados, mas os corpos inanimados também compartilham esse processo, como já foi dito sobre o fogo e o ar. Além disso, o espírito não vivo, que está contido em cada corpo tangível e animado, digere ativa e constantemente as partes mais pesadas e as transforma em espírito, que escapariam, e isso resulta na perda de peso e no ressecamento, como já dis-

semos em outro lugar. E, em relação à *assimilação,* devemos também incluir o acréscimo, que normalmente é diferente de alimento; como quando a lama entre pedras endurece e se transforma em um material rochoso; as crostas em torno dos dentes transformam-se em uma substância não menos duras do que os dentes etc. Pois somos de opinião que existe em todos os corpos um desejo de *assimilação* que não é menor que o de se unirem com substâncias homogêneas; mas esse poder é restrito, tal como os outros, embora não da mesma forma. Devemos investigar tais maneiras com toda diligência, bem como a sua dissolução, porque elas são relevantes para o revigoramento da velhice. Finalmente, parece que merece ser observado que, nos outros nove movimentos de que falamos,[85] os corpos parecem apenas desejar a conservação de sua própria natureza; mas neste décimo primeiro, sua reprodução.

(12) Seja o décimo segundo movimento o movimento de *estimulação*; esse movimento parece ser do mesmo tipo que o de *assimilação* e nós, por vezes, o chamamos por tal nome sem distinção. É um movimento difusivo, comunicativo, transitivo e multiplicativo como a assimilação; eles possuem os mesmos (na maior parte) efeitos, embora diferentes em forma de produção e em seu objeto. Pois o movimento de *assimilação* procede com poder e autoridade; ele comanda e obriga a substância assimilada a se transformar e mudar na substância que a assimila. Já o movimento de *estimulação* procede por arte e insinuação e com discrição; e meramente atrai e adapta a substância excitada para a natureza da substância que a excitou. Também o movimento de *assimilação* multiplica e transforma totalmente os corpos e substâncias; assim, é possível produzir mais chamas, mais ar, mais espíritos, mais carnes. Mas, no movimento de *estimulação,* apenas as virtudes se multiplicam e passam; e não há mais calor produzido, mais magnetismo nem mais putrefação. Esse movimento é particularmente proeminente no calor e no frio. Pois o calor não se comunica no processo de aquecimento através da partilha de seu calor primário, mas apenas estimula as partes do corpo a ter esse movimento, e isso é a Forma do calor, da qual falamos na *primeira colheita da natureza do calor.* E, portanto, o calor é excitado na pedra ou no metal muito mais lentamente e com dificuldade maior do que no ar, porque esses corpos não estão adaptados nem são suscetíveis a esse movimento. Portanto, é provável que haja nas entranhas da Terra materiais que se recusam a serem aquecidos de qualquer maneira; porque, devido a sua grande densidade, são destituídos do espírito pelo qual esse movimento é estimulado. Da mesma forma, um ímã impregna o ferro com um novo arranjo de suas partes e com um movimento de conformação, mas perde seu próprio poder. Da mesma

---

85 São nove movimentos se excluirmos o primeiro, "comum a toda matéria".

forma, a levedura, o fermento, o coalho e alguns venenos estimulam e excitam o movimento sucessivo e contínuo em uma massa de farinha de pão, na cerveja, no queijo ou no corpo humano; não tanto por causa do poder do corpo que estimula, mas a partir da prontidão e da fácil submissão do corpo estimulado.

(13) Seja o décimo terceiro movimento o *movimento de impressão*: esse movimento também é um tipo de *assimilação* e é o mais sutil dos movimentos difusivos. Decidimos torná-lo uma espécie distinta por causa da grande diferença entre ele e ou outros dois. O movimento simples de *assimilação* transforma os corpos; assim, a remoção da fonte do movimento não faz diferença para o que se segue. Pois nem a primeira explosão das chamas nem o primeiro giro no ar têm qualquer efeito sobre a chama ou o sobre o ar que é posteriormente gerado. Da mesma forma, o movimento de *estimulação* dura, em sua forma completa, por muito tempo após a origem do movimento ter sido retirado; como no corpo aquecido quando a fonte de calor é removida; no ferro excitado quando o ímã é tirado; e em uma massa de farinha quando o fermento é removido. Mas embora o movimento de *impressão* seja difusivo e transitivo, ainda parece depender para sempre da fonte de seu movimento; de modo que, se ela for retirada ou cessar, o movimento instantaneamente para e acaba; por isso seu efeito ocorre em um momento preciso, ou pelo menos em um tempo muito curto. E então decidimos chamar os movimentos de *assimilação* e de *estimulação* de *movimentos da geração de Júpiter*, porque a geração é persistente; e o segundo de *movimentos da geração de Saturno*, porque, assim que nascem, são novamente devorados e engolidos. Esse movimento se mostra em três coisas: nos raios de luz, na percussão dos sons e no magnetismo, em relação a sua comunicação. Pois logo que a luz é retirada, as cores e suas outras imagens perecem; e o som acaba logo depois que sua primeira percussão e a vibração corporal que ele provoca cessam. Pois apesar de os sons serem golpeados pelos ventos em seu voo, como se por ondas, ainda assim, devemos perceber com cautela que um som não dura mais que sua reverberação. Pois quando batemos em um sino, o som parece continuar por um bom tempo: daí facilmente cairmos no erro de pensar que o som original permanece flutuando no ar todo esse tempo; o que é absolutamente falso. Isso porque a reverberação não é numericamente igual ao som, mas uma repetição. Isso torna-se claro quando suprimimos ou paramos o corpo que foi repercutido. Pois, se o sino para e é segurado firmemente a ponto de não se mover, o som para imediatamente e não mais reverbera; e se depois de repercutirmos uma corda novamente a tocarmos (com o dedo no caso de um alaúde, com uma palheta no caso de uma espineta), a ressonância para imediatamente. E se você retirar o ímã, o ferro cai de imediato. Mas a Lua não pode ser retirada do mar nem a Terra de um objeto pesado que cai. Assim, não há como fazermos experimentos com eles; mas o princípio é o mesmo.

NOVO ÓRGANON

(14) Seja o décimo quarto movimento o *movimento de configuração* ou de *posição*, pelo qual os corpos parecem desejar não a combinação ou a separação, mas a *posição*, a situação e a *configuração* com os outros. Esse movimento é muito obscuro e não foi bem investigado. Em algumas coisas ele parece não ter uma causa, embora na verdade (assim pensamos) tenha. Porque, se perguntarmos por que o céu gira de leste para oeste, em vez de oeste para leste; ou por que ele muda os polos perto das Ursas, em vez de em Órion, ou alguma outra parte do céu: a questão parecerá estar muito fora de ordem, desde que essas coisas deveriam ser aceitas com base na experiência e como fatos brutos. E na verdade certamente há algumas coisas na natureza que são finais e não possuem uma causa; no entanto, isso não parece ser uma delas. Porque pensamos que a razão para isso é certa harmonia e acordo do universo que ainda não tivemos a oportunidade de observar. As mesmas perguntas permanecem se nós aceitarmos que o movimento da Terra é de oeste para leste. Pois ela também se move em torno de alguns polos. E por que, ao fim, os polos deveriam estar onde eles estão em vez de em qualquer outro lugar? Do mesmo modo, a polaridade, a direção e o desvio da bússola são atribuídos a esse movimento. É encontrado também nos corpos naturais e artificiais, especialmente se eles são sólidos e não líquidos, certa colocação e posicionamento de partes e aquilo que poderíamos chamar de pelos e fibras precisam ser cuidadosamente investigados, pois se não os estudarmos, esses corpos não poderão ser adequadamente discutidos ou controlados. O movimento de *liberdade*, no entanto, é o lugar certo para incluir as correntes que ocorrem nos líquidos e que, sob pressão, aliviam umas às outras a fim de distribuir a carga igualmente, até que elas possam se libertar.

(15) Seja o décimo quinto movimento o *movimento de passagem*, ou o *movimento do acordo com as vias*, pelo qual os poderes dos corpos são ou mais ou menos impedidos ou promovidos pelos meios em que se encontram, de acordo com a natureza dos corpos e seus poderes ativos, bem como com o meio. Pois um meio é adequado para a luz, outro para o som, outro para o calor e para o frio, outro para os poderes magnéticos e outros a outros poderes.

(16) Seja o décimo sexto movimento o *régio* (como o chamamos) ou *movimento político*, pelo qual as partes dominantes e governantes de um corpo reprimem as outras partes, as domam, subjugam, regulam e a compelem para que se unam, separem, tomem seus lugares umas em relação às outras, não por seus próprios desejos, mas com vista, e interesse, ao bem-estar da parte governante; para que haja uma espécie de *governo* e *regime político* exercido pela parte dominante sobre as partes subjugadas. Esse movimento é mais proeminente no espírito animal, que tempera todos os movimentos das outras partes, desde que tenha a sua força. É encontrado também em menor grau em outros corpos; como já foi dito a respeito do sangue e da urina, que não são dissolvidos

até o espírito que está misturado e mantém suas partes unidas seja expulso ou sufocado. Esse movimento também não está adstrito aos espíritos, embora na maioria dos corpos estes dominem por causa de seu movimento e penetração rápidos. No entanto, nos corpos densos, que não estão preenchidos com um espírito forte e vigoroso (tal como acontece com o mercúrio e com o vitríolo), as partes mais grossas são dominantes para que não haja nenhuma esperança de qualquer nova transformação de tais corpos, a menos que essa restrição ou jugo seja desfeita por alguma arte. Ninguém deve imaginar que nos esquecemos do assunto em discussão porque (uma vez que o único propósito deste catálogo descritivo de movimentos é uma melhor investigação, por meio das *instâncias de luta*, de suas *predominâncias*) estamos incluindo agora a *predominância* entre os próprios movimentos. Pois, ao descrevermos o movimento régio, não estamos tratando da predominância dos movimentos ou dos poderes, mas da predominância das partes nos corpos. Essa é a *predominância* que forma essa espécie particular de movimento.

(17) Seja o décimo sétimo movimento o *movimento espontâneo de rotação*, pelo qual os corpos que se alegram com o movimento e estão em uma boa posição desfrutam de sua própria natureza; eles buscam somente a si mesmos, não outros corpos e tentam se abraçar. Esses corpos parecem ou possuir um movimento sem fim; ou estar totalmente imóveis; ou mover-se a um final onde, de acordo com sua natureza, ou entram em rotação ou permanecem imóveis. Os corpos em boa posição que se regozijam com o movimento se movem em círculo, ou seja, em um movimento eterno e infinito. Os corpos em boa posição que odeiam o movimento simplesmente ficam em descanso. Os corpos que não estão em boa posição se movem em linha reta (por ser o caminho mais curto) até encontrar corpos da mesma natureza. O movimento de rotação tem nove elementos diferentes. O primeiro é o centro, em torno do qual os organismos se movem; o segundo, os polos, nos quais se movem; o terceiro, sua circunferência ou órbita, de acordo com a distância até o centro; o quarto, sua velocidade, conforme eles se movem mais rápida ou lentamente; o quinto, a direção de seu movimento, de leste para oeste ou de oeste para leste; o sexto, a variação do circulo perfeito, em espiral, que são ou mais ou menos distantes do seu centro; o sétimo, a variação do circulo perfeito, em espiral, que são ou mais ou menos distantes de seus polos; o oitavo, a distância mais curta ou mais longa de suas espirais umas em relação às outras; o nono e último, a variação dos polos entre si mesmos, se eles são móveis; esse último não tem nenhuma relação com a rotação, a menos que seja circular. Por uma crença comum e antiga, esse movimento é tido como o movimento apropriado dos corpos celestes. Mas há uma disputa séria sobre esse movimento entre alguns modernos, bem como alguns antigos, que atribuíram *rotação* à Terra. E há outra controvérsia, que talvez seja

muito mais razoável (se não estiver completamente além da controvérsia), a saber, se (com a condição de que a Terra esteja imóvel) esse movimento se limita ao território do céu, ou se desce e é transmitido ao ar e às águas. No entanto, atribuímos o movimento de *rotação* dos mísseis, bem como das lanças, setas, balas e assim por diante totalmente ao movimento de liberdade.

(18) Seja o décimo oitavo movimento o movimento de *tremor*. Damos muita credibilidade à versão dos astrônomos em relação a esse movimento. Ele é útil quando fazemos uma investigação abrangente sobre os apetites dos corpos naturais; e parece que devemos fazer dele uma espécie. É como um movimento de cativeiro eterno, por assim dizer. Ou seja, quando os corpos não estão na posição que melhor se adeque a sua natureza e ainda não se encontram em uma situação desesperadora, eles tremem perpetuamente e vivem na inquietação, nem contentes com seu lugar, nem ousando ir em frente. Tal movimento é encontrado no coração e no pulso dos animais; e ele deve existir em todos os corpos que vivem, assim, em um estado incerto entre o bem e mal; sob estresse, eles tentam se libertar, mas, em seguida, aceitam a derrota e então renovam a tentativa sem parar.

(19) Seja o décimo nono e último movimento o movimento pelo qual o seu nome dificilmente se aplica, mas que é realmente um movimento. Podemos chamá-lo de *movimento de descanso* ou *o movimento de horror ao movimento*. Por esse movimento, a Terra permanece em sua própria massa, enquanto seus extremos se movem para o centro; não no sentido de um centro imaginário, mas em direção à união. Ele é também o apetite pelo qual todos os organismos altamente condensados rejeitam o movimento; o apetite deles constitui-se em não se mover; e embora seja possível irritá-los e provocá-los de infinitas maneiras diferentes a se mover, ainda preservam sua natureza (tanto quanto possível). E, caso sejam forçados a se mover, eles parecem fazer isso apena para recuperar o seu estado de descanso e sua posição e para não se mover novamente. Nesse processo se mostram flexíveis e fazem esforços bastante rápidos e velozes (como se ficassem muito desgostosos e impacientes com qualquer dilação). Nós só podemos obter uma visão parcial desse apetite, porque aqui na Terra as coisas tangíveis não estão condensadas ao máximo e também estão misturadas com um pouco de espírito por meio da influência aquecedora dos corpos celestes.

Assim, estabelecemos os princípios ou elementos simples dos movimentos, apetites e poderes ativos que estão mais difundidos na natureza. Além disso, uma boa dose de ciência natural foi descrita a partir deles. Nós não afirmamos que nenhuma outra espécie poderia ser adicionada; as divisões podem ser modificadas para melhor atender às verdadeiras linhas das coisas e podem ser reduzidas a um número menor. Mesmo assim, isso não significa que se trata de uma divisão meramente abstrata: como se alguém dissesse que os corpos desejam sua própria preservação, ou crescimento, ou reprodução, ou apreciação de suas próprias naturezas; ou que os movimentos das coisas tendem à preservação e ao bem, quer do todo, como na *indestrutibilidade* e *conexão*; quer de grandes unidades, como no movimento de *maior agregação*, de *rotação* e no de *horror ao movimento*; ou das formas particulares, como nos outros. Pois, embora essas coisas sejam verdadeiras, ainda assim, a menos que sua matéria e estrutura sejam definidas ao longo de linhas verdadeiras, elas serão especulativas e pouco úteis. No entanto, para o momento, serão adequadas e muito úteis para a pesagem das *predominâncias* dos poderes e para a investigação dos casos de *instâncias de luta*; que é o nosso presente assunto.

Pois alguns dos movimentos que propusemos são completamente invencíveis; alguns são mais fortes do que outros e podem conectar, refrear e controlá-los; algum se projetam mais longe do que outros; alguns outros superam em tempo e velocidade; outros nutrem e fortalecem, incham e os aceleram.

O movimento de *indestrutibilidade* é totalmente adamantino e invencível. Ainda temos dúvidas se o movimento de *conexão* é invencível. E não dissemos se há com certeza o vácuo, seja no espaço vazio, seja misturado com a matéria. Mas temos certeza de que a razão pela qual o vácuo foi introduzido por Leucipo e Demócrito (ou seja, porque sem ele os próprios corpos não poderiam encerrar e preencher espaços de tamanhos variáveis) é falsa. Pois a matéria é como uma bobina que se enrola e se dobra através do espaço, dentro de limites fixos e sem a intervenção de um vácuo; e não há duas mil vezes mais vácuo no ar do que há no ouro (como queriam que houvesse). Isso está bastante claro para nós, por causa das virtudes poderosas dos corpos pneumáticos (que de outra forma iriam nadar em um vácuo como pequenas partículas de poeira) e de muitas outras manifestações. Os outros movimentos regulam e são governados, por sua vez, na proporção de seu vigor, quantidade, velocidade e projeção, bem como pela assistência ou resistência que encontram.

Por exemplo: um ímã armado detém e suspende o ferro que tenha sessenta vezes seu próprio peso; esse valor faz que o movimento de *menor agregação* prevaleça sobre o movimento de *maior agregação*; mas se o peso for maior que isso, ele cede. Uma alavanca de uma determinada força irá levantar um valor determinado de peso; até o ponto em que o movimento de liberdade prevaleça sobre o movimento de *maior agregação*; mas se o peso for maior, ele cede. O couro esticado até um certo ponto não quebra; até o ponto em que o movimento de *coesão* prevaleça sobre o movimento de tensão; mas se a tensão for maior, o couro se quebra e o movimento de *coesão* cede. A água escorre por uma fenda de um determinado tamanho; até o ponto em que o movimento de *maior agregação* prevaleça sobre o movimento de *coesão*; mas se a rachadura for muito pequena, ele cede e o movimento de *coesão* passa a prevalecer. Se colocarmos pó de enxofre simples em uma arma com uma bola e atearmos fogo, a bola não será lançada; nesse caso o movimento de *maior agregação* supera o movimento da *matéria*. Mas se colocarmos pólvora, o movimento da matéria no enxofre prevalece, assistido por movimentos da *matéria* e de *evasão* do nitro. E o mesmo acontece com o restante. Pois as instâncias de luta (que indicam a *predominância* de poderes e as quantidades e proporções em que são dominantes ou cedem) devem ser buscadas de forma devotada e com diligência constante em todos os lugares.

Devemos também fazer uma investigação vigorosa sobre as maneiras e razões pelas quais os movimentos cedem. Será que param totalmente, ou eles se esforçam até certo ponto e, em seguida, param e são reprimidos? Pois nos corpos aqui na Terra não há nenhum descanso verdadeiro, seja em relação às totalidades ou às partes, mas apenas a aparência de descanso. Esse descanso aparente ou é causado pelo *equilíbrio* ou pela *predominância* absoluta de movimentos. Por *equilíbrio* no caso das balanças, que ficam em repouso se os pesos forem iguais. Por *predominância* no caso de vasilhas perfuradas, nas quais a água permanece no lugar e está impedida de cair pela *predominância* do movimento de *conexão*. No entanto, note (como eu já disse) quanto os movimentos subjugados lutam. Se um homem é imobilizado em uma luta, é estendido no chão com os braços e as pernas amarradas, ou então contido; e, mesmo assim, tenta se levantar com todas as suas forças, sua luta não é menor, embora não obtenha sucesso. A realidade aqui (ou seja, saber se o movimento rendido é aniquilado pela *predominância*, ou se a luta continua, embora não seja visível) está oculta nos conflitos, mas talvez apareça por meio de comparações. Por exemplo: faça um experimento com armas para ver se uma arma, na distância em que ela consegue disparar uma bala em linha reta, ou (como dizem) à queima-roupa,[86] chega com menor força quando se atira para cima, onde o movimento do golpe é simples, ou quando se atira para baixo, onde o movimento da gravidade é adicionado à força do golpe.

Devemos também coletar as regras de *predominância* que encontrarmos: por exemplo, quanto mais comum for o bem buscado, mais forte será o movimento. Assim, o movimento de conexão envolvido na união do universo é mais forte do que o movimento de gravidade envolvido na união de corpos densos. Outro exemplo são os apetites como bens privados que, geralmente, não prevalecem contra apetites que se inclinam mais para o bem público, exceto em pequenas quantidades. Ah! Se assim fosse no caso dos assuntos civis!

---

86 *In puncto blanco*, ou seja, a distância que a bala segue de forma horizontal antes de cair.

XLIX

Entre as *instâncias privilegiadas* colocamos em vigésimo quinto lugar as *instâncias*[87] *sugestivas*, ou seja, as instâncias que sugerem ou apontam para benefícios humanos. Pois a *habilidade* e o *conhecimento* engrandecem a natureza humana em si, mas não a tornam feliz. E, portanto, da totalidade das coisas devemos escolher aquelas que causam o maior bem para a vida humana. Mas será mais apropriado falar disso quando discutirmos as *implicações práticas*. Além disso, em nossa efetiva tarefa de interpretar temas individuais, sempre damos espaço para a *carta humana*, ou lista de desejos. Pois tanto a pesquisa como o desejo de forma apropriada são parte da ciência.

L

Entre as *instâncias privilegiadas* colocamos em vigésimo sexto lugar as *instâncias multipropósito*.[88] São instâncias relevantes para vários temas, surgem com bastante frequência e, assim, economizam muito trabalho e novas provas. Haverá um lugar melhor para falar sobre os instrumentos em si e os aparelhos quando discutirmos as aplicações práticas e os métodos de experimentação; e aqueles que já são conhecidos e em uso serão descritos nas histórias particulares das artes individuais. No momento, faremos algumas observações gerais sobre eles simplesmente como exemplos do *multipropósito*.

Os homens trabalham com os corpos naturais (além da simples aplicação e remoção) de sete formas específicas: por exclusão de objetos obstrutivos ou perturbadores; por compressão, expansão, agitação e assim por diante; pelo calor e frio; pela manutenção da coisa em um lugar adequado; pela coibição e controle do movimento; por acordos especiais; ou pela alternância oportuna e adequada e por uma série e sucessão de alguns ou todos os itens acima.

(1) Na primeira: muita perturbação é causada pelo ar comum, que está em toda parte a nossa volta, exercendo pressão e pelos raios dos corpos celestes. Os aparelhos que visam a exclui-los corretamente podem ser chamados de *multipropósito*. Essa é a função do material e da espessura dos recipientes em que colocamos os corpos prontos para serem trabalhados; o mesmo vale para o aperfeiçoamento dos métodos de fechamento dos recipientes, tornando-os sólidos e bloqueados com o que os químicos chamam de "massa de sabedoria". Algo muito útil é o selante feito pelo derramamento de um líquido sobre uma superfície, como quando eles despejam o óleo em vinho ou sucos de ervas; ele se espalha na parte superior como uma tampa e o mantém bem protegido do

---

87   *Instantiae innuente*. Instâncias indicadoras, segundo Andrade (1973).

88   *Instantiae polychrestae*. Instâncias policrestas, segundo Andrade (1973).

ar. Os pós também são muito bons; apesar de ter algum ar neles, eles ainda mantêm do lado de fora a força do ar livre circundante, como as uvas e frutas preservadas em areia e farinha. A cera, também, o mel, o piche e outras substâncias viscosas são corretamente usados como coberturas e fazem uma boa vedação, impedindo a entrada do ar e das influências celestes. Às vezes, também tentamos a experiência de colocar o recipiente e outros corpos dentro de mercúrio, que é de longe a mais densa de todas as substâncias que podem ser derramadas em torno das coisas. As grutas e cavidades subterrâneas são muito úteis para evitar a exposição ao sol e as destruições do ar livre; os habitantes do norte da Alemanha as usam como celeiros. Esse também é o propósito ao mantermos as coisas sob a água; lembro-me que ouvi algo sobre alguém deixar odres de vinho dentro de um poço profundo (para mantê-los frescos), mas, em seguida, os esqueceu e os deixou lá onde ficaram por muitos anos. Quando ele os trouxe para a superfície, o vinho não havia se tornado insípido ou sem vida, mas estava muito mais agradável ao paladar por causa (aparentemente) de uma mistura mais completa de suas próprias partes. Caso a situação exija que os corpos sejam submergidos até uma certa profundidade na água, talvez em um rio ou no mar, mas que o mesmo não tenha contato com a água nem esteja encerrado em recipientes selados, mas fique apenas rodeado por ar, então é muito útil o recipiente que às vezes é utilizado para trabalhos efetuados sob a água em navios afundados, permitindo que os mergulhadores fiquem sob a água por mais tempo e que possam tomar fôlego em turnos de tempos em tempos. Segue o resumo: um tambor de metal côncavo foi construído e baixado de forma uniforme até a água com a boca paralela à superfície; desta forma, levou todo o ar que continha nele para o fundo do mar. Ficava em três pés (como um tripé), que eram um pouco menores que um homem, assim, quando um dos mergulhadores ficava sem fôlego, ele poderia colocar a cabeça na abertura, tomar fôlego e depois continuar com seu trabalho. Ouvimos falar sobre um aparelho recém-inventado que é como um pequeno navio ou barco que pode levar homens sob a água a certa distância. Sob o tipo de recipiente antes mencionado, certos corpos poderiam ser facilmente suspensos, e é por isso que apresentamos esta experiência.

Há outro uso do selamento cuidadoso e completo de corpos: ou seja, não apenas para evitar a entrada do ar externo (que acabamos de discutir), mas também para evitar a fuga do espírito de um corpo quando é objeto de alguma operação interna. Pois qualquer um que trabalha com corpos naturais precisa ter certeza dos seus montantes, ou seja, ter a certeza de que nada tenha evaporado ou vazado. Isso porque ocorrem alterações profundas nos corpos quando a natureza impede a aniquilação e a arte também impede a perda ou a evaporação de qualquer parte. Sobre esse assunto, uma falsa crença tornou-se comum (e se fosse verdade, não haveria praticamente nenhuma esperança da conservação de um montante específico sem perdas), ou seja, que os espíritos das substâncias e do ar que se tornaram rarefeitos por meio de um elevado grau de calor não podem ser mantidos por qualquer selante, mas escoam através dos poros minúsculos dos recipientes. Os homens foram levados a acreditar nisso pela experiência comum de virarmos sobre a água um copo com vela ou papel em chamas; nisso a água é atraída para cima como resultado; e da mesma forma pela experiência das ventosas que puxam a carne quando são aquecidas sobre uma chama. Acreditam que, em ambos os experimentos, o ar rarefeito é expulso, a *quantidade* dele é, assim, diminuída e, portanto, também a água ou a carne por *conexão*. Mas isso está bem errado. Pois o ar não é diminuído em *quantidade*, mas contraído no espaço; e o consequente movimento da água ou da carne só começa com a extinção da chama ou o arrefecimento do ar; por isso os médicos colocam esponjas embebidas em água fria nas ventosas. E, portanto, não há nenhuma razão para ter muito medo de uma fuga fácil do ar ou dos espíritos. Porque, embora seja verdade que mesmo os corpos mais sólidos têm seus poros, ainda assim, o ar ou espírito raramente se deixa ser tão rarefeito, assim como a água se recusa a escapar através de uma pequena fenda.

(2) Dentre os sete métodos listados, o segundo nota em especial que compressões e semelhantes forças violentas certamente têm robustez para causar o movimento no espaço da forma mais poderosa, como ocorre em máquinas e mísseis; chega até mesmo a destruir os corpos orgânicos e aquelas virtudes que consistem inteiramente em movimento. Pois as compressões destroem todo tipo de vida e até mesmo qualquer chama e fogo, além de danificar e desativar todos os tipos de máquina. Elas também têm o poder de destruir as virtudes que consistem no arranjo e na diferença bruta entre os elementos, como as cores (uma flor machucada não tem a mesma cor de uma flor intacta, nem o âmbar esmagado é como o âmbar inteiriço) e gostos (uma pera verde não tem o mesmo sabor de uma pera espremida e trabalhada na mão, a qual se torna perceptivelmente mais doce). Mas essas forças violentas não têm muito efeito sobre as mais notáveis transformações e alterações de órgãos similares; porque elas não fazem que os corpos adquiram uma nova solidez estável e tranquila, apenas a solidez temporária que sempre tende a libertar-se e à voltar a sua forma original. No entanto, seria rentável fazer algumas experiências meticulosas nessa linha para ver se a condensação ou a rarefação de um organismo semelhante (como o ar, a água, o óleo e assim por diante), quando, da mesma forma, provocados pela força, poderia torná-los estáveis, fixos e quase transformados em sua natureza. Poderíamos, em primeiro lugar, verificar isso simplesmente pela passagem do tempo e, em seguida, pelo uso de instrumentos e acordos. Isso teria sido fácil de fazer (se eu tivesse pensado nisso antes) quando eu comprimi a água por

marteladas e pressão (como já relatei em outro lugar),[89] até o momento anterior ao seu rompimento. Eu deveria ter deixado a esfera achatada por alguns dias antes de eu deixar a água sair para descobrir, pelo experimento, se ela imediatamente preencheria o mesmo volume que tinha antes da condensação. Se ela não o fizesse, quer de imediato, quer logo após, a condensação poderia ter sido claramente considerada como estável; se o fizesse, estaria evidente que havia ocorrido a restauração e que a compressão havia sido temporária. Algo semelhante deveria ter sido feito com o ar nos ovos de vidro.[90] Eu deveria tê-los selado imediatamente após a sucção forte; em seguida, os ovos deveriam ter permanecido selados por alguns dias; e só após, eu deveria ter tentado verificar se o ar sairia pelo orifício aberto com um silvo, ou se a mesma quantidade de água entraria após a imersão, como aconteceria logo no início se não tivesse ocorrido qualquer período de espera. Isso é provável, ou pelo menos vale a pena testar para sabermos se poderia ou pode acontecer, já que o período de tempo tem efeitos similares em corpos que são um pouco mais diferentes. Uma vara dobrada por compressão não consegue mais retornar ao seu estado original depois de certo tempo; isso não deve ser atribuído a qualquer perda na quantidade da madeira pelo tempo, pois o mesmo acontecerá com uma tira de aço (depois de um período mais longo), a qual não evapora. Mas se o experimento da simples passagem do tempo falhar, não abandone o projeto, mas tente usar certos auxílios. Pois será consideravelmente útil conseguirmos impor estabilidade e fixação às naturezas por meio de forças violentas. Dessa forma, o ar poderia ser transformado em água por condensação e muitas outras coisas poderiam ser feitas. Pois o homem domina mais os movimentos fortes que os outros.

(3) O terceiro dos sete métodos refere-se ao grande instrumento das operações da natureza e da arte, a saber, o calor e o frio. Neste tema o poder humano está evidentemente coxo. Temos o calor do fogo, que é infinitamente mais poderoso e mais intenso que o do sol (ao nos atingir) e o dos animais. Mas falhamos em relação ao frio, exceto por aquele que pode ser obtido no inverno, nas cavernas ou ao embalarmos as coisas na neve e no gelo, que, por comparação, pode ser, talvez, equiparado com o calor do sol do meio-dia em alguma região meridional na zona tórrida, intensificado pelo reflexo das montanhas e paredes; esse tipo de calor e frio pode ser suportado por animais, pelo menos por um curto período de tempo. Mas eles não são nada em comparação ao calor de uma fornalha ardente, ou ao correspondente grau de frio. Por conseguinte, todas as coisas aqui entre nós tendem à rarefação, secagem e exaustão e quase nada à condensação e espessamento, exceto por meio de misturas e métodos artificiais. E, assim, devemos usar toda a diligência para coletar as instâncias do

---

89 II.45.

90 Cf. II.45.

frio: como parece ocorrer com os corpos, quando expostos ao frio no alto das torres; em cavernas abaixo da terra; quando os embalamos com gelo e neve em locais profundos, cavados para esse fim; ao baixarmos os corpos nos poços; ao cobrirmos estes com mercúrio e metais; ao imergi-los em líquidos que transformam a madeira em pedra; ao enterrá-los na terra (diz-se que se trata da maneira com que os chineses fazem porcelana, por meio da qual afirmam que as massas de material apropriado para essa finalidade permanecem sob a terra por quarenta ou cinquenta anos e são legadas aos herdeiros, como um tipo de mineral artificial); e assim por diante. Também poderíamos investigar as condensações que ocorrem na natureza e que são causadas pelo frio para que, assim que entendermos as suas causas, as possamos aplicar às artes: como vemos na transpiração do mármore e pedras; na condensação do vidro no lado de dentro das janelas ao amanhecer, logo depois do frio da noite; na origem e no encontro de névoas em águas subterrâneas, de onde borbulham para a superfície, formando nascentes; e qualquer outra coisa desse tipo.

Além das coisas que são frias ao tato, há ainda outras que possuem o efeito do frio; essas também têm o efeito de condensação, mas parecem funcionar apenas nos corpos dos animais e dificilmente em qualquer outra coisa. Muitos medicamentos e emplastros são assim. Alguns condensam a carne e as partes tangíveis, por exemplo, os medicamentos adstringentes e os coagulantes; outros condensam espíritos; as pílulas para dormir são um bom exemplo. Existem duas formas de condensação dos espíritos por meio das pílulas para dormir, ou drogas indutoras de sono: uma atua por sedação do movimento, a outra pela expulsão dos espíritos. A violeta, a rosa seca, a alface e substâncias suaves e gentis funcionam por meio de seus vapores amigáveis e delicadamente refrescantes, os quais convidam os espíritos a se unir e apaziguar seus movimentos ferozes e ansiosos. Da mesma forma, a água de rosas colocada nas narinas em caso de desmaio renova os espíritos que estão demasiadamente frouxos e lânguidos e dá-lhes sustento. Mas os opiáceos e substâncias afins expulsam por completo os espíritos por sua qualidade maligna e hostil. Daí quando são aplicados a uma parte externa, os espíritos imediatamente deixam essa parte e não voltam facilmente a ela e, se forem aplicados na parte interna, seus vapores sobem à cabeça e dispersam por completo os espíritos contidos nos ventrículos do cérebro; e, assim que os espíritos se retiram e não encontram nenhum lugar para escapar, eles, então, se unem e condensam; e, às vezes, são totalmente extintos e sufocados. No entanto, estes mesmos opiáceos, quando em doses moderadas, por meio de um efeito secundário (ou seja, a condensação que se segue à união) fortalecem os espíritos, torna-os mais vigorosos e reprimem seus movimentos inúteis e inflamatórios; tal fato contribui bastante para a cura de doenças e o prolongamento da vida.

Devemos também lidar com o preparo das substâncias que receberão o frio: por exemplo, a água levemente morna irá congelar mais facilmente do que a que está completamente fria, e assim por diante.

Além disso, tendo em vista que a natureza fornece frio de modo tão infrequente, devemos fazer como fazem os boticários. Quando algum elemento simples não pode ser obtido, eles tomam um substituto para ele, um *quid pro quo*, como eles chamam: como madeira de aloés pelo bálsamo e cássia pela canela. De forma semelhante, devemos pesquisar diligentemente se existe algum substituto para o frio; ou seja, de quais formas podemos induzir a condensação em substâncias que não pelo frio, que nelas causará os efeitos próprios do frio. Parece haver apenas quatro condensações desse tipo (tanto quanto está claro no momento). A primeiro parece ocorrer através da compressão simples, que tem pouco efeito sobre a densidade constante (pois os corpos se restabelecem), mas ainda pode ser útil. A segunda ocorre através da contração das partes mais densas de um corpo após a evaporação ou fuga das partes mais delicadas, como acontece quando as coisas são endurecidas pelo fogo, ou quando os metais são repetidamente resfriados e assim por diante. A terceira acontece pela cópula das partes homogêneas, as mais sólidas em todo o corpo, que haviam sido previamente separadas e misturadas com as menos sólidas: como na restauração do mercúrio sublimado, que ocupa muito mais espaço em forma de pó do que o mercúrio simples e da mesma forma em toda limpeza de impurezas dos metais fundidos. O quarto ocorre por meio dos acordos, pela aplicação de coisas que causam condensação por uma força oculta do corpo. Tais acordos são ainda mal percebidos, o que não é surpreendente, uma vez que não é de se esperar muito da pesquisa sobre os acordos até que a descoberta das formas e das estruturas progrida. No que diz respeito aos corpos dos animais, não há dúvidas de que existem vários medicamentos, tomados interna ou externamente que causam a condensação como se por acordo, conforme dito acima. Mas em coisas inanimadas esse tipo de efeito é raro. É verdade que houve bastante barulho, por escrito e em boatos, sobre a história da árvore em uma das ilhas dos Açores ou Canárias (não me lembro qual) que escorre perpetuamente e assim oferece certo abastecimento de água aos habitantes. E Paracelso diz que uma erva chamada drósera fica carregada de orvalho ao meio-dia quando o sol está quente e a grama em seu entorno está seca. Consideramos que ambas as histórias são fábulas, embora, obviamente, poderiam ser muito úteis e valeriam uma boa investigação, se fossem verdadeiras. O mesmo vale para o orvalho doce, como o maná, que é encontrado nas folhas de carvalho em maio: não acreditamos que eles são causados e condensados por um acordo ou pela propriedade de sua folha. Isso porque eles também caem em outras folhas; evidentemente são mantidos e preservados nas folhas de carvalho, porque suas folhas são coesas e não porosas como a maioria das outras folhas.

Quanto ao calor, o homem tem claramente uma fonte maravilhosa e abundantemente disponível, além de grande poder sobre ela, mas falta observação e investigação em algumas matérias muito vitais, por mais que os alquimistas se vangloriem. Pois as operações que envolvem calor muito intenso são buscadas e observadas; mas aquelas que oferecem calor mais suave, que estão mais próximas das formas da natureza, não são experimentadas e escapam, portanto, de nossa observação. Daí vemos nos fornos que são extremamente valorosos que os espíritos dos corpos ficam altamente excitados, como em águas fortes e alguns outros óleos químicos; as partes tangíveis ficam endurecidas e, às vezes, tornam-se fixas, quando o elemento volátil escapa; as partes homogêneas são separadas; os corpos heterogêneos também são totalmente incorporados e mesclados; e, acima de tudo, as conexões dos corpos compostos e as estruturas sutis são confundidas e destruídas. Eles deveriam ter tentado fazer operações envolvendo o fogo suave e investigá-los. As misturas mais sutis e estruturas ordenadas poderiam ser criadas e derivadas, tomando a natureza como modelo e imitando os efeitos do Sol, na forma que esboçamos em alguns exemplos no aforismo das instâncias de *aliança*.[91] Pois as operações da natureza são realizadas com porções muito menores e arranjos mais precisos e discriminadores do que nas operações com fogo que utilizamos atualmente. A autoridade do homem aumentaria verdadeiramente se, pelo calor e pelas operações artificiais, as operações da natureza pudessem ser copiadas em espécie, aperfeiçoadas em seu poder e variadas em número; ao que deve ser adicionado que elas poderiam ser aceleradas. A ferrugem leva muito tempo para ganhar o ferro, mas o efeito de sesquióxido aparece instantaneamente; o mesmo acontece com o verdete e o chumbo branco. Os cristais levam muito tempo para crescer em perfeição, mas o vidro é fundido em um instante. As rochas levam anos para serem formadas, mas os tijolos são cozidos rapidamente e assim por diante. Portanto (para retornarmos ao nosso ponto) todas as variedades diferentes de calor com seus respectivos efeitos devem ser diligente e habilmente reunidos, a partir de todas as fontes e, após, investigadas: o calor celeste através dos raios, diretamente refletidos, refratados e concentrados em espelhos ustórios; o calor dos raios, da chama, da brasa do carvão; o fogo de diferentes materiais; o fogo a céu aberto, fogo em local fechado, o fogo forçado, o fogo ardente; o fogo modificado por materiais diferentes na fornalha; o fogo excitado pelo sopro, o fogo não mexido da fervura; o fogo a diferentes distâncias; o fogo em seu caminho através de vários meios de comunicação; os calores úmidos, como os do banho-maria, o esterco, o calor externo dos animais, o calor interno dos animais e o feno armazenado em local fechado; o calor seco, como o das cinzas, cal e areia quente; na verdade, todo o tipo de calor e suas graduações.

---

91   II.35.

Acima de tudo, devemos tentar investigar e descobrir os efeitos e as operações de aproximação e retirada do calor por graus, gradualmente, regularmente, periodicamente e em períodos de tempo e distâncias específicas. Essa desigualdade ordenada é, verdadeiramente, a filha do céu e a mãe da geração; nenhum grande efeito pode ser esperado do calor violento, súbito ou inconsistente. Isso é muito óbvio, mesmo no caso dos vegetais; no útero de animais também há grande desigualdade do calor, no movimento, ao dormir, comer e nas paixões das fêmeas que carregam um feto; enfim, no útero da Terra, o útero em que os metais e os fósseis são formados, essa desigualdade tem seu lugar e poder. Mais uma razão para percebermos a inépcia de alguns alquimistas da escola reformada, que imaginavam ter alcançado suas ambições através do calor constante das lâmpadas e de coisas semelhantes que queimam a uma taxa constante. Isso é tudo em relação às operações a aos efeitos do calor. Esse não é o lugar para um escrutínio mais profundo antes que as formas das coisas e as estruturas dos corpos sejam mais bem investigadas e venham à luz. Assim que tivermos um bom conhecimento dos exemplares, será a hora de buscar, desenvolver e adaptar os instrumentos.

(4) O quarto modo de operação é através da passagem do tempo, que é o estoquista e guardião da natureza e, de certa forma, o tesoureiro. Chamamos de passagem do tempo, quando um corpo é deixado a si mesmo por um período considerável, totalmente guardado e protegido de qualquer força externa. Pois os movimentos internos revelam e se aperfeiçoam quando não existem movimentos externos e acidentais. As obras do tempo são muito mais sutis do que as de fogo. Não existe clarificação do vinho pelo fogo comparável àquela efetuada pela passagem de tempo; e até mesmo as incinerações feitas pelo fogo são menos profundas que a dissolução e destruição dos séculos. A incorporação e a mistura imediata, precipitadas pelo fogo, são muito inferiores àquelas efetuadas pela passagem do tempo. A variedade de diferentes estruturas experimentadas pelos corpos através da passagem do tempo (por exemplo, as variedades de putrefação) é destruída pelo fogo ou por um calor moderadamente forte. Assim, não seria irrelevante notar que os movimentos dos corpos que foram rigorosamente confinados têm algo de violência neles. Pois o aprisionamento obstrui os movimentos espontâneos do corpo. Portanto, a passagem do tempo em um recipiente aberto promove a separação; em um recipiente totalmente fechado, a mistura; em um recipiente mais ou menos fechado que permite um pouco de ar, a putrefação. Em qualquer caso, as instâncias das obras e os efeitos da passagem do tempo devem ser diligentemente buscados em todos os lugares.

(5) A direção do movimento (que é o quinto dos modos de operação) também tem grande efeito. Chamamos de direção do movimento quando um corpo interveniente impede, repele, permite e dirige o movimento espontâneo de

outro corpo. Trata-se geralmente das formas e posição dos recipientes. Um cone vertical auxilia a condensação dos vapores em alambiques; mas um cone invertido ajuda a refinação do açúcar em receptores.[92] Por vezes é necessário uma curvatura, ou estreitamento e alargamento por turnos, e assim por diante. É também princípio da percolação: um corpo interveniente permite a passagem de um elemento em uma substância e detém outro elemento da mesma. A percolação ou outra direção de movimento não é sempre feita de fora, mas também pode ser feita por meio de um corpo dentro de outro corpo: como quando pedras são colocadas em água para recolher o limo; ou xaropes são clarificados com claras de ovos, para que as partes mais grossas ali grudem e possam, depois, ser separadas. Telésio atribuiu esse tipo de direção do movimento até mesmo às formas dos animais; ocorre, ele afirmou, por causa dos canais e dobras do útero, uma observação preguiçosa e superficial. Ele deveria ter sido capaz de perceber uma formação semelhante dentro da casca dos ovos, na qual não há rugas ou desigualdade. Mas é verdade que a ordem do movimento pode ser encontrada no caso de modelos e moldes para fundição.[93]

(6) As operações por acordos e aversões (que é o sexto modo) estão, muitas vezes, ocultas nas profundidades. Pois as supostas propriedades ocultas e específicas e as *simpatias* e *antipatias* são em grande parte corrupções da filosofia. Não se pode esperar muito da descoberta dos acordos de coisas antes da descoberta das formas e estruturas simples. Pois o acordo não é senão uma simetria recíproca de formas e estruturas.

No entanto, os maiores e mais universais acordos universais das coisas não são totalmente obscuros. E assim temos de começar por eles. Sua primeira e maior distinção é essa: certos corpos são muito diferentes uns dos outros na abundância e raridade de sua matéria, mas concordam em suas estruturas; por outro lado, outros concordam em abundância e raridade do material, mas diferem em estrutura. Por isso foi bem observado pelos químicos, em sua tríade de princípios, que o enxofre e o mercúrio permeiam praticamente tudo. (Seu raciocínio sobre o sal é inepto e foi introduzido a fim de incluir os corpos terrestres, secos e fixos). Mas, pelo menos assim parece, nos dois anteriores está visível uma espécie de acordo natural do tipo mais universal. Os acordos do enxofre são: óleo e vapores gordurosos; chama; e talvez a substância das estrelas. No outro caso, há acordo entre o mercúrio e a água e os vapores aquosos; ar; e talvez o éter puro interestelar. E há, ainda assim, esses quaternos gêmeos,[94] ou grande tribo de coisas (cada uma dentro de sua ordem), diferem bastante

---

92 *In vasis resupinatis*, "receptores" (Ellis).

93 *In modulis et proplasticis.*

94 Dois grupos de quatro.

em quantidade de matéria e densidade, mas concordam intimamente em suas estruturas, como é evidente em muitas coisas. Por outro lado, diferentes metais concordam também quanto a sua abundância e densidade (especialmente em comparação com os vegetais etc.), mas diferem em muitos aspectos diferentes na estrutura; e, da mesma forma, os animais e vegetais diferentes variam quase infinitamente em estrutura, mas são apenas alguns graus de separação em quantidade de matéria ou densidade.

O acordo universal mais próximo é o dos corpos principais e seu sustento, ou seja, as substâncias de base e sua nutrição. E, portanto, deve-se perguntar em quais climas, em quais terrenos e em quais profundidades os metais individuais são gerados; e da mesma forma em relação às pedras preciosas, sejam eles originados de rochas ou minerais; em que tipo de solo as diferentes árvores, arvoredos e plantas crescem e melhor prosperam; juntamente com os enriquecimentos mais úteis, seja o estrume de vários tipos ou a greda, a areia de praia, a cinza etc.; e qual deles é mais adequado e útil para qual tipo de solo. Também são fortemente dependentes dos acordos a plantação e transplantação de árvores e plantas e seus diversos métodos, ou seja, quais plantas melhor prosperam onde etc. Sobre esse assunto, seria um experimento agradável aquele que ouvimos ter sido recentemente testado, a saber, o transplante de árvores da floresta (até agora foi feito, em geral, somente com árvores de jardim); o resultado é que as folhas e as nozes ficam muito maiores e as árvores oferecem uma sombra maior. Da mesma forma, devemos notar o que os animais comem respectivamente para cada espécie com suas negativas. Pois os animais carnívoros não podem sobreviver se alimentados com ervas; e essa é também a razão por que (mesmo que a vontade humana tenha mais poder sobre seu corpo do que a dos outros animais) a Ordem do Feuillans[95] quase desapareceu depois de tentar a experiência (como está relatado), como se a natureza humana não pudesse aguentar isso. Devemos também observar os diferentes materiais de putrefação, pelo qual as pequenas criaturas são geradas.

Os acordos dos corpos principais com seus subordinados (as coisas que mencionamos podem ser consideradas como tal) são bastante evidentes. Podemos acrescentar os acordos dos sentidos com seus objetos. Tendo em vista que esses acordos são muito óbvios, bem notados e fortemente examinados, eles podem lançar muita luz sobre outros acordos ocultos.

Os acordos internos e aversões dos corpos, ou amizades e conflitos (pois estou muito cansado das palavras "simpatias" e "antipatias", por causa das superstições e da estupidez), são falsamente associados, ou contaminados por

---

95 *Folitani*: os Feuillans, monges franceses da Abadia dos Feuillans. Em 1573, passaram a adotar regras rigorosas de vida, as quais, antes de serem novamente relaxadas, resultaram no aumento do número de mortes entre eles.

fábulas, ou são pouco conhecidos por serem ignorados. Se alguém afirma que há conflito entre a vinha e o repolho porque quando plantados próximos uns dos outros não se dão muito bem, a razão é óbvia: ambas as plantas são sugadoras agressivas e roubam umas das outras. Se alguém afirma que há acordo e amizade entre o milho e a centáurea[96] ou a papoula selvagem porque essas plantas crescem quase que exclusivamente em campos cultivados, ele deveria dizer que, na verdade, há um conflito entre elas, porque a papoula e a centáurea brotam e crescem a partir de algum suco do solo que foi deixado e rejeitado pelo milho; Portanto, a semeadura do milho prepara a terra para o crescimento delas. Há um grande número de associações falsas desse tipo. Quanto às fábulas, elas devem ser completamente exterminadas. Há ainda um estoque muito parco de acordos que foram provados por determinado experimento, como o ímã e o ferro, o ouro e o mercúrio, e assim por diante. Alguns outros casos notáveis encontram-se nos experimentos químicos com minerais. O mais comum deles (é um número pequeno de qualquer forma) é encontrado em alguns medicamentos, que, a partir de suas propriedades específicas e ocultas (como são conhecidos), têm uma relação com os membros, ou os humores, ou as doenças ou, às vezes, com as naturezas individuais. E não devemos omitir os acordos entre os movimentos e fases da lua e as condições dos corpos inferiores, conforme podem ser reunidos e aceitos a partir de experimentos em agricultura, navegação e medicina, ou de outros lugares com uma seleção rigorosa e honesta. Mas entre as instâncias universais dos acordos mais ocultos, quanto mais frequentes são, mais cuidado é necessário na pesquisa por meio de relatórios e narrativas fiéis e honestas, contanto que isso seja feito sem loucura ou credulidade, mas com fidelidade escrupulosa e quase cética. Há ainda o acordo de corpos que não são artificiais em seu modo de funcionamento, mas são multipropósito em sua aplicação, os quais não devemos certamente negligenciar, mas investigar com observação cuidadosa. Essa é a cópula ou a união dos corpos, que pode ser fácil ou difícil, por composição ou por simples justaposição. Pois alguns organismos se misturam e se incorporam com facilidade e livremente com os outros, mas outros com dificuldade e relutância; por exemplo, os pós são mais bem incorporados com águas; o limo e as cinzas, com os óleos; e assim por diante. E não devemos apenas coletar as instâncias das tendências ou aversões dos corpos quando são misturados, mas também as instâncias do arranjo de suas partes e da distribuição e da digestão depois de serem misturados, e finalmente também do predomínio assim que a mistura estiver concluída.

(7) Resta, em último lugar, o sétimo e último dos sete modos de operação, ou seja, a operação em que os outros seis se alternam e revezam. Mas não é apropriado darmos exemplos antes que se faça uma investigação mais profunda

---

96 Flor de milho.

sobre cada um. A elaboração de uma série ou cadeia sobre esse tipo de alternância que diz respeito aos efeitos individuais é algo difícil para o pensamento, mas potente em seus efeitos práticos. Os homens são tomados e obstruídos por uma impaciência suprema nesse tipo de coisa, tanto na investigação como na prática; mas, ocorre que esse é o fio do labirinto se quisermos obter grandes resultados. Tais exemplos são suficientes para as instâncias de multipropósito.

LI

Entre as *instâncias privilegiadas*, colocamos em vigésimo sétimo lugar as *instâncias mágicas*.[97] Por esse nome nos referimos às instâncias em que a matéria ou a causa eficiente é leve ou pequena em comparação com o efeito ou resultado obtidos. De modo que, mesmo sendo comuns, elas ainda são como um milagre, algumas à primeira vista, outras mesmo após atenta observação. A natureza nos fornece tais instâncias com moderação; mas, no futuro, descobriremos o que ela fará quando seu colo for sacudido, após as descobertas das formas, processos e estruturas. Mas (conforme supomos em nossa era) esses *efeitos mágicos* acontecem de três maneiras. Eles ocorrem primeiramente por automultiplicação, como no fogo e nos supostos venenos específicos e também nos movimentos que são comunicados e reforçados de uma roda para outra. Ou por excitação ou atração em outro objeto, como ocorre em um ímã que excita um grande número de agulhas sem perder ou diminuir qualquer uma das suas próprias virtudes, ou no fermento e semelhantes. Eles acontecem em terceiro lugar pela expectativa de um movimento, como observado no caso da pólvora, dos canhões e das minas. Os dois primeiros meios exigem uma investigação dos acordos, o terceiro, a medida dos movimentos. Não temos, até o momento, nenhuma boa indicação de haver alguma maneira de mudar os corpos através de suas partes menores, ou *"minimas"* (como são chamadas)[98] e de transformar as estruturas mais sutis da matéria (o que ocorre em todos os tipos de transformação da matéria, de modo que a arte possa fazer, em um curto espaço de tempo, o que a natureza faz através de muitos séculos). E, já que almejamos aquilo que é sólido e verdadeiro para alcançar nossos objetivos finais e mais altos, então desprezamos consistentemente todas as vaidades e presunções e fazemos o melhor para nos livrarmos deles.

LII

Isso é tudo em relação às *instâncias privilegiadas*, ou *instâncias de primeira classe*. Eu gostaria de acrescentar o lembrete de que nesse nosso *Órganon* estamos lidando com a lógica, não com a filosofia. Mas nossa lógica instrui e treina o

---

97   *Instantiae magicae.*

98   *Per minima (ut vocant).*

entendimento. Ela não busca cegamente (como faz a lógica comum) e se agarra a abstrações com seus débeis tentáculos mentais, mas busca dissecar a verdadeira natureza e descobrir os poderes e ações dos corpos e de suas leis delineadas na matéria. Portanto, essa ciência origina-se não apenas da natureza da mente, mas da natureza das coisas; e, portanto, não é de se estranhar que esteja toda espalhada e ilustrada com observações e experiências da natureza como amostras de nossa arte. As *instâncias privilegiadas* (como está evidente em nosso relato) são vinte e sete em número; e são: *instâncias solitárias*; *instâncias de transição*; *instâncias reveladoras*; *instância ocultas*; *instâncias constitutivas*; *instâncias de semelhança*; *instâncias únicas*; *instâncias desviantes*; *instâncias limítrofes*; *instâncias de poder*; *instâncias de associação e aversão*; *instâncias acessórias*; *instâncias de aliança*; *instâncias cruciais*; *instâncias de divergência*; *instâncias que abrem portas ou portões*; *instâncias de intimação*; *instâncias de caminho*; *instâncias suplementares*; *instâncias de clivagem*; *instâncias da haste*; *instâncias de corrida*; *doses da natureza*; *instâncias de luta*; *instâncias sugestivas*; *instâncias multipropósito*; *instâncias mágicas*. O uso dessas *instâncias*, que ultrapassam as instâncias ordinárias, tende em geral para a obtenção de informações ou para a operação ou para ambos. No aspecto informativo, ajudam os sentidos ou o entendimento. No caso das cinco *instâncias da lâmpada*, por exemplo, elas ajudam os sentidos.[99] Elas ajudam o entendimento ou pela aceleração da exclusão de uma forma, como fazem as *instâncias solitárias*; ou pelo estreitamento e delimitação fina da afirmação de uma forma, como fazem as *instâncias de transição*, as *instâncias reveladoras* e as *instâncias de associação*, bem como as *instâncias acessórias*; ou pela elevação do entendimento, dirigindo-o até as naturezas gerais e comuns: pode fazer isso ou diretamente, como fazem as *instâncias ocultas, únicas* e as *instâncias de aliança*; ou em um alto grau, como fazem as *instâncias constitutivas*; ou apenas ligeiramente, como as *instâncias de semelhança*; ou pela correção dos canais habituais do entendimento, como fazem as *instâncias desviantes*; ou guiando-o para a grande forma ou estrutura do todo, como as *instâncias limítrofes*; ou pela advertência sobre as falsas formas e causas, como as *instâncias cruciais* e *instâncias de divergência*. Quanto ao aspecto prático, as *instâncias privilegiadas* designam, medem ou facilitam a prática. Elas designam, ou apontando por onde devemos começar para que não repitamos o que já foi feito, como o fazem as *instâncias de poder*; ou o que devemos almejar se tivermos a oportunidade, como o fazem as *instâncias sugestivas*; as quatro medem as *instâncias matemáticas*;[100] as instâncias facilitadoras são as *instâncias multipropósito* e as *mágicas*.

---

99 Os cinco tipos de instâncias descritos em II.39-43 são apresentados em II.38 como "instâncias da lâmpada".

100 As quatro "instâncias matemáticas" são as de nº 21 a 24, listadas em II.45-9.

Mais uma vez, devemos coletar algumas das vinte e sete instâncias já no início (como dissemos acima sobre algumas delas) e não esperar por uma investigação especial sobre as naturezas. Tais são a *instância de semelhança*, a *única*, as *desviantes* e as *instâncias limítrofes*, as *instâncias de poder*, as *instâncias que abrem portas ou portões*, a *sugestiva*, a *multipropósito* e as *instâncias mágicas*. Pois elas auxiliam a curar o entendimento e os sentidos ou ajudam na prática em geral. O restante deve ser buscado quando elaboramos as *tabelas de apresentação* para fins de interpretação de uma natureza particular. Pois as instâncias dotadas e distinguidas por esses privilégios são como a alma entre as instâncias ordinárias de apresentação; e como dissemos no início, poucas delas valem por muitas; Portanto, ao fazermos *tabelas*, devemos investigá-las com grande vigor e colocá-las em *tabelas*. Também precisamos falar sobre elas no que se segue e, por isso, tivemos de tratar delas em primeiro lugar.

E agora avançamos para os *auxílios e correções da indução* e depois disso para as *coisas concretas, processos latentes, estruturas latentes* e as outras coisas que expusemos em ordem no aforismo 21. Nossa intenção é (como guardiões honestos e fiéis) entregar, no final, aos homens suas fortunas assim que o entendimento deles estiver livre da tutelagem e forem maiores de idade; a partir disso, deverá ocorrer uma melhoria da condição humana e ampliação de seu poder sobre a natureza. Pois, depois da queda, o homem perdeu seu estado de inocência e seu reinado sobre as criaturas. Mas essas duas coisas podem ser reparadas ainda em vida, em certa medida, a primeira pela religião e fé, a última, pelas artes e ciências. Pois a maldição não transformou a criação em uma foragida absoluta e irrevogável. Em virtude da sentença "comerás o pão do suor de teu rosto";[101] o homem, por múltiplos trabalhos (e não por disputas, certamente, ou por inúteis cerimônias mágicas), obriga a criação, com o tempo e em parte, a fornecer-lhe o pão, que tem como fim servir aos propósitos da vida humana.

Fim do segundo livro do *Novo Órganon*.

---

101 Gn 3,19.

Preparação para uma História Natural e Experimental[1]

Esboço de uma História Natural e Experimental, adequada para servir como base e Fundamento da Verdadeira filosofia

A razão pela qual estamos publicando nossa *Renovação* em partes é que, desse modo, algumas partes podem ficar fora de perigo. Pela mesma razão, estamos prontos para acrescentar uma pequena seção ao trabalho neste momento e publicá-lo juntamente com o que já completamos acima. Este é o resumo e esboço de uma História Natural e Experimental apropriada para fundamentar uma filosofia; ele contém bom material em abundância, o qual está condensado para o trabalho do intérprete que o acompanha. O lugar mais adequado para isso seria quando atingíssemos devidamente as *Preparações* da Investigação. Mas consideramos que é aconselhável antecipar e não esperar pelo lugar adequado; porque o tipo de história que temos em mente e estamos prestes a descrever é algo enorme que precisaria de muito esforço e gastos para terminarmos; ela requer os esforços de muitos homens e é, como já dissemos antes, em algum sentido uma tarefa régia. Ocorre-me, portanto, que é apropriado ver se há outros que possam assumir esse desafio; assim, enquanto terminamos todo o trabalho de acordo com o plano, essa parte complexa e demorada pode ser construída e disponibilizada (se isso agradar à majestade divina) até mesmo em nossa vida, a partir da cooperação de outras pessoas que trabalhem constantemente juntas conosco, em especial porque nossos próprios recursos, sem ajuda, dificilmente seriam adequados para dar conta de tamanha província. Talvez consigamos completar por esforço próprio a parte que se relaciona ao trabalho efetivo do entendimento. Mas os materiais do entendimento estão tão amplamente espa-

---

1 Publicado em 1620 no mesmo volume do *Novo Órganon*.

lhados que precisamos ter agentes e comerciantes (digamos) que os busquem e coletem de todos os cantos. E, na verdade, desperdiçar nosso tempo com tal coisa como qualquer pessoa diligente pode fazer está um pouco abaixo de nossa dignidade. Apresentaremos agora o ponto principal da questão e faremos uma consideração cuidadosa e exata sobre o método e esboço de tal história, conforme é apropriado para nosso projeto, para que os homens possam ser instruídos e não continuem a pautar-se pelo exemplo das histórias naturais atualmente disponíveis e para que não vagueiem para longe de nosso projeto. Enquanto isso, podemos salientar aqui o que muitas vezes dissemos em outro lugar, que se toda a raça humana tivesse empregado sua dedicação e esforços à filosofia e se toda a Terra estivesse, ou se tornasse, absolutamente repleta de universidades, faculdades e escolas de homens instruídos, mesmo assim eles não conseguiriam nem poderiam fazer qualquer progresso em filosofia e ciências dignas da raça humana sem tal História Natural e Experimental, como a que prescreveremos agora. Por outro lado, quando essa história estiver bem desenvolvida e construída, com os experimentos auxiliares e esclarecedores que irão ser feitos ou terão de ser desenvolvidos no efetivo processo de interpretação, então a investigação da natureza e das ciências haverá de ser o trabalho de alguns poucos anos. Isso é o que tem de ser feito, ou abandonamos o empreendimento. É o único método pelo qual podemos estabelecer uma filosofia verdadeira e prática; só então os homens perceberão, como se despertassem de um sono profundo, qual a diferença entre as opiniões e ficções da mente e uma filosofia prática e verdadeira e como é consultar a própria natureza sobre a natureza.

Portanto, primeiro daremos instruções gerais para a elaboração de tal história; então devemos definir perante os olhos dos homens sua forma particular, com observações ocasionais sobre a *proposta* para a qual a pesquisa deve estar equipada e adaptada, bem como seu *assunto*, a fim de que, quando o escopo da coisa estiver devidamente compreendido e previsto, ele possa trazer outras coisas, que talvez tenha nos faltado, para a mente dos homens. Nós escolhemos chamar essa história de *História Principal* ou *História Mãe*.

Aforismos sobre a compilação de uma História Principal

Aforismo I

A natureza existe em três estados e aceita três tipos de regime. Ou ela é livre e se desdobra em seu curso normal, ou é retirada de seu estado por assaltos viciosos e insolentes da matéria e pela força das obstruções, ou ela é constrangida e formada pela arte e agência humanas. O primeiro estado refere-se às espécies de coisas, o segundo aos prodígios, o terceiro às coisas artificiais. Pois nas coisas artificiais a natureza aceita o jugo do império do homem; pois essas coisas nunca teriam sido feitas sem o homem. Um rosto completamente novo é dado aos corpos pelo esforço e agência humanos, um universo diferente de coisas, um teatro diferente. Consequentemente, existem três formas de História Natural. Ou ela lida com a *Liberdade* da natureza, ou com os *Erros* da natureza ou com as *Conexões* da natureza; assim, uma boa divisão que poderíamos fazer seria a história dos *Nascimentos*, a história dos *Nascimentos Prodigiosos* e a história das *Artes*; a essa última também chamamos muitas vezes de *Mecânica* e a *Arte Experimental*. Mas não estamos prescrevendo que as três devam ser tratadas separadamente. Por que não poderíamos unir de forma correta as histórias dos prodígios de uma espécie particular com a história da própria espécie? As coisas artificiais também são, às vezes, unidas de forma correta com a espécie, mas às vezes é melhor separá-las. Será melhor, portanto, decidir isso em cada caso. Pois tanto o excesso de método quanto a falta deste são, igualmente, origem das repetições e prolixidade.

II

A História Natural, como já dissemos, tem três assuntos, mas apenas dois usos. Ela é usada para o conhecimento das coisas que estão comprometidas com a história, ou como a primeira matéria da filosofia e como objeto e material da verdadeira indução. O último uso está hoje em discussão; hoje, eu digo, e nunca antes. Pois nem Aristóteles, nem Teofrasto, nem Dioscóride, nem Caio Plínio e muito menos os modernos chegaram a sugerir esse propósito (do qual falamos) para a filosofia natural. O ponto principal é que aqueles que assumirem o papel de escrever a história devem doravante refletir e ter em mente constantemente que eles não devem servir ao prazer do leitor, nem à vantagem imediata, que pode ser obtida a partir de relatórios, mas encontrar e construir um depósito de coisas suficientemente grande e variado para poder formular verdadeiros axiomas. Ao manter isso em mente, eles irão prescrever, por si mesmos, os meios para tal história. Pois o fim rege os meios.

III

Mas quanto maior for o esforço e o trabalho implicados pelo empreendimento, menos apropriado será sobrecarregá-lo com irrelevâncias. Os homens precisam estar claramente advertidos sobre o esforço excessivo em três coisas que, enormemente, aumentam a quantidade de trabalho, mas acrescentam pouco ou nada a sua qualidade.

Primeiro, então, eles devem se livrar das antiguidades e das citações de autores e autoridades; também de litígios, controvérsias e opiniões divergentes – em uma palavra, filologia. Não cite também um autor, exceto em ques-

NOVO ÓRGANON

tão de crédito duvidoso; não introduza uma controvérsia, exceto em caso de grande importância. Rejeite todo o ornamento discursivo, as metáforas e todo o repertório de eloquências e tais vaidades. Declare todas as coisas que você aceita, breve e sumariamente, assim não haverá mais palavras que coisas. Pois ninguém que coleta e armazena materiais para edifícios, ou navios ou tais estruturas os guarda de forma graciosa (como vitrinistas) e os exibe para agradar, mas apenas garante que eles sejam bons, legítimos e ocupem o menor espaço possível do armazém. Esse é o jeito que deve ser feito aqui.

Em segundo lugar, há pouca razão, em histórias naturais, para entregar-se a inúmeras descrições e figuras de espécies e variedades detalhadas das mesmas coisas. Tais variações insignificantes não são nada mais do que os jogos e diversões da natureza e estão bastante próximas da natureza de algo individual. Elas oferecem um tipo de divagação em relação às coisas em si que é atraente e encantador, mas dão pouca informação para as ciências e o que elas oferecem é mais ou menos supérfluo.

Em terceiro lugar, temos de dar um severo adeus a todas as histórias supersticiosas (não falo das histórias dos prodígios quando a memória deles são confiáveis e prováveis, mas das histórias supersticiosas) e aos experimentos de magia ritual. Não queremos que a infância da filosofia, que recebe seu primeiro peito da História Natural, se acostume às histórias das velhas senhoras. Talvez haja um tempo (depois de termos penetrado um pouco mais profundamente na investigação da natureza) em que poderemos passar sutilmente por eles e, assim, se houver qualquer virtude natural nesses montes de esterco, eles poderão ser extraídos e colocados em uso. Por enquanto devem ser mantidos longe. Os experimentos de magia natural também devem ser cuidadosamente verificados e criticados de forma severa antes de serem aceitos, em especial aqueles que são derivados em sua maioria das *simpatias* e *antipatias* vulgares, uma prática muito ociosa que depende da combinação de credulidade superficial e da invenção imaginativa.

Já conseguimos um bom negócio, ao livrarmos a História Natural dessas três coisas supérfluas (que acabaram de ser mencionadas), que, de outra forma, teriam preenchido volumes. Mas esse não é o fim. Em uma grande obra é igualmente necessário descrever de forma sucinta o que é aceito, como cortar as superfluidades, embora seja evidente que essa pureza e brevidade darão muito menos prazer ao leitor e ao escritor. Devemos repetir constantemente o fato de que estamos apenas construindo um espaço de armazenamento ou depósito; não um lugar em que se deseja permanecer ou viver com prazer, mas que se entra apenas quando necessário, quando algo tem de ser retirado para o uso do trabalho do intérprete.

IV

Na história que buscamos e pretendemos, devemos, acima de tudo, estar seguros de que ela é extensa e feita na medida do universo. O mundo não deve ser contraído aos estreitos limites do entendimento (como tem sido até agora), mas o entendimento deve ser libertado e expandido para captar a imagem do mundo como ele realmente é. O hábito de apenas *olhar para algumas coisas e de fazer juízos com base em apenas algumas coisas* arruinou tudo. E assim tomamos a divisão da História Natural que fizemos acima (de Nascimentos, Nascimentos Prodigiosos e Artes) e atribuímos cinco partes à história dos nascimentos. A primeira será a do éter e dos céus. A segunda, do céu e das regiões (como é conhecida) do ar. A terceira, da terra e do mar. A quarta, dos *elementos* (como são conhecidos) da chama ou fogo, ar, água e terra. Queremos que os elementos sejam entendidos não no sentido de qualidades principais das coisas, mas no de principais constituintes dos corpos naturais. Acontece que a natureza das coisas é distribuída de tal forma a fazer que a quantidade ou a massa de certos corpos seja muito grande, isso porque suas estruturas exigem a textura de um material fácil e comum; tais são as quatro substâncias que mencionei. Mas a quantidade de alguns outros corpos do universo é pequena e ocorre raramente, isso porque a textura de sua matéria é muito diferente, muito sutil e em sua maior parte delimitada e orgânica; tais são as espécies de coisas naturais, como os metais, as plantas e os animais. Por esse motivo resolvemos chamar os corpos do primeiro tipo de *associações maiores* e os últimos de *associações menores*. As associações maiores entram na quarta parte da história, sob o nome de elementos, como já dissemos. Eu não estou confundindo a quarta parte com a segunda ou terceira partes simplesmente porque em cada uma delas eu mencionei o ar, água e terra. Pois na segunda e terceira partes eu ofereci as histórias deles como partes integrantes do mundo e apenas na medida em que eles contribuem para o tecido e estrutura do universo; mas a quarta parte contém a história da substância e da natureza deles, a qual floresce em partes semelhantes de cada um deles, mas não se relacionam com o todo. Finalmente, a quinta parte da história contém as associações menores ou espécies, com as quais a História Natural até este ponto se ocupa particularmente.

Em relação à história dos Nascimentos Prodigiosos, já dissemos que ela estaria melhor se fosse unida com a história dos Nascimentos; referimo-nos à história que é natural, bem como a prodigiosa. Pois insistimos em relegar a história supersticiosa dos milagres (de qualquer tipo) a um tratado especial próprio; o qual não deve ser iniciado logo no início, mas um pouco mais tarde, quando já tivermos penetrado mais profundamente na investigação da natureza.

Estabelecemos três tipos de história das Artes e da natureza modificada e alterada pelo homem, ou história Experimental. Ou ela é retirada das Artes

Mecânicas; ou da parte prática das ciências liberais; ou de várias práticas e experimentos que não formam uma arte própria, e que na verdade, às vezes, ocorrem como resultado do mais baixo tipo de experiência e não aspira à formação de uma arte.

E assim que uma história estiver compilada a partir de todas as fontes que já mencionei – Geração, Prodígios, Artes e Experiências –, nada que possa equipar os sentidos e oferecer informação para o entendimento será omitido. E, então, não estaremos mais dando pulos ao redor de pequenos círculos (como dervixes), mas em nosso curso caminharemos até os limites do mundo.

V

Entre as partes da história que já mencionamos, a mais útil é a história das artes; ela mostra as coisas em movimento e leva mais diretamente à prática. Ela também retira a máscara e o véu das coisas naturais, muitas vezes ocultas e obscurecidas por uma variedade de formas. E as manipulações da arte são como os grilhões e algemas de Proteus, que revelam a busca final e as lutas da matéria. Pois os corpos se recusam a ser destruídos ou aniquilados, mas mudam para várias outras formas. Portanto, devemos deixar nossa arrogância e desdém de lado e dar toda a nossa atenção a essa história, muito embora seja a arte da mecânica (como parece) intolerante e inferior.

As artes preferíveis são aquelas que apresentam, alteram e preparam os corpos naturais e os materiais das coisas, como a agricultura, a culinária, a química, o tingimento, a fabricação do vidro, o esmalte, o açúcar, a pólvora, os fogos de artifício, o papel e afins. De menor valor são as coisas que consistem essencialmente no sutil movimento das mãos e das ferramentas, tais como a tecelagem, a marcenaria e a metalurgia, a construção, a fabricação de rodas de moinho, de relógios e assim por diante; embora certamente não devam ser ignoradas, tanto, porque nelas ocorrem muitas coisas que dizem respeito às alterações dos corpos naturais, e porque elas oferecem informações precisas sobre o movimento local, que é extremamente importante para muitas coisas.

Em todo o corpo da história das Artes, devemos, acima de qualquer coisa, dar um conselho que deve ser levado a sério: devemos aceitar não apenas os experimentos que são relevantes para a finalidade da arte, mas quaisquer experimentos que surjam no caminho. Por exemplo, gafanhotos ou caranguejos cozidos ficam vermelhos (antes de cozinhar têm cor de barro); isso não tem nada a ver com a preparação de uma refeição; mas é uma boa instância de investigação sobre a vermelhidão, uma vez que a mesma coisa acontece com os tijolos cozidos. Da mesma forma, a carne salga mais rapidamente no inverno do que no verão; isso não só adverte o cozinheiro a preservar seus alimentos corretamente e tanto quanto necessário, mas é também uma boa instância para indicar a natureza e o efeito do frio. Por essa razão é um erro cardinal (para usar a expressão) imaginar que nosso plano está sendo seguido sempre que os experimentos da arte são coletados com o único objetivo de melhorar as artes individuais. Pois, embora em muitos casos não condenemos isso totalmente, planejamos, na verdade, que as correntes de todos os experimentos mecânicos fluam de todas as direções até o mar da filosofia. Devemos selecionar as instâncias mais significativas de cada tipo (e procurá-las e segui-las com todo cuidado e esforço) com base nas instâncias privilegiadas.

VI

Devemos também fazer aqui um resumo daquilo que falamos longamente nos aforismos 99, 119 e 120 do primeiro livro. Talvez seja suficiente darmos uma breve ordem sob a forma de instrução: em primeiro lugar, aceite para essa história as coisas que são tão comuns que poderíamos imaginar como algo supérfluo pô-las por escrito, porque elas são muito familiares; e então as coisas ruins, intolerantes, nojentas (pois todas as coisas são puras para os puros, e se as receitas dos impostos sobre a urina[2] cheiravam bem, muito melhor é a luz e a informação que podemos obter de qualquer fonte); também as coisas triviais e infantis (e não é de se admirar, porque temos de nos tornar crianças mais uma vez, absolutamente);[3] finalmente, as coisas que parecem ser excessivamente sutis por não possuírem nenhuma utilidade por si mesmas. Pois (como eu disse) as coisas que exibimos nessa história foram recolhidas por suas próprias causas; e, portanto, não é justo medirmos sua própria dignidade, mas sim na medida em que podem ser transferidas para outras coisas e contribuam para a filosofia.

VII

Também prescrevemos que todas as coisas nos corpos naturais e nos poderes naturais sejam (na medida do possível) numeradas, pesadas, medidas e determinadas. Pois estamos planejando obras, não especulações. E uma adequada combinação de física e matemática produz resultados práticos. Por esse motivo, nós devemos investigar e descrever, na história das coisas celestes, os retornos e as distâncias exatas dos planetas; na história da terra e do mar, a extensão de terra e quanto da superfície ocupa em comparação com as águas; na história do ar, quanta compressão é permitida sem que haja uma poderosa resistência;

---

2   O imperador Vespasiano instituiu o imposto sobre a urina. Quando seu filho Tito protestou, Vespasiano pôs uma moeda derivada desse imposto diante do nariz dele e perguntou-lhe se ela cheirava mal. Tito admitiu que não. "E ainda assim ela vem do mijo", disse Vespasiano (Suetônio, *Os doze Césares*, "Vida de Vespasiano", 23).

3   Cf. Mt 19,14.

na história dos metais, quanto um metal é mais pesado que outro; e inúmeras outras coisas deste tipo. Quando não é possível conseguirmos medidas exatas, devemos, então, certamente, recorrer às estimativas não específicas e às comparações: por exemplo, se houver falta de confiança nos cálculos das distâncias efetuadas pelos astrônomos, que a Lua está na sombra da Terra, que Mercúrio está acima da Lua e assim por diante. E quando não é possível fazermos medições intermediárias, deveremos estabelecer as medições no limite: por exemplo, que um ímã bastante fraco levanta o ferro de até um certo peso, em relação ao próprio peso da pedra; e que o mais poderoso ímã levanta sessenta vezes o seu próprio peso. Como já vimos acontecer no caso de um ímã armado muito pequeno. Sabemos bem que essas instâncias determinadas não ocorrem com frequência ou facilmente, mas precisam ser buscadas como auxílios (quando a situação as exige mais) no curso efetivo da investigação. Se, no entanto, elas ocorrerem por acaso, então devem ser incluídas na História Natural, somente se não atrasarem muito o processo de finalização dela.

VIII

Quanto à confiabilidade do que deve ser aceito em uma história: elas necessariamente são ou absolutamente confiáveis, duvidosamente confiáveis ou totalmente não confiáveis. As coisas do primeiro tipo, devemos simplesmente relatá-las; as coisas do segundo tipo, nós as informamos com uma observação, ou seja, com as palavras "é relatado, ou dizem, ou ouvi de uma fonte confiável" e assim por diante. Seria muito tedioso incluir os argumentos de ambos os lados e certamente tomaria muito tempo do escritor. E faz pouca diferença para a questão em discussão, já que (como dissemos no aforismo 18 do livro I) os experimentos falsos, se não forem muito correntes, logo serão desmascarados por axiomas verdadeiros. No entanto, se a instância for muito conhecida, quer por seu próprio uso, quer porque muitas outras coisas podem depender dela, então certamente é preciso citar o nome do autor; e não apenas seu nome, mas é preciso fazer uma observação informando se sua declaração está baseada em um relato, ou em uma descrição (como acontece quase sempre nos escritos de Caio Plínio) ou em seu próprio conhecimento; igualmente, se a coisa aconteceu em seu próprio tempo, ou no passado; e se era o tipo de coisa que requer muitas testemunhas para ser verdadeira; finalmente, se o autor tem se mostrado prepotente e frívolo, ou rígido e sóbrio; e pontos semelhantes, que possam indicar a confiabilidade. Finalmente, há coisas que não merecem nenhuma confiança, mas ainda assim são ampla e popularmente acreditadas, coisas que permaneceram em voga ao longo dos séculos, em parte por negligência e em parte por meio do uso de analogias (por exemplo, que o diamante se liga ao ímã, o alho tira seu poder, o âmbar atrai tudo exceto o manjericão, e assim por diante); não convém simplesmente ignorá-las; devemos banir o seu uso em tantas palavras quanto forem necessárias para que nunca mais incomodem as ciências.

Também seria útil notar a origem de qualquer crença tola ou crédula sempre que nos depararmos com elas; acredita-se, por exemplo, que a erva aromática tem o poder de excitar o desejo somente porque sua raiz possui a forma de testículos. A verdade é que tem essa forma porque um novo bulbo é formado todos os anos, enquanto o bulbo do ano anterior ainda está em vigor, e por isso ele é duplo. Isso fica evidente pelo fato de que a nova raiz é sólida e suculenta, enquanto a velha é murcha e esponjosa. Portanto, não é surpreendente que um afunda na água enquanto o outro flutua; mas imaginam que isso seja algo maravilhoso e creditam à erva outros poderes.

IX

Há algumas adições úteis a serem feitas em uma História Natural que pode torná-la mais adequada e útil para o trabalho posterior do intérprete. São cinco. Em primeiro lugar, devem ser adicionadas perguntas (não das causas, mas dos fatos) para incentivar e provocar ainda mais a investigação; por exemplo, na história da terra e do mar, se o mar Cáspio tem marés e em que intervalos; se há um continente meridional, ou apenas ilhas; e assim por diante.

Em segundo lugar, em qualquer experimento novo de qualquer sutileza, devemos acrescentar o método efetivamente utilizado no experimento, para que os homens possam ter oportunidade de julgar se a informação produzida é confiável ou enganosa e também para incentivar os homens a se dedicar à busca de métodos mais precisos (se existirem).

Em terceiro lugar, se há algo duvidoso ou questionável em qualquer um dos relatos, somos totalmente contra a supressão ou o silêncio sobre o assunto; uma nota completa e clara deve ser anexada como advertência ou observação. Queremos que a primeira história seja composta de forma absolutamente escrupulosa, como se um juramento sobre a verdade de todos os detalhes houvesse sido feita; pois esse é o volume das obras de Deus e (na medida em que podemos comparar a majestade divina com as coisas humildes da terra) como uma segunda escritura.

Em quarto lugar, não seria ruim a inserção de observações ocasionais (como fez C. Plínio); por exemplo, na história da terra e do mar, que a forma dos continentes (até agora conhecidos) em relação aos mares é estreita e um pouco pontiaguda para o sul, larga e ampla ao norte; a forma dos mares é o oposto; os grandes oceanos atravessam as terras em canais que correm do norte para o sul, em vez tomar o sentido leste-oeste, exceto talvez nas regiões polares mais distantes. Também é bom adicionarmos cânones (que são observações simplesmente gerais e universais); por exemplo, na história dos corpos celestes, que Vênus nunca está a mais de 46 graus do Sol, Mercúrio, a 23; e que os planetas que estão acima do Sol se movem muito lentamente, uma vez que estão mais distantes da Terra, e os planetas abaixo do Sol, muito rápido. Outro tipo de observação a fazer, que nunca foi usado, apesar de sua importância, é este: acrescentar a um relato sobre o que é, uma menção sobre o que não é. Por exemplo, na história das coisas celestes, que não há nenhuma estrela oblongada ou triangular, mas que toda estrela é globular: ou simplesmente globulares como a Lua, ou espetadas na aparência, mas globulares no centro, como as outras estrelas, ou aparentemente desordenadas, mas globulares no centro, como o Sol; ou que as estrelas estão espalhadas sem nenhuma ordem, assim não há nada entre elas como um quincunce, ou um quadrângulo, ou qualquer outra figura perfeita (apesar dos nomes que eles receberam, como delta, cruz, coroa, carruagem etc.); mal formam uma linha reta, exceto talvez no cinturão e punhal de Órion.

Em quinto lugar, algo que deprime e destrói bastante um crente talvez ajude o investigador: ou seja, a pesquisa em forma breve e resumida de palavras sobre as opiniões atualmente aceitas em toda a variedade de diferentes escolas; suficiente para despertar o intelecto e não mais.

X

Isso é suficiente para preceitos gerais. Se eles forem observados com cuidado, a tarefa histórica atingirá diretamente a sua finalidade e não ficará grande em demasiado. Mas se isso parece ser uma tarefa imensa a uma pessoa de coração fraco, mesmo sob essa forma circunscrita e limitada, deixemos que ele volte seus olhos para as bibliotecas; e entre outras coisas, que ele veja, de um lado, os textos de direito civil e direito canônico e, do outro, os comentários dos médicos e juristas sobre eles; e deixemos que ele perceba a diferença entre eles em relação à massa e ao volume. A brevidade nos convém; como escribas fiéis, podemos coletar e escrever as próprias leis da natureza e nada mais; a brevidade é quase imposta pelas coisas em si. As opiniões, os dogmas e as especulações, no entanto, são inumeráveis; não há fim para eles.

No Plano de nossa Obra, mencionamos os poderes cardeais da natureza e que se deve compor sua história antes de abordar a tarefa de interpretação. Não nos esquecemos disso, mas o mantivemos para que nós mesmos o façamos, já que não ousamos confiar plenamente no trabalho de outros homens nessa área até que eles comecem a desenvolver uma familiaridade um pouco mais próxima com a natureza. Agora, portanto, devemos passar para o relato resumido das Histórias Particulares.

Mas por estarmos, no momento, distraídos pelos negócios, teremos tempo apenas para acrescentar um Catálogo dos títulos das Histórias Particulares.

Assim que tivermos tempo para a tarefa, planejamos dar instruções detalhadas, colocando as questões que mais precisam ser investigadas e escritas em cada história, porque elas ajudam a cumprir o nosso propósito, assim como certos Tópicos particulares. Ou melhor (para usar a linguagem do processo civil) temos a intenção, neste Grande Processo ou Julgamento, dado e concedido pela bondade e providência de Deus (pelo qual a raça humana procura recuperar seu direito sobre a natureza), de interrogar a própria natureza e as artes dos artigos deste caso.

Catálogo de Histórias Particulares por Títulos

1   História dos céus; ou Astronomia.

2   História da estrutura do céu e de suas partes relativas à Terra e suas partes; ou Cosmografia.

3   História dos cometas.

4   História de meteoros em chamas.

5   História dos raios, relâmpagos, trovões.

6   História dos ventos, das explosões súbitas e das ondas de ar.

7   História do arco-íris.

8   História das nuvens, como vistas acima.

9   História de céu azul, crepúsculo, sóis múltiplos, luas múltiplas, halos, várias cores do Sol e da Lua; e de todas as variações na aparência dos corpos celestes causadas pelo meio.

10   História de chuva normal, das tempestades e das chuvas anormais.

11   História do granizo, neve, gelo, geada, nevoeiro, orvalho e assim por diante.

12   História de todas as outras coisas que caem ou descem de cima e são geradas acima.

13   História dos sons acima (se existirem), exceto o trovão.

14   História do ar em geral, ou na estrutura do mundo.

15   História do clima ou das temperaturas do ano, tanto pelas diferenças das regiões e pelas características dos climas e períodos do ano; das inundações, períodos quentes, secas e assim por diante.

16   História da terra e do mar; de sua forma e extensão, e de sua estrutura em relação uns aos outros e de sua extensão em largura ou estreiteza; ilhas de terra no mar, dos golfos de mar e dos lagos salgados em terra, do istmo, promontórios.

17 História dos movimentos (se houver) do globo da Terra e do mar; e dos experimentos que podem ser inferidos.

18 História dos grandes movimentos e perturbações na terra e no mar; ou seja, terremotos, tremores e fissuras, surgimento de ilhas recém-formadas, ilhas flutuantes, perda de terras pela invasão do mar, enchentes e inundações e por contraste o retrocesso do mar; as erupções de fogo vindas da terra, erupções súbitas de água da terra e semelhantes.

19 História geográfica natural, das montanhas, vales, florestas, planícies, desertos, pântanos, lagos, rios, torrentes, nascentes e todas as suas diferentes formas de surgimento e semelhantes; nações omitidas, províncias, cidades e tais objetos civis.

20 História das marés, correntes, ondas e outros movimentos do mar.

21 História das outras qualidades do mar: sua salinidade, várias cores, profundidade; e das rochas, montanhas e vales no fundo do mar e afins.

Histórias das grandes massas

22 História do fogo e das coisas incandescentes.

23 História do ar, como uma substância, não na configuração.

24 História da água, como substância, não na configuração.

25 História da terra, como uma substância, não na configuração.

Histórias de espécies

26 História dos metais perfeitos, ouro, prata; e de seus minérios, veios e piritas; também dos trabalhos de seus minérios.

27 História do mercúrio.

28 História dos fósseis,[1] como vitríolo, enxofre etc.

29 História das pedras preciosas, como o diamante, rubi etc.

30 História das pedras, como o mármore, quartzo,[2] sílex etc.

31 História do ímã.

32 História de diversos organismos que não são nem fósseis nem vegetais, como os sais, âmbar, âmbar gris etc.

33 História química dos metais e minerais.

34 História das plantas, árvores, arbustos, ervas: e de suas partes, raízes, caules, madeira, folhas, flores, frutos, sementes, resinas etc.

---

1 "Fósseis" aqui indica qualquer rocha, mineral ou substância mineral escavada da terra.

2 *Lapis Lydius.*

35   História química dos vegetais.

36   História do peixe e de suas partes e geração.

37   História das aves e de suas partes e geração.

38   História dos quadrúpedes e de suas partes e geração.

39   História das cobras, vermes, moscas e outros insetos; e de suas partes e geração.

40   História química dos produtos derivados dos animais.

HISTÓRIAS DO HOMEM

41   História da figura e dos membros externos do homem, seu tamanho, estrutura, face e feições; e de suas variações por pessoas e clima ou outras pequenas diferenças.

42   História fisionômica.

43   História anatômica, ou história dos membros internos do homem; e da sua variedade como ela é encontrada na estrutura e compleição natural e não apenas no que diz respeito às doenças e às características anormais.

44   História das partes comuns do homem; carne, ossos, membranas etc.

45   História dos fluidos do homem: sangue, bile, esperma etc.

46   História dos excrementos: saliva, suor, urina, fezes, cabelo, pelos, unhas das mãos, unhas dos pés e assim por diante.

47   História das funções: atração, retenção, digestão, expulsão, formação do sangue, assimilação dos alimentos nos membros, conversão do sangue e seu florescimento no espírito etc.

48   História dos movimentos involuntários e naturais; como o movimento do coração, o movimento dos pulsos, ronco, pulmões, ereção do pênis etc.

49   História dos movimentos mistos, que são naturais e voluntários, como a respiração, tosse, micção, excreção etc.

50   História dos movimentos voluntários, como os dos instrumentos da fala articulada; movimentos dos olhos, língua, mandíbulas, mãos, dedos; de deglutição etc.

51   História do sono e dos sonhos.

52   História das diferentes condições do corpo; adiposidade, magreza; das supostas complexões etc.

53   História do nascimento humano.

54   História da concepção, reavivamento, gestação no útero, nascimento etc.

55   História da alimentação humana, de tudo o que é comido e bebido e de todo tipo de dieta; e de sua variação entre povos ou pequenas diferenças.

56 História do crescimento e aumento do corpo como um todo e em suas partes.

57 História do curso de vida: da primeira infância, infância, juventude, velhice, longevidade, brevidade da vida e assim por diante, por povos e pequenas diferenças.

58 História da vida e da morte.

59 História médica das doenças e de seus sintomas e sinais.

60 História médica do tratamento, remédios e curas de doenças.

61 História médica das coisas que preservam o corpo e a saúde.

62 História médica de coisas referentes à forma e beleza do corpo.

63 História médica de coisas que mudam o corpo e que pertencem ao controle da mudança.

64 História farmacêutica.

65 História cirúrgica.

66 História química dos medicamentos.

67 História da visão e das coisas visíveis, ou ótica.

68 História da pintura, escultura, artes plásticas etc.

69 História da audição e dos sons.

70 História da música.

71 História do olfato e dos odores.

72 História de paladar e dos gostos.

73 História do tato e de seus objetos.

74 História do sexo, como uma espécie do tato.

75 História de dores corporais, como uma espécie de tato.

76 História do prazer e da dor em geral.

77 História das paixões, como a raiva, amor, vergonha etc.

78 História das faculdades intelectuais: pensamento, imaginação, discurso, memória etc.

79 História natural das adivinhações.

80 História do diagnóstico ou das distinções naturais ocultas.

81 História da culinária e das artes relacionadas, tais como as do açougueiro, vendedor de aves etc.

82 História do cozimento, da panificação e das artes relacionadas, como moagem etc.

83 História do vinho.

84 História da adega e dos diferentes tipos de bebida.

85 História dos bolos e doces.

86 História do mel.

87 História do açúcar.

88 História dos laticínios.

89 História do banho e dos unguentos.

90 História diversa do cuidado com o corpo; corte de cabelo, perfumes etc.

91 História da ourivesaria e artes relacionadas.

92 História dos trabalhos em lã e das artes relacionadas.

93 História das manufaturas em cetim e seda e das artes relacionadas.

94 História das manufaturas em linho, cânhamo, algodão, pelos e outras fibras e artes relacionadas.

95 História dos bens de pena.

96 História da tecelagem e das artes relacionadas.

97 História do tingimento.

98 História do curtimento, trabalhos em couro e das artes relacionadas.

99 História dos enchimentos para cama e almofadas.

100 História da metalurgia.

101 História da extração e lavra de pedras ou lapidação.

102 História da feitura de tijolos e ladrilhos.

103 História da cerâmica.

104 História dos cimentos e revestimentos.

105 História do trabalho em madeira.

106 História do trabalho em chumbo.

107 História do vidro e de todas as substâncias vítreas e de vidraria.

108 História da arquitetura em geral.

109 Histórico dos vagões, carroças, liteiras etc.

110 História da impressão, livros, escrita, selagem; da tinta e da caneta, do papel, pergaminho etc.

111 História da cera.

112 História do trabalho em vime.

113 História da feitura de esteiras e da manufatura da palha, dos juncos e assim por diante.

114 História da lavagem, varrição etc.

115 História da agricultura, pastagem, silvicultura etc.

116 História da jardinagem.

117 História da pesca.

118 História da caça e da falcoaria.

119 História da arte da guerra e artes relacionadas: artes ligadas às armaduras, arcos, flechas, armas, artilharia, catapultas, armas de cerco etc.

120 História da arte naval e das técnicas e artes relacionadas.

121 História do atletismo e de todos os tipos de exercícios humanos.

122 História da equitação.

123 História de todos os tipos de jogos.

124 História dos malabaristas e palhaços.

125 História variada de diferentes materiais artificiais; como esmalte, porcelana, os vários cimentos etc.

126 História dos sais.

127 História variada das diferentes máquinas e movimentos.

128 História variada dos experimentos comuns que não formam uma arte única.

DEVEM SER ESCRITAS TAMBÉM HISTÓRIAS DA MATEMÁTICA PURA, APESAR DE CONSTITUÍREM MAIS OBSERVAÇÕES QUE EXPERIMENTOS

129 História das naturezas e poderes dos números.

130 História das naturezas e poderes das figuras.

Não seria inadequado mencionar que, tendo em vista que muitas das experiências necessariamente caem em duas ou mais rubricas (por exemplo, a história das plantas e a história da arte da jardinagem vão ter muito em comum), seria mais sensato investigar as coisas por artes, mas classificá-las por corpos. Pois temos pouca preocupação com as artes mecânicas em si, mas apenas com aquelas que contribuem para a construção da filosofia. Mas essas coisas serão decididas de melhor maneira em cada caso.

ÍNDICE REMISSIVO

A

ação, 112-3.
    caminhos, 18.
    natural, 175-6.
    primária, 114.
    tipos, interação, 188.
acatalepsia (falta de convicção), 36, 41, 53, 67-8, 73 e 106.
ácido, 120 e 126.
acordo (conformidade), 204-5 e 221-3.
    Ver também similaridade.
acordo (consenso), 21, 52, 74 e 79-80.
Acosta, José de, 167.
acréscimo, 206.
açúcar, 123.
Adão, 25.
adubo, 129.
aforismos, 82.
afrodisíaco (erva aromática considerada como tal), 235.
agregação,
    maior, 200 e 211-2.
    menor, 201-4.
água, 181.
    atração, 149.
    bolhas, 84, 148-9 e 164.
    compressão, 198-9 e 215.
    congelada, 218.
    contração, 191-2.
    da árvore, gotejamento, 218.
    e calor, 134.
    e espuma, 146 e 148.
    e solidez, 148 e 161.
    em ebulição, 132-3, 137, 139, 147 e 175.
    fontes quentes, 119, 123-4 e 128-9.
    liberação da pressão, 197-8.
    quantidades, 196.
    transparência, 146.
    Ver também mar.
água de rosas, 151 e 217.
alcance dos efeitos, 189-93.

Alexandre, o Grande, 82 e 90.
alfabeto, 102.
    letra S, 155.
aliança, 219.
alquimia, 81-2, 156 e 224.
    Ver também química.
alteração, 58 e 66.
alume, 123.
Amadis de Gaula, 82.
ambição, 18, 83 e 109.
analogia, 186-7.
anatomia, 116.
Anaxágoras, 64 e 71.
animais, 91.
    calor, 119, 126-9, 133-4 e 162.
    condensação de corpos, 217.
    espíritos, 195.
    excremento, 119 e 127-8.
    forma corporal, 221.
    geração, 114.
    instinto, 72.
    mentes, 165-6.
    misturas, 157.
    movimento, 115 e 153.
    nutrição, 222.
    peles, 119, 125 e 152.
    sentidos, 152-3 e 184.
    suor, 131.
    tamanho, 161-2.
antecipação da mente, 44.
antecipações, 51-3.
    da natureza, 51.
antiguidade e os antigos, 23, 43, 52-3, 60, 62, 70-2, 79, 103, 105-6 e 229-30.
    Ver também autores; filosofia e ciência; *nomes de filósofos.*
antipatia, 221-2 e 229-30.
apetites, 66-7 e 212.
    Ver também movimento.
apoteose do erro, 65.

246 | NOVO ÓRGANON

aprendizado, 21 e 75.
    fontes do, 44.
    lembrança, 149-51.
apresentação das instâncias, 119, 121 e 135.
ar, 58, 161, 175, 181-2 e 187.
    atração, 149.
    combustível, 187.
    compressão e contração, 139, 183, 191-2, 198 e 214-6.
    confinado, 124-5, 132 e 142.
    e fogo, 186-7.
    e luz, 172.
    exclusão, 213-4.
    expansão, 137-8, 140-3, 147, 182-3 e 199.
    extensão, 192.
    geração, 205.
    investigação do, 179.
    misturas, 186-7.
    movimento através do, 172-3 e 188.
    movimento do, 164 e 168.
    precipitação no, 187 e 196.
    quente, 119, 120-4, 133, 135, 137, 140 e 199.
    região intermediária, 121, 124, 154 e 204.
    retenção, 214-5.
    transparência, 146.
    Ver também ventos.
árabes e egípcios, 70, 72 e 75.
Aristóteles, 68, 70, 74, 84 e 229.
    astronomia, 162-4.
    dialética, 63.
    física, 64.
    lógica, 54 e 89.
    sobre os animais, 64, 91 e 154.
armas, 212.
arrogância, 83.
arte, obras de, 157.
artes, 12, 14, 21, 28-9, 33, 81, 83, 86 e 157-8.
    história das, 135-7.
    liberais, 80 e 158.
    Ver também artes mecânicas.
artes liberais, 80 e 158.
artes mecânicas, 20, 33, 65, 73, 77, 80, 83, 91, 108, 118, 158 e 231.
Arthur da Grã-Bretanha, 82.
artifícios/efeitos e operações humanas, 213-24 e 232.
    Ver também artes mecânicas.
árvores,
    gotejamento, 218.
    inflamabilidade, 123.
    transplante, 222.
assimilação, 205-7.
astrolábios, 178.
astronomia, 76-7, 80, 95, 115, 129, 169-70, 177-8, 194, 209, 233 e 235-6.
    Aristóteles sobre, 162-4.
    Ver também planetas; estrelas; Sol.
Atalanta, 33, 70 e 100.
Atenas, 108.
Atlântida, 103.
átomo, 117 e 178.
atração, 149, 170-1 e 186.
    Ver também magnetismo.

atrito (fricção), 119 e 125.
ausência, 120-8, 147 e 213-4.
    Ver também exclusão.
autores, 20-1, 72-3, 80, 83, 86 e 105-6.
    citação, 230 e 234.
autoridade, 56, 67-8, 73-4 e 79-80.
aversão, 160-1 e 221-3.
aves, 129 e 154.
    penas, 119, 125, 131 e 153.
Aviano, 165n.
axiomas, 30, 33 e 49-51.
    da forma, 114-5.
    e experiência, 70 e 118-9.
    e sutileza, 102.
    escala, 144.
    formação, 54, 69, 102 e 118-9.
    por indução, 93-4.
    primários, 115-7.
    verdadeiros, 111.

B

Bacon, Francis, Barão de Verulam, Visconde de St. Albans,
    carreira, 86.
    cartas para James I, 5-6.
    Obras:
        A Grande Instauração (Renovação) (Instauratio magna), 17-8; plano, 17-37 e 236; carta de apresentação para James I, 5-6; Prefácio, 19-26; Parte I, 27-8; Parte II, 15-32 e 99 (*consulte também* Novo Órganon *abaixo*); Parte III, 32-5, 99 e 227-37; Catálogo de histórias particulares por títulos, 237 e 239-44; Parte IV, 35 e 99; Parte V, 35-6; Parte VI, 36-7 e 99.
        Novo Órganon (Novum Organum...) (Parte II da *Grande Instauração*), 28, 32 e 99; Prefácio, 41-4; Livro I, 47-110; finalidade, 98; Livro II, 113-226.
        O progresso do Conhecimento (dois livros...), 107.
baleia, 161.
Barents, Willem, 161.
barreiras (exclusão), 213-4.
Bíblia, 65.
bolhas, 84, 140, 148, 192 e 199.
borboletas, 163.
Bórgia, Cesare, 53.
boticários, 217-8.
brancura, 145-6.
brevidade, 236.
brilho, luminosidade, 175.
bússola náutica, 24, 96, 108, 171 e 208.

C

cachorro, 155, 161 e 184.
cal, 119, 126 e 128.
cal viva, 119 e 125-6.
calor, 73, 116-7, 175 e 186.
    aversão ao, 160-1.
    diferenças do frio, 140-3.
    dilação, 132-3 e 210.
    e expansão, 138, 140-3, 147, 181 e 184-6.

e movimento, 132-3, 139-43, 199 e 201.
efeitos e espírito, 180.
exclusão (instâncias desprovidas de), 120-8, 137-8 e 204.
existência e presença, tabelas de, 118-9.
extremos, 154.
feito pelo homem, 216 e 219-20.
forma (definição), 137, 139-40 e 143.
graus, 128-35 e 220-1.
instância associada, 161.
instâncias afirmativas (da forma), 138-44.
instâncias reveladoras, 147.
operações do, 219.
produzido pelo frio, 120, 128 e 133.
refletido, 121-2.
retenção, 135.
sensibilidade e suscetibilidade ao, 133-4.
tipos, 219.
tipos, três, 162.
transmissão, 137, 139-4, 152, 186 e 206.
Ver também Sol.
campânulas, experiências com, 191-2.
cânones (observações), 236.
caridade, 26.
Carnéades, 70.
carvão, 132.
catarata, 191.
categorias, 63 e 65-6.
causas, 34, 47, 57, 72, 98, 100-1 e 111-2.
eficientes, 111-2, 117 e 145-6.
finais, 111.
formais, 111-2.
intermediárias e finais, 65.
materiais, 111-2 e 117.
Celsus, 72.
cérebro, 163.
César, Júlio, 82.
ceticismo, 70n.
chamas, 119, 140, 142 e 161.
coloridas, 175.
combustível, 187.
duração, 174.
e calor, 122-5.
e luz, 133 e 172.
expansão, 140, 147 e 173-4.
extinção, 133, 139 e 174-5.
forma, 175.
geração, 205.
inflamabilidade, 123, 128 e 173.
movimento, 132 e 139.
Ver também fogo.
Cícero, 74.
ciências,
divisões, 27-8.
e filosofia natural, 76-7 e 94.
estado, 19-27, 41 e 48-9.
estudos, 85-6.
gregas, 20, 70-72, 75-6, 84 e 103.
história das, 75-6, 89 e 103-7.
instituições, 85-6.
método, 23, 30, 35, 44, 62, 78-9, 104 e 235.
objetivo (finalidade), 77, 100, 104 e 107-11.

razões para a falta de progresso, 72-88.
recompensa, falta de, 86.
renovação, 90.
sinais de inadequação, 70-4.
tradicionais, 107.
Cila, 5-6.
círculos polares, 121.
circum-navegação do mundo, 88.
citações, 229 e 234.
civilização, 108.
clima, 119 e 124.
coberturas protetoras, 213-4.
cobras, 153.
coesão, 211-2 e 248.
colisão, 190.
Colombo, Cristóvão, 88.
combinação, 113, 197, 202-4 e 208.
combustível, 187.
cometas e meteoros, 119, 122, 157 e 164.
movimento, 169-70.
Comicus, Caecilius, 108n.
composição, 59-60 e 73.
compressão, 191-3, 198-9, 216 e 218.
Ver também condensação.
comunidade (comunicação), 55 e 61.
condensação, 215-8.
causas, quatro, 218.
frio, 216-8.
Ver também compressão.
conexão, 200.
confiabilidade, 234.
confiança, 96-7.
configuração, 208-9.
confinamento, efeitos, 220.
conflito, 221-3.
conformidade. *Ver* acordo.
conhaque. *Ver* vinho, espírito de.
conhecimento, 25-6, 36 e 82.
amor ao, 77.
coisas sabidas e desconhecidas, 101.
valor do, 101-2.
conhecimento moral, 25.
consenso, 12, 52, 74 e 79-80.
conservação, 197, 215 e 220.
consistência, 83.
Constantino, 130.
contato, 190-1 e 200.
apetite por, 67.
lucrativo, 180.
contestação. *Ver* refutação.
contração, 180.
e calor, 128 e 132.
e frio, 128, 134, 140-4, 183, 188 e 218.
mensuração, 189.
Ver também compressão; condensação.
contraindicações, 235.
convicção,
excessiva, 83.
falta de. *Ver acatalepsia.*
segura, 106.
Copérnico, Nicolau, 169.
cópula, 218 e 223.

cor, 126, 144-5, 166, 175 e 188.
  brancura, 146.
  chamas, 187.
  vermelhidão, 137 e 232.
corpos, 33.
  anatomia, 116.
  animais, 221.
  assimilação, 205-6.
  associações, maiores e menores, 231.
  e o espírito, 117.
  estrutura, 116-7.
  forças e ações, 189.
  formação orgânica, 180.
  geração, 115-8.
  selamento, 214.
  tangível e intangível, 180.
  transformação, 111-7.
corpos celestes, 115.
corpos/naturezas compostas, 113-6, 136 e 147.
corrupção e incorruptibilidade, 161.
  Ver também putrefação.
crepúsculo, 172.
crescimento, 66.
  plantas, 185, 222-3 e 231.
criação, 48 e 226.
  de Deus, 24-5, 70 e 102.
Crisipo, 70.
cristianismo, 75 e 84.
culinária, 232.

D

Daniel, 88.
decaimento do tempo, 143-4.
decomposição, 180.
definições, 152.
  linguísticas, 55 e 61.
delicadeza, 102.
Demócrito, 58, 60, 64, 71-2, 164, 178, 198 e 211.
  instâncias de, 188.
demonstrações, 29, 68-9 e 73.
  refutação de, 32 e 98.
  Ver também silogismos.
densidade e rarefação, 66, 137-9, 158, 181-2, 198 e 206.
dentes, 153.
descanso, 164 e 209-12.
descobertas, 23-4, 48, 70, 72-3, 78, 81-2, 84-7 e 110.
  benefícios, 108.
  como são feitas, 94-8 e 103-4.
  da forma, 111.
  de processos, 111.
desejos, 213.
desespero, 41, 73, 94 e 98.
  Ver também acatalepsia.
destilação, 80, 115, 141, 183 e 195.
Deus, 88-9 e 135.
  criação de, 21-2, 70 e 102.
  discurso para, 34 e 37.
  mente de, 51 e 105.
  Ver também religião e teologia.
dialética, 50-2, 63 e 68.
diferença, 59.
dilação. *Ver* expansão.

dimensões normais, 197-8.
  interpenetração, 198.
diminuição, 66.
Dionísio, 71.
Dioscórides, 229.
discurso, 132 e 188.
dissolução, 116-7, 199 e 202.
  do metal, 119, 128 e 143.
  pelo calor, 139.
distância, 179, 188-91, 194, 204 e 233.
divergência, 120.
divisão, 59-60 e 151.
dominância,
  das partes, 208.
  de poderes, 197-9 e 202-3.
    regras de, 212-3.
dor, 120, 129, 143 e 152.
duração dos efeitos, 206-7.

E

ecos, 152.
egípcios, 72.
elefante, 155.
elementos, 56, 66 e 231.
emoção, 58 e 106-7.
Empédocles, 64 e 71.
empirismo, 64 e 89.
Ênio, 157n.
entendimento. *Ver* mente.
entusiasmo, 60.
envelhecimento, 142-3.
enxofre, 119, 128, 173, 212 e 221.
  chama, 166.
Ephectici, 68.
Epicuro, 70.
equilíbrio, 212.
erros, 17, 22 e 75.
  apoteose, 65.
  aprendendo com, 88-90.
  causas, 75.
  da natureza, 229.
  de sinais, 75.
  desvios, 155-6.
  dos sentidos, 69 e 184.
  em filosofia, 64.
  fixação, 93.
  nas demonstrações, 69.
  nos experimentos, 100 e 234.
  passado, 103.
  textual, 100.
  Ver também falsas noções; ídolos da mente; su-
    perstição.
erva aromática, 235.
ervas, 128, 216, 222 e 240.
escolástica, 75, 84, 102, 135, 170, 172-3, 197 e 200.
esforço, 212-3.
especiarias, 124, 127 e 195.
espécie, 67 e 229-30.
espelhos, 148.
esperança, 87-91 e 94-7.
espírito, 117, 179-80 e 208.
  animal, 208.

geração, 205 e 207.
tipos de, 180.
espírito do vinho (conhaque). *Ver* vinho, espírito do.
espíritos,
  condensação, 216.
  mistura, 186-7.
espuma, 123, 146 e 148.
Ésquines, 90.
essência, 113 e 117.
estações do ano, 122 e 124.
estado líquido, 148-9.
estímulo, 206-7.
estrelas, 23, 137, 177-8, 193-4, 204 e 236.
  cadentes, 122.
  temperatura, 134 e 163.
  Ver também astronomia.
estrutura, 60, 111, 116-7 e 183.
  acordo, 221-2.
  latente, 116-7.
estrutura latente, 111, 135 e 226.
ética, 106.
  vivissecção, 185.
eucatalepsia (boa convicção), 106.
evaporação, 182, 214 e 218.
evasão, 204-5.
exclusão, 135, 137-8, 145 e 213.
  ausência, 120-8, 147 e 195.
  instâncias de transição, 145-6.
  instâncias solitárias, 144-5.
excrementos/excreção, 119, 127, 129 e 203.
expansão,
  da pólvora, 96, 162 e 173-4.
  das chamas, 140, 147 e 173-4.
  de líquidos, 139 e 186-7.
  do ar (gases), 137, 139, 141, 147, 183-4 e 199.
  do calor, 137, 139-42, 147, 181 e 183-4.
  medida e teste dos limites, 191-3.
experiência, 6, 21-2, 30, 34, 39, 51, 69 e 90.
  casual, 91-2.
  comum, 70.
  e axiomas, 70 e 117-8.
  escrita, 92-3 e 96.
  ordem verdadeira, 78-9.
experiência comum, 69-70.
experimento,
  erros em, 100 e 234.
  esclarecedora ou rentável, 91.
  importância do, 22-3, 31, 35, 58, 69-70, 78-9 e 81.
expulsão, 204.
extinção de incêndios, 132, 139 e 174-5.
extravagâncias, 155-6.

F

fábulas, 83, 222-3 e 234.
faíscas, 123 e 125.
falsas noções, 54, 56 e 249.
  Ver também erros; ídolos da mente.
falsas promessas, 82.
fantasia, 65-6.
fé, 25, 63, 72, 76, 78 e 226.
febre, 129.
Fedro, 103n.

ferramentas, 42-3.
ferro, 161.
  dissolução, 119 e 143.
  magnetismo, 149, 172 e 175.
  quente, 132, 137, 140, 143 e 147.
ferrugem, 179-80 e 219.
Feuillans, 222.
Filipe II da Macedônia, 103n.
Filolau, 71.
filologia, 229.
filosofia, 32-3, 35-6, 41-3, 57 e 59- 61.
  civil, 77.
  divisão, 117.
  e teologia, 75-6 e 84-5.
  empírica, 64 e 89.
  escolas de, 20, 63-5 e 74.
  grega, 70-2, 75-6, 84 e 103.
  moral, 76-7.
  sinais de inadequação, 70-4.
  sofística, 65, 68 e 70.
  tipos falsos, 63-5.
  Ver também filosofia natural.
filosofia e ciência gregas, 20, 41, 63, 70-2, 75-6, 84 e 103.
  Ver também antiguidade e os antigos; nomes de filósofos.
filosofia moral, 76-7.
filosofia natural, 63-4, 75-6 e 91.
  aplicada, 82.
  e ciências, 76-7 e 94.
  e coisas médias, 101-3.
  experimental, 118.
  método, 90-1.
filósofos, 63-4, 76 e 85.
  Ver também escolástica e *nomes individuais*.
física, 49, 64 e 117.
flores, 141 e 145.
fogo, 73, 116-7, 119-20, 124-5, 131-2, 137, 140-1, 143 e 162-3.
  e ar, 186-7.
  e distância, 190.
  extinção, 139, 147 e 174-5.
  fogo selvagem, 131.
  inflamabilidade, 123, 128 e 173-4.
  subterrâneo, 128, 137 e 154.
  tipos, 219.
  Ver também chamas.
fogo de santelmo, 123.
fole, 132 e 139.
folha de ouro, 126.
fontes quentes, 118, 124 e 128.
formas, 58, 112-8, 135-6 e 139.
  abstratas, 136.
  causa formal, 111-2.
  compostas, 136.
  definição, 112 e 137.
  investigação da, 118-9.
  Ver também instâncias de forma; instâncias privilegiadas da forma.
Fracastoro, Girolamo, 163 e 172.
fricção (atrito), 119 e 125.
frio, 202.
  ar intermediário, 124 e 205.
  atingimento, 216-7.

250 | NOVO ÓRGANON

compressão/condensação/contração, 135, 138-40 e 216-77.
e a distância, 190.
e movimento, 199.
graus de, 128.
preservação pelo, 232.
produção de calor, 119, 128 e 132-3.
fruta, 162 e 215.
fruta madura, 162.
fumaça, 119, 127, 140 e 172.
função contemplativa, 113-5.

G

Galileu, Galilei, 178 e 194.
gangrena, 143.
geada, 121 e 124.
gelo, 134 e 199.
    polar, 121.
gêneros, 148.
geração, 66, 114-6 e 162-3.
    de putrefação, 181, 185, 202 e 222.
    em chamas, 174-5.
    história de (nascimentos), 229 e 231-2.
    simples (assimilação), 205-6.
    Ver também criação.
Gilbert, William, 59, 64, 69, 165, 171-2, 200 e 205.
    De magnete, 59n.
Górgias, 70.
governo, 63, 157 e 208.
gramática, 80.
gravidade, 212.
    específica, 181-2.
    Ver também peso.
gravidade específica, 181-2.
Groenlândia, 123.
grutas e cavernas, 124, 199 e 214.
    subterrâneas, 119 e 214-5.

H

Heráclito, 55, 57 e 64.
Hércules, 18.
Hípias, 68-70.
história, 71.
    compilação, 228-37.
    das artes, 232-3.
    narrativas, 82.
    natural e experimental, 117, 135 e 228-37.
    tipos, três, 231.
    Ver também história natural.
história natural, 32-5.
    citação, 229.
    confiabilidade, 234.
    divisão, 231-2.
    dos nascimentos (geração), 231-2.
    escrita da, 229-37.
    formas, 229.
    natural e experimental, 118 e 135.
        compilação, 227-37.
    usos, 229.
homogeneidade, 148.
    e putrefação, 203.
    Ver também similaridade.

honras e recompensas, 18, 63, 86 e 107-8.
humanidade, 54.
humildade, 24.

I

idade, 79 e 205.
ideias, 105 e 160.
ídolos (ilusões) da mente, 31-2, 42, 51, 54-5, 67-8 e 98.
    da caverna, 54 e 59-60.
    da tribo, 54-9.
    do mercado, 54-5 e 61.
    do teatro, 54 e 62.
ignis fatuus (fogo-fátuo), 123 e 131.
ignorância, 17, 22, 36, 47 e 98.
ilusões. *Ver* ídolos da mente.
imaginação, 57.
imposto, 233.
impostores, 83.
impressão, 96 e 108.
impressão, movimento de, 207.
impureza, 101-2.
incorruptibilidade, 161.
indestrutibilidade, 197-8 e 251-2.
indução, 29-30, 49-50, 54, 69, 135-6 e 144.
    apoios para, 144 e 188.
    auxílios e correções, 226.
    e exclusão, 137-8.
    para a prova axiomática, 92-3.
    refinamento da, 144.
infinidade, 57 e 117.
inflamabilidade, 123, 128 e 173-4.
infusão, 195-6.
inquietação, 57 e 59.
insetos, 119, 126 e 129.
instâncias de forma, 139.
    apresentação de, 118, 120 e 135.
    coordenação, 118.
    negativa, 56, 120, 161 e 235.
    Ver também instâncias privilegiadas.
instâncias privilegiadas da forma (principais), 144-224.
    lista das, 225-6.
        acessórias (terminais), 161.
        análogas (semelhança; paralelas), 152-5.
        constitutivas (enfeixadas), 149-52.
        correntes (da água), 193-5.
        cruciais (decisivas), 166-75.
        da haste (régua), 189-92.
        de aliança (união), 162-6.
        de associação e aversão (proposições imutáveis), 160-1.
        de caminho (viagem), 185-6.
        de clivagem (pinçantes), 188-9.
        de divergência, 175-6.
        de predominância (luta), 196-7 e 212-3.
        de quantidade (doses da natureza), 195-6.
        de semelhança, 225.
        de transição, 145-6, 156 e 225.
        desviantes, 155-6.
        intimação (citação), 179-85.
        limítrofes, 156.
        mágicas, 224-6.
        matemáticas, 225.

ÍNDICE REMISSIVO | 251

multipropositais, 213-24.
ocultas (do crepúsculo), 148-9.
planejadas (poderosas), 157-9.
poderosas, 156-7.
práticas, 189.
primárias (da lâmpada), 177-89 e 225.
propícias (benevolentes), 189.
que abrem portas, 177-8.
reveladoras (conspícuas), 139, 147-8 e 225.
solitárias, 144-5 e 225.
sugestivas, 213 e 225.
suplementar (substituição), 186-7.
únicas, 155-9.
uso, 225.
instâncias solitárias, 144-5.
instâncias únicas, 155-6.
da arte, 158.
instituições da aprendizagem, 86.
instituições de ensino, 85.
instruções, 112-3.
instrumentos de cordas, 194 e 203.
intelecto, 17, 30-1, 41-5, 47-8, 50-1, 53 e 89.
Ver também mente.
interpretação, 51 e 109.
da natureza, 36, 44, 47, 51, 117-8 e 138.
método de, 106.
inverno, 119.
investigação, 14, 18, 32, 35, 77-9, 83-4 e 234-6.
limitações, 144.
Islândia, 123.

J

James I, rei, 5n.
Cartas de Bacon a, 5-6.
Júpiter, 207.

L

larvas e vermes, 162, 181 e 185.
lazer, 97.
lei, 112.
lentes, 122.
lentes de aumento, 190.
lentes incandescentes, 122-3 e 132-3.
lentidão, 201-2.
Leucipo, 60, 64, 71 e 211.
levedura, 207.
liberação/liberdade, 211.
da pressão, 197-8.
da tensão, 197-8.
ligação, 197, 210-2 e 214.
limitações, 83.
de investigação, 144.
e memória, 150-1.
mentais, 56-7 e 59.
testando, 191-3.
língua, 55, 61 e 113.
líquidos,
ácido, 126.
coesão, 199.
correntes, 208.
expansão, 140 e 185-6.

quente, 119, 123-4, 127 e 132.
em ebulição, 119, 132-3, 137, 139, 147, 175 e 186.
Ver também água.
líquidos ferventes, 118, 132, 139-40, 142 e 186.
água, 132-3, 137, 142, 147 e 175.
Lívio, Tito, 90 e 156.
livros, 81.
lógica, 23, 29-30, 42-3, 49, 77-8, 89, 106 e 224-5.
Aristóteles, 59 e 89.
Ver também indução; silogismos.
lua, 120-2, 130, 137, 155, 172, 175, 178, 190 e 204.
e frio, 120.
Lucrécio, 108n.
lugares (*topoi*), 150-1.
luxo, 109.
luz, 102, 109-10, 166 e 184.
aurora boreal, 122.
celeste, 194.
duração, 174 e 207.
forma, 136-7.
luminosidade, brilho, 175 e 194.
proximidade e percepção, 133.
reflexão, 118, 121-2 e 172.
refração, 146.
rejeição da, 137-8.
velocidade, 151-2, 194 e 209.
Ver também cor; Sol.

M

macaco, 157.
madeira,
contração, 180 e 202.
penetração por flechas de madeira, 149 e 202.
podre, 123.
queima, 129-31 e 141.
magia, 72, 81-2, 117, 156, 159, 195, 224 e 230.
natural, 81.
supersticiosa, 81.
magnetismo (ímã), 59, 83, 114, 149, 151, 155, 165, 170-2,
176-7, 196, 202-5, 207-8, 212, 224 e 234.
a distância, 190.
ação contrária, 186.
cósmico, 190.
e marés, 166.
poderes, quatro, 202-3.
mal, 109.
maná, 218.
mar, 123, 164 e 166-9.
espuma, 123.
movimento, 164.
Ver também marés.
maravilha, 157-8.
marés, 83, 164, 166-9, 190 e 193-5.
matemática, 35, 61, 89, 117-8, 189 e 233.
matéria, 58 e 212.
indestrutibilidade, 197 e 211-2.
movimento, 198.
quantidade, 181.
medicina, 65, 76 e 163.
melhoria, 88.
memória, 83, 92, 106 e 150-1.

252 | NOVO ÓRGANON

mensuração, 189 e 233.
    de expansão e da contração, 191-3.
    dispositivos de, 178-9 e 181-2.
    distância, 189-91.
    do movimento, 194-5.
    do tempo, 193-4.
    quantidade, 195-6.
    Ver também peso.
mente, 165.
    divina, 51 e 105.
    dos animais, 165-6.
    dos homens (entendimento), 17-8, 21-22, 28, 31-2,
        54-6, 105, 118 e 165.
    intelecto, 30-1, 41-4, 47-51, 53 e 92.
    Ver também ídolos da mente.
mercúrio, 134, 147-8, 155, 174, 204 e 214.
    e ouro, 203.
    mercúrio (elemento), 218 e 221.
mergulhadores, 214.
metafísica, 64 e 117.
metais e minerais, 114 e 221-2.
    acordos entre, 223.
    chama, 131.
    dissolução, 119 e 126.
    fusão, 140 e 148.
    geração, 222.
    golpes sobre, 133.
    oxidação, 179-80.
    quente, 131-2.
    Ver também ouro; ferro; mercúrio.
meteoros e cometas, 119, 122, 157 e 164.
    movimento, 169-71.
método científico, 24, 30, 34, 36, 62, 78-9 e 104.
    registro, 235.
microscópio, 177.
milagres, 231.
minas, 194.
minerais,
    Ver metais.
mísseis, 172, 191 e 195.
mistura, 73, 183, 186-7 e 223.
    de líquidos, 205.
    de substâncias, 183.
    dos espíritos, 187-8.
    Ver também combinação; corpos compostos.
mobilidade, 175.
    Ver também movimento.
modelo, mundo, 105.
modernidade, 60.
montanhas,
    frio, 121-2.
    incêndios, 118 e 128.
morte, 137.
movimento, 66-7, 164 e 197-213.
    animal, 114 e 154.
    conexão, 197, 210-2 e 215.
    contínuo, 185.
    da impressão, 207-8.
    da matéria, 199.
    da passagem, 208.
    de agregação,
        maior, 200 e 212.
        menor, 201-4 e 211.

    de assimilação, 205-7.
    de coesão, 199-200 e 211.
    de configuração (posição), 208-9.
    de evasão, 204-5.
    de liberdade, 198-9.
    de tremor, 210-1.
    descanso (horror ao movimento), 164 e 210-2.
    do ar, 125 e 165.
    dos mísseis através do ar, 172-3.
    e calor, 131-2 e 139-44.
    e peso, 164-5.
    elasticidade, 173.
    estímulo, 206-7.
    fricção, 119, 125, 138 e 140.
    gravidade, 212.
    indestrutibilidade, 197 e 211.
    magnético, 203.
    mensuração, 189 e 193-4.
    mobilidade, 175.
    político (régio), 208.
    por lucro, 200-1.
    predominância, 196-9 e 212-3.
    relaxamento, 198-9.
    rotação espontânea, 209.
    sentido do, 220-1.
    velocidade, 184 e 194-5.
    violento, 67, 191 e 198.
    Ver também expansão; rotação.
movimento elástico, 172 e 216.
mudança estrutural (*meta schematismus*), 58.
multipropósito, 213-24.
mundo,
    modelo, 105.
    Ver também Terra.
musgo, 157.
música, 77 e 80.
    instrumentos de cordas, 194 e 203.

N

nascimentos (geração), história dos, 229 e 231-2.
nascimentos prodigiosos e artes, história, 229 e 231-2.
natureza, 33-4, 36, 41 e 47-8.
    (três) estados da, 228-9.
    antecipações da, 51.
    causas finais, 67.
    celeste, 137-8.
    conexões, 229.
    contrária, 126.
    destrutiva, 138.
    divisões, 137.
    elementar, 137-8.
    erros, 229.
    fundamental, 138.
    interpretação da, 36, 44, 47, 51, 118-9, 139 e 236.
    investigação da, 18, 228 e 235.
    liberdade, 229.
    maravilhas, 157.
    sutileza, 23, 48-9, 73 e 188.
natureza contrária, 126.
natureza humana, 54.
natureza individual, 54 e 59.

ÍNDICE REMISSIVO | 253

naturezas,
    instâncias negativas, 57, 120, 161 e 235.
    negativas das formas de calor, 136-9.
    privilegiadas, 144.
    simples e compostas, 60, 114-5 e 136-8.
naturezas privilegiadas, 144.
neve, 121, 127, 134, 148 e 166.
    derretida, 146.
nitro, 173, 205 e 212.
noções, 29, 49-50, 53 e 69.
    comuns, 61, 65, 89, 102, 149 e 170.
    falsas, 54-5 e 234. *Ver também* erros; ídolos da
        mente; superstição.
    primárias, 17.
noções comuns, 49-50, 61, 65, 74, 89, 102, 149 e 170.
    mesquinhez, 101-3.
nomes, 61-2.
norma, restituição da, 197-8.
Nova Academia, 68 e 73.
Nova Zembla, 121.
novidade, 60 e 63.
nutrição, 114, 205-6 e 222.
nuvem, 172.

O

observação, 60, 90 e 185-6.
observações, 235.
obstrução (impedimento), 220-1.
óculos (ótica), 177.
odor. *Ver* perfume e fragrância; cheiro.
óleo(s), 119, 124, 126-7, 131, 134, 186-7 e 205.
olfato, cheiro, 129, 151, 155, 162, 184, 190-1, 194 e
    204-5.
    Ver também perfume e fragrância.
olhos, 155 e 191.
    Ver também visão.
Olimpo, 121.
operação, 115 e 189.
    ação preliminar, 114.
    do calor, 144 e 219.
    preceito, 113.
operação elétrica, 200.
opiáceos, 217.
opiniões, 24, 51 e 99.
opus, 48n.
oração, 25.
ordem, 55, 61 e 78.
    para a memória, 150-1.
orelhas, 152.
órgãos genitais, 152-3.
orvalho, 196 e 218.
ótica, 77 e 242.
    Ver também visão.
ouro, 114, 127, 138, 161 e 181.
    dissolução, 143.
    e mercúrio, 203.
    peso, 147 e 161.
ovos, 163.
    clara, 120 e 222.
    forma, 222.
    incubação, 185.
    Ver também ovos de vidro.
ovos de vidro, experimentos com, 192, 215-6 e 219.

P

paixão, 50.
paladar, 151-2 e 204.
palavras, 49, 55 e 61-2.
papel, 146 e 159-60.
Paracelso, 205 e 218.
Parmênides, 64 e 71.
partes, 60.
partículas, 116-7.
    e calor, 141-3.
Patrizzi, Francesco, 99.
pedras preciosas, 222.
peixe, 129 e 157.
    apodrecimento, 143.
    voador, 157.
penas, 119, 125, 131 e 153.
percepção, 24, 31, 42, 49-50, 178-9 e 184.
percolação, 221.
perfume e fragrância, 101, 151 e 195.
períodos históricos, 59-60, 75 e 79-80.
Peripatéticos, 201.
perversão, 109.
peso, 147-8, 164-5, 170-1, 182-3 e 211.
    e magnetismo, 190.
    perda, 180.
pesquisa,
    coordenada, 97.
    objetivo da, 77, 100 e 107-11.
Phocion, 74.
Pirro, 68.
Pitágoras, 65 e 71-2.
planetas, 130-1, 169-70, 178-9, 204 e 236.
plantas, 153-4.
    calor, 119, 125-6 e 128.
    compressão, 119.
    crescimento, 185 e 223.
        erva aromática, 234-5.
    geração, 114.
    matéria, 131.
    transplante, 222.
    Ver também árvores.
Platão, 65, 68, 70-2, 74, 89, 93 e 152.
Plínio, Caio, 101, 229 e 234-5.
poder humano, 112, 137 e 157-8.
    finalidade/objetivo, 36 e 111.
    governo, 157 e 208.
poderes (propriedades),
    alcance a distância, 189-91.
    dominantes, 196-211.
    quantidade de, 195-6.
podre. *Ver* putrefação.
poeira, 125.
política, 86, 106-8 e 208.
Pólus, 70-1.
pólvora, 96, 108, 158, 162, 173-4, 194-5 e 212.
    e calor, 131-2.
porcelana, 217.
posição estacionária, 210.
prata, 126-7.
preceitos, 118.
preconceito, 26, 56, 59 e 98.
preservação, 214-5 e 232-3.

254 | NOVO ÓRGANON

pressão,
  liberação da, 198.
  Ver também compressão.
primaveras quentes, 118-9, 123-4 e 128-9.
princípios, 69 e 93.
processo, 111.
  latente, 113-6.
  observação, 185-7.
processo latente, 113-6, 136 e 226.
Proclo, 89.
prodígios, 229-30.
produtos e resultados, 72, 80-1 e 99-100.
promessas falsas, 82.
proposições, 29 e 49-50.
  particulares, 160.
  universais, 160-1.
Protágoras, 68 e 70.
prova, 32, 53, 62, 69 e 98.
  por indução, 93-4.
putrefação (corrupção; apodrecimento), 66.
  e calor, 123, 128-9 e 143.
  e homogeneidade, 202.
  e tempo, 220.
  gangrena, 143.
  geração de, 180, 185, 220 e 222.

Q

qualidades, 66.
quantidades, 195-6, 215 e 231.
queda do homem, 25-6 e 226.
queima, 119, 132-3 e 141.
  Ver também fogo; chamas.
química, 59, 64, 69, 72 e 221.
  Ver também alquimia.

R

racionalismo, 89.
rarefação e densidade, 136-8, 158-9, 181-2, 198 e 208.
reanimação de espíritos, 217.
reflexão, 118, 121-3 e 172.
refutação, contestação e impugnação, 32, 53, 56, 62-3 e 98.
regularidade, 55 e 59.
rejeição. *Ver* evasão; exclusão.
relâmpago, 84, 119, 122-3 e 131-2.
relaxamento dos corpos, 196-9.
religião e teologia, 63, 65, 72, 75-6, 84-5, 89 e 226.
  Ver também Deus.
relógio de água, 193.
relógios, 80 e 170.
  água, 193.
remédios, 190, 203 e 217-8.
repulsão, 203-4.
resina, 126, 131 e 153.
ressuscitação, 163.
resultados e produtos, 72, 80-1, 99-100 e 109.
ritmo, 150-1.
rochas, 153.
romanos, 75-6.
rotação, 115, 125, 141, 164 e 170-1.
  da Terra, 169-70 e 206-8.

elementos, nove, 209.
  espontânea, 209.
ruibarbo, 195.

S

S (letra), 155.
sais, 202.
sal, 221 e 232.
Salomão, 6 e 108.
sangue, 130, 202 e 208.
Saturno, 207.
seda e bicho-da-seda, 95-6, 158 e 162.
sedação, 217.
selante, 213-4 e 215.
sensação, 64.
sentidos, 21-5, 29 e 31-2.
  ação, 184.
  animais, 152 e 184.
  auxílios e limitações , 30-2, 54, 58, 69, 106, 177-84, 186-7 e 189.
  e sexo, 153.
  erros, 69 e 184.
  órgãos, 152-3.
  percepção, 32, 42, 49-50, 179-80 e 184.
  Ver também visão; olfato; paladar; tato.
separação, 184.
  das naturezas, 175-6.
  dos corpos, 116-7.
  Ver também dissolução.
sesquióxido, 219.
Severino, 99.
sexo, sensação, 153.
sílex, 119 e 125.
silogismos, 29, 50, 93, 106 e 155.
similaridade, 60 e 152-5.
simpatia, 221-2 e 230.
sinos de mergulho, 214.
sintomas, 179.
Sócrates, 68n e 76.
sofística, 64, 68 e 70.
sol, 118, 121-2, 130, 137, 153, 162-3, 172, 184, 194 e 204.
  manchas, 178.
solidez, 83, 148-9 e 161.
solo, 222.
som, 188 e 193.
  e tempo, 193-4 e 207.
sono, 217.
submarinos, 214.
substância física, 176-7
substâncias de proteção, 213-4.
substâncias, mistura, 183.
  teste, 183.
substituição, 186-7.
  médica, 217.
  por analogia, 186-7.
  por graus, 186.
subterrâneo, 119, 204, 207 e 214.
  fogos, 128, 137 e 155.
sucos, 153.
sugestão, 213.
suor, 131 e 140.
superstição, 57, 65, 84-5, 159 e 230-1.

ÍNDICE REMISSIVO | 255

sustento, 222.
sutileza, 102-3 e 175.
    da natureza, 48-9, 73 e 188.

T

tabelas, 118 e 226.
    de descoberta, 92 e 99.
    do calor, 118-9.
Tales, 76.
tato, sensação de, 179-80.
    e calor, 119, 134-5, 139, 144 e 183.
    sexo, 153.
tecidos, calor em, 119 e 124.
telescópio, 178.
Telésio, Bernardino, 99, 175, 184 e 221.
temperatura, 116-23.
    Ver também frio; calor.
tempo, 5.
    e verdade, 80.
    efeitos, 142-3 e 220.
    medição, 193-4.
Tenerife, Pico de, 121-2.
tensão (elasticidade), 213-6.
    escapar da, 198 e 212.
Teofrasto, 70 e 229.
teologia e religião, 63, 65, 72, 75-6, 84-5, 89 e 250.
    Ver também Deus.
teorias, 62-3 e 98.
termômetros, 122, 134, 138 e 147.
terra, 165.
    aquecimento, 142.
    arredondamento, 84.
    atração, 170-1.
    circum-navegação, 88.
    configuração, 154.
    magnetismo, 171-2 e 190.
    movimento e rotação, 115, 168-70 e 207-9.
transformação, 111, 113-6 e 224.
transição, 145-6.
transparência, 146.
tremor, 210.
trivialidade e insignificância, 97-8, 101, 103 e 159.
trombas-d'água, 165.

U

umidade, 61.
universo, 23, 32, 185, 208 e 231.
    magnetismo, 190.
    movimento, 164.
    rotação, 115 e 209-10.
    tempo, 193-4.
    Ver também astronomia.
urina, 179, 202 e 208.
    imposto sobre, 233.

V

vácuo, 67, 117 e 211.
    prevenção, 197-8.
vaga-lumes, 123.
vapor, 124, 130 e 182-4.
velas, 133 e 175.

velocidade, 184 e 194-5.
    de rotação, 209.
ventos,
    e calor, 139 e 143.
    e fogo, 133.
    frio, 120 e 124.
ventosas, 215.
verão, 122.
verdade, 50, 77, 80 e 104-5.
    contemplação, 82.
verdete, 219.
Verulam, barão de. *Ver* Bacon, Francis.
Vespasiano, imperador, 233n.
viagem, 78 e 88.
vidro, 127 e 146.
vinagre, 121 e 127.
vinhas, maturação, 162.
vinho, 195-6 e 220.
    preservação, 214.
vinho, espírito de (conhaque),
    chama, 131-2, 138 e 174.
    densidade, 161 e 181-2.
    e calor, 119, 123 e 126.
Virgílio, 120n.
virtudes, 66.
visão, 179 e 191.
    auxílio (ótica), 76, 121-2, 177-9 e 184.
    dos animais, 184-5.
    e tempo, 193-4.
visibilidade, 166.
    Ver também luz.
vivissecção, 185.

X

Xenófanes, 71.

Z

Zeno, 70.
zodíaco, 163 e 169.

GRÁFICA PAYM
Tel. (11) 4392-3344
paym@terra.com.br